Understanding Linear Algebra

선형대수학의 이해

김진홍 지음

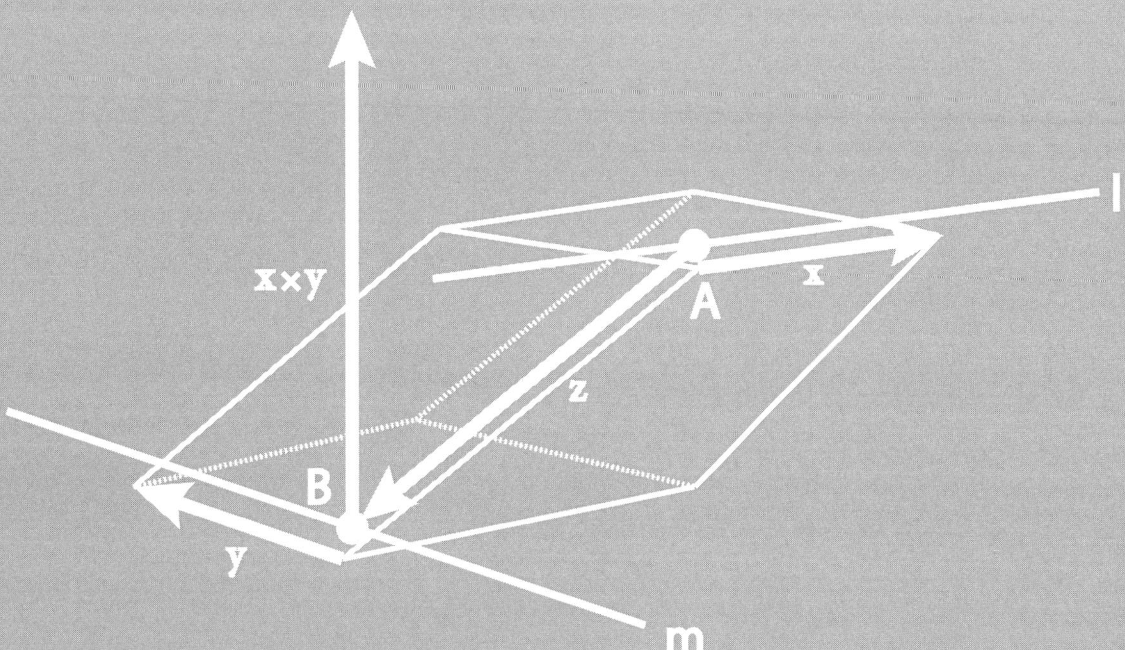

KYOWOO

서문

선형대수학은 미적분학과 더불어 수학을 사용하는 거의 모든 분야에서 기초가 되는 학문 중의 하나이다. 최근에는 선형대수학이 인공지능과 빅데이터 등 첨단분야에서도 거의 필수적인 기초 학문이 되었고, 특히 인공지능 및 딥러닝 등 특별한 목적을 위한 선형대수학 교재도 많이 출간되고 있다.

선형대수학은 여러 변수를 동시에 다루어야만 하는 실생활 문제에서 많이 사용된다. 일반적으로 실생활에서 다루는 문제는 일단 여러 변수에 의존하고 또한 선형적인 결과로 나타나지 않는 아주 복잡한 현상을 보여준다. 선형대수학은 이와 같은 복잡한 비선형적인 현상을 선형적인 현상으로 단순화하여 문제를 해결하고자 하는 목적을 가지고 개발된 아주 유용하고 효과적인 이론이다.

비선형적인 문제를 선형적인 문제로 단순화하여 문제를 해결하는 가장 대표적인 예로는 주어진 곡선을 접선으로 근사하여 곡선을 이해한다거나 또는 주어진 곡면을 접평면을 이용하여 이해하는 것 등을 들 수 있다. 물론 비선형적인 현상을 선형적인 현상으로 근사하는 접근 방법은 필연적으로 오차를 수반하게 된다. 하지만 이와 같은 근사법을 통해 아주 복잡한 현상을 조금이나마 이해할 수 있는 기틀을 마련할 수 있다. 따라서 선형대수학은 수학을 활용하는 분야에서 절대 피할 수 없는 필수적인 분야라고 말할 수 있다. 뿐만 아니라, 선형대수학이 다루는 주요 정리들의 아름다움과 이론적인 완벽성도 선형대수학을 반드시 배우고 또 가르쳐야 하는 이유 중의 하나라고 생각한다.

본 저자는 여러 차례에 걸쳐 대학 학부 수준의 선형대수학을 강의할 기회가 있었고 그때마다 다른 교재를 사용하였다. 어떤 교재는 실용적인 측면보다는 이론적인 면을 강조하기도 하였고, 반대로 또 다른 교재는 이론적인 측면보다는 주요 정리를 서술하기는 하나 그 증명을 생략하고 실용적인 활용만을 주로 강조하기도 했다. 사실, 수학을 전공하는 학생을 대상으로 하는 강의에서는 이론적인 면을 강조하는 교재를 주로 사용했고, 공대와 같은 수학을 전공하지는 않지만 수학을 자주 그리고 많이 활용하는 학생을 대상으로 하는 강의에서는 실용적인 활용을 중시하는 교재를 사용했다.

서문

실용적인 활용을 강조하는 선형대수학 교재의 경우에는 어떤 정리가 성립하는 원리를 자세히 설명하지 않고 사실 자체만을 서술하는 형식으로 교재가 구성되어 있는 경우가 대부분이다. 따라서 선형대수학을 강의할 때마다 선형대수학의 이론적인 측면과 실용적인 측면을 한쪽으로 치우침이 없이 적절히 조화롭게 조정하여 기획된 교재가 있었으면 좋겠다는 생각을 마음속에 항상 가지고 있었다. 미적분학 교재만큼 다양하고 많은 선형대수학 교재가 이미 출판되어 있기는 하지만, 이 같은 근본적인 생각을 실현하고자 하는 동기와 목적에서 본 교재를 집필하게 되었다.

본 교재는 선형대수학의 핵심적인 내용만을 비교적 상세하게 서술하고, 너무 높은 수준이거나 한국의 교육적 환경에서 많이 사용되지 않는 내용은 생략하거나 간략하게 서술했다. 또한 너무 복잡한 정리의 증명은 간단한 경우나 예제를 통해 증명의 주요 단계와 요소만을 설명하여 교재의 전체적인 난이도를 중급 정도로 유지했으며 교재의 분량을 최소화하고자 노력했다. 본 교재에서는 참고문헌을 별도로 작성하지 않고 필요할 때마다 본문에 직접 표기했으며, 본 교재는 그동안 강의했던 여러 교재의 영향을 적지 않게 받았음을 밝혀 둔다.

좀 더 구체적으로 본 교재의 구성은 다음과 같다.

먼저, 제1장에서는 벡터, 내적, 외적, 그리고 행렬에 관한 기본적인 개념을 소개했다. 이 장에서는 먼저 n차원 유클리드 공간의 성질을 서술한 후, n차원 유클리드 공간에서 성립하는 성질을 일반적인 벡터공간까지 확장하여 설명했다.

제2장에서는 연립일차방정식의 해집합을 구하기 위해 사다리꼴행렬을 이용하는 방법을 자세히 설명했다. 또한 이 장에서는 사다리꼴행렬과 밀접하게 관련된 기본연산과 기본행렬 등의 개념을 정의했고, 연립일차방정식의 해의 존재성과 역행렬을 찾는 방법에 관한 주요 정리도 설명했다.

제3장에서는 행렬식의 정의와 성질 및 행렬식을 이용하여 연립일차방정식의 해집합을 구할 수 있는 크래머 공식에 대해 알아보았다. 특히 행렬식을 계산하기 위해 여인수전개를 이용하는 방법과 치환을 이용하는 방법에 대해 알아보고 두 방법을 비교하였다.

제4장은 먼저 벡터공간과 벡터부분공간의 정확한 정의를 주었다. 또한 이 장에서는 벡터부분공간의 주요 예인 행공간, 열공간, 그리고 해공간의 정의와 여러 가지 예를 다루었다. 특히 벡터공간에서 다루는 아주 중요한 개념 중의 하나인 일차독립성과 일차종속성에 대해 자세히 알아보았고, 일차독립성이나 일차종속성과 동치인 명제를 정확하게 서술했다. 마지막으로 벡터부분공간의 차원을 기저라는 개념을 통해 도입했고, 임의의 기저를 정규직교기저로 변형할 수 있는 유용한 방법인 그람-슈미트 직교화과정도 자세히 설명했다.

제5장서는 선형변환의 정의와 여러 가지 주요 예를 설명했다. 이 장에서는 임의의 선형변환을 행렬을 이용하여 유일하게 나타내는 방법을 알아보았고, 선형변환의 핵공간과 상공간의 정의와 몇 가지 예를 다루었다. 또한 기저변환행렬이라는 개념을 이용하여 주어진 선형변환을 다양한 기저에 관해 행렬로 표현하는 방법을 비교적 자세히 설명했다.

제6장에서는 선형변환의 응용으로 먼저 고윳값, 고유벡터, 그리고 고유공간을 정의했다. 그런 다음, 주어진 행렬이 대각화가능 행렬임을 판별하는 조건을 고유공간을 이용하여 서술했다. 특히 임의의 대칭행렬은 항상 대각화가능임을 서술하고 이를 이용하여 주축정리와 그와 관련된 여러 가지 예를 알아보았다.

아무쪼록 독자가 본 교재의 내용을 충분히 이해하고 활용하여 목표했던 바를 어려움 없이 이룰 수 있기를 바란다.

무등산 자락 연구실에서

지은이 씀

목차

목차

제6장 행렬의 대각화

제 1 장

벡터와 행렬

1.1 벡터와 위치벡터

$\mathbb{R}$이 실수의 집합을 나타낼 때, 데카르트 곱공간 $\mathbb{R}^n$은 다음과 같이 정의된다.

$$\mathbb{R}^n = \{(x_1, x_2, \ldots, x_n) \mid x_1, x_2, \ldots, x_n \in \mathbb{R}\}$$

특히 $n=2$이거나 3일 때,

$$\mathbb{R}^2 = \{(x_1, x_2) \mid x_1, x_2 \in \mathbb{R}\}, \quad \mathbb{R}^3 = \{(x_1, x_2, x_3) \mid x_1, x_2, x_3 \in \mathbb{R}\}$$

이다. 이때, $\mathbf{x} = (x_1, x_2, \ldots, x_n) \in \mathbb{R}^n$을 $\mathbb{R}^n$상의 **벡터**(vector)라 하고 각각의 $x_i (1 \le i \le n)$를 벡터 $\mathbf{x}$의 **성분**(component)이라 한다. 또한 모든 성분이 0인 벡터를 **영벡터**(zero vector)라 하고 $\mathbf{0}$, 또는 O, 또는 간단히 0으로 나타내고, i번째 성분이 1이고 나머지 성분이 모두 0인 벡터

$$e_i = (0, \ldots, 0, 1, 0, \ldots, 0), \quad i = 1, 2, \ldots, n$$

을 **좌표벡터**(coordinate vector)라 부른다.

정의 1.1.1

임의의 두 벡터 $\mathbf{x} = (x_1, x_2, \ldots, x_n)$, $\mathbf{y} = (y_1, y_2, \ldots, y_n) \in \mathbb{R}^n$과 스칼라 $r \in \mathbb{R}$에 대하여, 다음 정의가 성립한다.

(1) **벡터의 합**(addition)과 **스칼라곱**(scalar multiplication)을 다음과 같이 정의한다.

$$\mathbf{x} + \mathbf{y} = (x_1 + y_1, x_2 + y_2, \ldots, x_n + y_n),$$

$$r \cdot \mathbf{x} = (rx_1, rx_2, \ldots, rx_n)$$

(2) 각각의 $1 \le i \le n$에 대하여 $x_i = y_i$일 때, $\mathbf{x} = \mathbf{y}$라 정의한다.

벡터공간 $\mathbb{R}^n$에 대하여 다음 정리가 성립한다.

정리 1.1.2

임의의 세 벡터 $\mathbf{x}=(x_1, x_2, \ldots, x_n)$, $\mathbf{y}=(y_1, y_2, \ldots, y_n)$ $\mathbf{z}=(z_1, z_2, \ldots, z_n)\in\mathbb{R}^n$과 스칼라 $r, s\in\mathbb{R}$에 대하여, 다음 성질이 성립한다.

(1) $\mathbf{x}+\mathbf{y} = \mathbf{y}+\mathbf{x}$ (교환법칙)

(2) $(\mathbf{x}+\mathbf{y})+\mathbf{z} = \mathbf{x}+(\mathbf{y}+\mathbf{z})$ (결합법칙)

(3) $\mathbf{x}+\mathbf{0} = \mathbf{x}$ (덧셈에 관한 항등원)

(4) $\mathbf{x}+(-\mathbf{x})=\mathbf{0}$ (덧셈에 관한 역원이 존재)

(5) $r(\mathbf{x}+\mathbf{y}) = r\mathbf{x}+r\mathbf{y}$ (분배법칙)

(6) $(r+s)\mathbf{x} = r\mathbf{x}+s\mathbf{x}$

(7) $r(s\mathbf{x}) = (rs)\mathbf{x}$

(8) $1\mathbf{x} = \mathbf{x}$

[증명]

(1)만 자세히 증명하고 다른 항목은 독자에게 맡긴다. 실제로, 다음이 성립한다.

$$\begin{aligned}\mathbf{x}+\mathbf{y} &= (x_1, x_2, \ldots, x_n)+(y_1, y_2, \ldots, y_n)=(x_1+y_1, x_2+y_2, \ldots, x_n+y_n)\\ &=(y_1+x_1, y_2+x_2, \ldots, y_n+x_n)=(y_1, y_2, \ldots, y_n)+(x_1, x_2, \ldots, x_n)\\ &=\mathbf{y}+\mathbf{x}\end{aligned}$$

□

정의 1.1.3

덧셈 +과 스칼라곱 ·이 정의되어 있는 임의의 집합 V가 [정리 1.1.2]의 8가지 조건을 만족할 때, $(V, +, \cdot)$을 $\mathbb{R}$상의 **벡터공간**(vector space)이라 한다.

예제 1.1.4

(1) 임의의 자연수 $n\in\mathbb{N}$에 대하여, $\mathcal{P}_n$을 다음과 같이 정의하자.

$$\mathcal{P}_n=\left\{a_0+a_1x+\cdots+a_{n-1}x^{n-1} \mid a_0, a_1, \ldots, a_{n-1}\in\mathbb{R}\right\}$$

그러면 $\mathcal{P}_n$은 차수가 $n-1$ 또는 그 이하인 실수 계수를 갖는 모든 다항식의 모임이다.

특히 $\mathcal{P}_1 = \{a_0 \mid a_0 \in \mathbb{R}\} = \mathbb{R}$이고 $\mathcal{P}_2 = \{a_0 + a_1 x \mid a_0, a_1 \in \mathbb{R}\}$이므로 차수가 1 또는 그 이하인 실수 계수를 갖는 모든 다항식의 모임이다. 이때, 임의의 두 원소

$$f(x) = a_0 + a_1 x + a_2 x^2 + \cdots + a_{n-1} x^{n-1} \in \mathcal{P}_n,$$

$$g(x) = b_0 + b_1 x + b_2 x^2 + \cdots + b_{n-1} x^{n-1} \in \mathcal{P}_n$$

과 $r \in \mathbb{R}$에 대하여 덧셈과 스칼라곱을 다음과 같이 정의하자.

$$f(x) + g(x) = (a_0 + b_0) + (a_1 + b_1)x + \cdots + (a_{n-1} + b_{n-1})x^{n-1},$$

$$rf(x) = (ra_0) + (ra_1)x + \cdots + (ra_{n-1})x^{n-1}$$

그러면 $\mathcal{P}_n$이 $\mathbb{R}$상의 벡터공간이 됨을 쉽게 보일 수 있다. 특히, 여기서 상수 다항식 $0 = 0 + 0x + \cdots + 0x^{n-1} \in \mathcal{P}_n$이 영벡터의 역할을 하고, 임의의 $f(x) \in \mathcal{P}_n$에 대하여 $-f(x) \in \mathcal{P}_n$이 덧셈의 역원의 역할을 한다.

(2) $V = \{(0, x_2, x_3) \mid x_2, x_3 \in \mathbb{R}\}$일 때, $V \subset \mathbb{R}^3$이므로 벡터공간 $\mathbb{R}^3$의 덧셈과 스칼라곱을 이용하여 V에 자연스럽게 덧셈과 스칼라곱을 정의할 수 있다. 또한 이와 같이 정의된 덧셈과 스칼라곱에 대하여 V가 벡터공간이 됨을 쉽게 확인할 수 있다. 사실 두 벡터공간 V와 $\mathbb{R}^2$는 나중에 정의할 **동형**(isomorphism)이라는 개념을 이용하여 서로 벡터공간으로 동형이 됨을 쉽게 보일 수 있다.

□

벡터공간 $\mathbb{R}^n$의 원소인 벡터를 **위치벡터**(position vector)라는 개념을 이용하여 기하학적으로 나타낼 수 있다.

정의 1.1.5

임의의 점 $A = (x_1, x_2, \ldots, x_n) \in \mathbb{R}^n$에 대하여, **위치벡터**(position vector) $\overrightarrow{OA}$란 원점 O를 시작점(starting point 또는 beginning point)으로 하고 A를 종점(ending point 또는 terminal point)으로 하는 벡터로 아래 그림과 같이 방향이 주어진 화살표(directed arrow)를 이용하여 나타낸다.

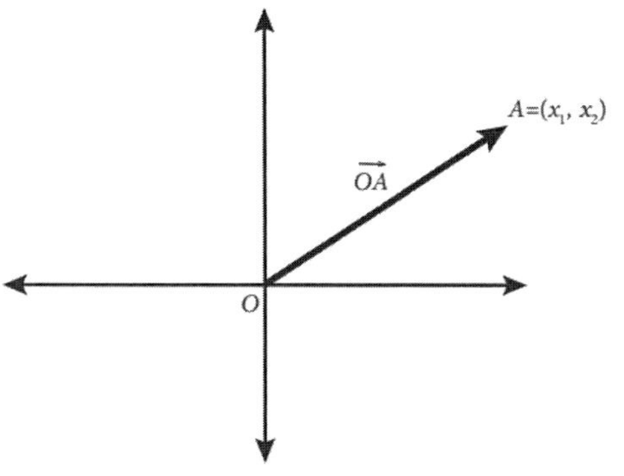

[그림 1.1.1]

위치벡터 $\overrightarrow{OA}$를 성분을 이용하는 대수적인 표현을 이용하여 나타내면 다음과 같다.

$$\overrightarrow{OA} = (x_1, x_2, \ldots, x_n)$$

$\mathbb{R}^n$상의 두 벡터 $\mathbf{x} = (x_1, x_2, \ldots, x_n)$, $\mathbf{y} = (y_1, y_2, \ldots, y_n)$에 대하여 두 벡터의 합

$$\mathbf{x} + \mathbf{y} = (x_1 + y_1, x_2 + y_2, \ldots, x_n + y_n)$$

을 위치벡터

$$\overrightarrow{OA} = (x_1, x_2, \ldots, x_n), \quad \overrightarrow{OB} = (y_1, y_2, \ldots, y_n)$$

을 이용하여 이해할 수 있다. 즉 [그림 1.1.2]에서 보는 바와 같이 두 벡터의 합 $\mathbf{x} + \mathbf{y}$는 두 위치벡터 $\overrightarrow{OA}$와 $\overrightarrow{OB}$로 생성되는 평행사변형의 대각선의 위치벡터이다.

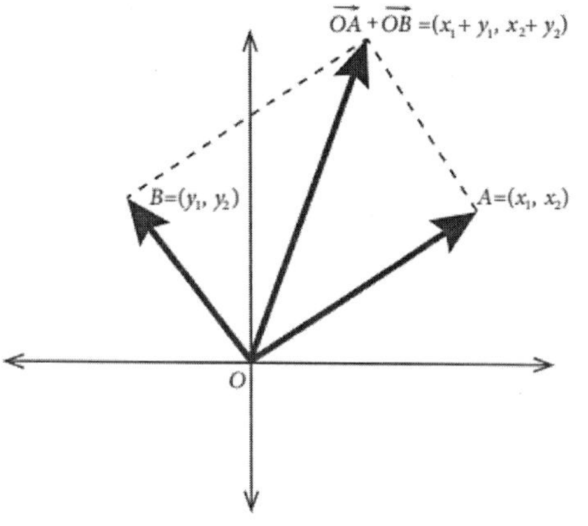

[그림 1.1.2]

위치벡터의 시작점을 일반적인 점으로 확장하여 다음 정의를 할 수 있다.

정의 1.1.6

임의의 두 점

$$A=(x_1, x_2, \dots, x_n)\in\mathbb{R}^n,\ B=(y_1, y_2, \dots, y_n)\in\mathbb{R}^n$$

에 대하여, **변위벡터**(displacement vector or located vector) $\overrightarrow{AB}$란 A를 시작점으로 하고 B를 종점으로 하는 벡터로 아래 [그림 1.1.3]과 같이 방향이 주어진 화살표(directed arrow)를 이용하여 나타낸다. 변위벡터 $\overrightarrow{AB}$를 [그림 1.1.3]과 같이 나타낼 때, 점 A를 원점이라 가정하면 변위벡터 $\overrightarrow{AB}$의 첫 번째 성분은 y_1-x_1, 두 번째 성분은 y_2-x_2, 세 번째 성분은 y_3-x_3 등으로 볼 수 있다. 따라서 변위벡터 $\overrightarrow{AB}$를 성분을 이용하여 대수적인 표현으로 나타내면 다음과 같다.

$$\overrightarrow{AB}=(y_1-x_1, y_2-x_2, \dots, y_n-x_n)=\overrightarrow{OB}-\overrightarrow{OA}$$

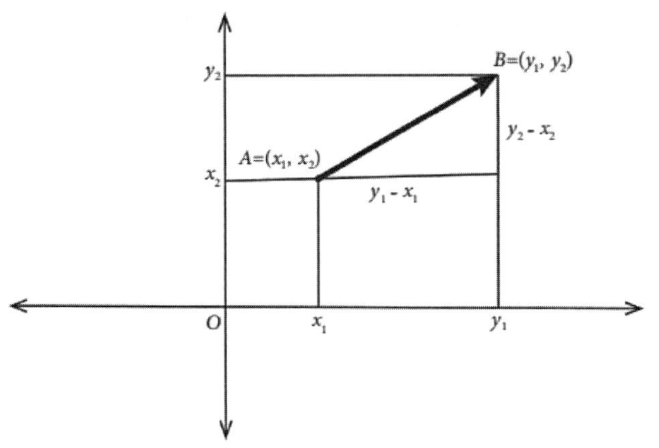

[그림 1.1.3]

정의 1.1.7

$\mathbb{R}^n$상에 놓여 있는 임의의 두 변위벡터 $\overrightarrow{AB}$, $\overrightarrow{CD}$에 대하여, 다음이 성립한다.

(1) $\overrightarrow{AB} = \overrightarrow{CD}$라는 의미를 $\overrightarrow{OB} - \overrightarrow{OA} = \overrightarrow{OD} - \overrightarrow{OC}$인 경우로 정의한다.

(2) $\overrightarrow{AB}$와 $\overrightarrow{CD}$가 서로 **평행하다**(parallel)는 의미는 다음 등식을 만족하는 실수의 상수 $c \neq 0$가 존재하는 때이다.

$$\overrightarrow{OB} - \overrightarrow{OA} = c(\overrightarrow{OD} - \overrightarrow{OC})$$

특히 $c > 0$일 때, $\overrightarrow{AB}$와 $\overrightarrow{CD}$가 서로 **같은 방향에 있다**(in the same direction)라고 말하고, 반면에 $c < 0$일 때, $\overrightarrow{AB}$와 $\overrightarrow{CD}$가 서로 **반대 방향에 있다**(in the opposite direction)라고 말한다.

위의 [정의 1.1.7]의 (1)에 의해, 변위벡터의 경우에는 시작점과 종점에 관계없이 방향과 크기만 같으면 같은 변위벡터로 본다.

예제 1.1.8

(1) $A=(1,-1,3), B=(2,4,1)$이고 $C=(4,-2,5), D=(5,3,3)$일 때, 두 변위벡터 $\overrightarrow{AB}$와 $\overrightarrow{CD}$는 서로 같다. 실제로, 다음이 성립한다.

$$\overrightarrow{AB} = \overrightarrow{OB} - \overrightarrow{OA} = (1,5,-2) = \overrightarrow{OD} - \overrightarrow{OC} = \overrightarrow{CD}$$

(2) $A=(-16,-14), B=(5,1)$이고 $C=(3,7), D=(-4,2)$일 때, 두 변위벡터 $\overrightarrow{AB}$와 $\overrightarrow{CD}$는 서로 평행하고 서로 반대 방향에 있다. 실제로, 다음이 성립한다.

$$\overrightarrow{AB} = \overrightarrow{OB} - \overrightarrow{OA} = (21,15) = -3(-7,-5) = -3(\overrightarrow{OD} - \overrightarrow{OC}) = \overrightarrow{CD}$$

□

연습문제 1.1

1. 두 벡터

$$\mathbf{x}=(1,1),\quad \mathbf{y}=(-1,1)$$

에 대하여, 다음과 같이 주어진 벡터를 구하라.

(1) $-\mathbf{x}+\mathbf{y}$　　(2) $3\mathbf{x}+5\mathbf{y}$　　(3) $-2\mathbf{x}-7\mathbf{y}$　　(4) $2\mathbf{x}-3\mathbf{y}$

2. 세 벡터

$$\mathbf{u}=(-3,1,2,4),\quad \mathbf{v}=(4,0,-8,2),\quad \mathbf{w}=(-1,6,3,-5)$$

에 대하여, 다음 물음에 답하라.

(1) $(2\mathbf{u}-9\mathbf{w})-(8\mathbf{v}+\mathbf{u})=(a,b,c,d)$일 때, $a+b+c+d$를 구하라.

(2) $5(\mathbf{u}-2\mathbf{v})=(a,b,c,d)$일 때, a^2+b^2-cd를 구하라.

(3) 다음 등식을 만족하는 벡터 $\mathbf{x}\in\mathbb{R}^4$를 찾아라.

$$2\mathbf{u}-\mathbf{v}+3\mathbf{x}=9\mathbf{x}+\mathbf{w}$$

(4) $a\mathbf{u}+b\mathbf{v}=(-11,1,18,0)$일 때, a와 b를 찾아라.

3. 벡터 $\mathbf{u}=(-1,4)$에 대하여 다음과 같이 주어진 벡터 $\mathbf{v}$가 $\mathbf{u}$에 평행할 때, $t\in\mathbb{R}$를 모두 구하라.

(1) $\mathbf{v}=(-2,8t)$　　(2) $\mathbf{v}=(2t,8t^2)$　　(3) $\mathbf{v}=(t^2,t+5)$

4. 집합

$$\mathbb{R}[x]=\left\{a_0+a_1x+a_2x^2+\cdots+a_{n-1}x^{n-1}\mid n\in\mathbb{N},\ a_0,a_1,a_2,\ \ldots,a_{n-1}\in\mathbb{R}\right\}$$

상에서 정의된 임의의 두 원소

$$p(x) = a_0 + a_1 x + a_2 x^2 + \cdots + a_{n-1} x^{n-1} \in \mathbb{R}[x],$$

$$q(x) = b_0 + b_1 x + b_2 x^2 + \cdots + b_{m-1} x^{m-1} \in \mathbb{R}[x]$$

와 $r \in \mathbb{R}$에 대하여, 덧셈과 스칼라곱을 다음과 같이 정의하자.

$$\begin{aligned} p(x) + q(x) = (a_0 + b_0) + (a_1 + b_1)x + \cdots + (a_{n-1} + b_{n-1})x^{n-1} \\ + b_n x^n + \cdots + b_{m-1} x^{m-1}, \ n \le m, \end{aligned}$$

$$rp(x) = (ra_0) + (ra_1)x + \cdots + (ra_{n-1})x^{n-1}$$

이때, $\mathbb{R}[x]$가 $\mathbb{R}$상에서 벡터공간임을 보여라.

5. $\mathbb{R}[x]$가 [문제 4]에서 정의된 벡터공간일 때, 다음과 같이 정의된 집합 V가 $\mathbb{R}[x]$상에서 정의된 덧셈과 스칼라곱에 대하여 벡터공간이 됨을 보여라.

$$V = \{p(x) \in \mathbb{R}[x] \mid p(1) = 0\}$$

1.2 내적

벡터공간 $\mathbb{R}^n$에 속하는 벡터의 길이와 두 벡터 사이의 각도를 측정하기 위해서는 내적의 개념이 필요하다.

정리 1.1.1

임의의 두 벡터 $\mathbf{x} = (x_1, x_2, \ldots, x_n), \mathbf{y} = (y_1, y_2, \ldots, y_n) \in \mathbb{R}^n$에 대하여 $\mathbb{R}^n$상의 **기본 내적**(standard inner product 또는 standard scalar product)을 다음과 같이 정의한다.

$$\mathbf{x} \cdot \mathbf{y} = x_1 y_1 + x_2 y_2 + \cdots + x_n y_n = \sum_{i=1}^{n} x_i y_i$$

기본내적을 표현하기 위해 ·를 이용하기 때문에 위의 기본내적을 "dot product"라고 부르기도 한다. 또한 문맥에 따라 ·이 다른 의미를 갖는 경우도 많이 있다. 따라서 이와 같은 혼란을 방지하기 위해, $\mathbf{x} \cdot \mathbf{y}$를 종종 $\langle \mathbf{x}, \mathbf{y} \rangle$로 나타내기도 한다.

기본내적에 관해 다음 성질이 성립한다.

정리 1.2.2

임의의 세 벡터 $\mathbf{x} = (x_1, x_2, \ldots, x_n)$, $\mathbf{y} = (y_1, y_2, \ldots, y_n)$, $\mathbf{z} = (z_1, z_2, \ldots, z_n) \in \mathbb{R}^n$과 스칼라 $r \in \mathbb{R}$에 대하여, 다음 성질이 성립한다.

(1) $\mathbf{x} \cdot \mathbf{y} = \mathbf{y} \cdot \mathbf{x}$ (교환법칙)

(2) $\mathbf{x} \cdot (\mathbf{y} + \mathbf{z}) = \mathbf{x} \cdot \mathbf{y} + \mathbf{x} \cdot \mathbf{z}$ (분배법칙)

(3) $(r\mathbf{x}) \cdot \mathbf{y} = r(\mathbf{x} \cdot \mathbf{y}) = \mathbf{x} \cdot (r\mathbf{y})$

(4) $\mathbf{x} \cdot \mathbf{x} \geq 0$이고 $\mathbf{x} \cdot \mathbf{x} = 0$일 필요충분조건은 $\mathbf{x} = 0$이다.

[증명]

(1) 다음 등식이 성립한다.

$$\mathbf{x}\cdot\mathbf{y} = x_1y_1 + x_2y_2 + \cdots + x_ny_n = y_1x_1 + y_2x_2 + \cdots + y_nx_n = \mathbf{y}\cdot\mathbf{x}$$

(2) $\mathbf{y}+\mathbf{z} = (y_1+z_1, y_2+z_2, \ldots, y_n+z_n)$이므로 다음이 성립한다.

$$\begin{aligned}\mathbf{x}\cdot(\mathbf{y}+\mathbf{z}) &= x_1(y_1+z_1)+x_2(y_2+z_2)+\cdots+x_n(y_n+z_n)\\ &= x_1y_1+x_1z_1+x_2y_2+x_2z_2+\cdots+x_ny_n+x_nz_n\\ &= (x_1y_1+x_2y_2+\cdots+x_ny_n)+(x_1z_1+x_2z_2+\cdots+x_nz_n)\\ &= \mathbf{x}\cdot\mathbf{y}+\mathbf{x}\cdot\mathbf{z}\end{aligned}$$

(3) $r\mathbf{x} = (rx_1, rx_2, \ldots, rx_n)$이므로 다음이 성립한다.

$$(r\mathbf{x})\cdot\mathbf{y} = (rx_1)y_1+(rx_2)y_2+\cdots+(rx_n)y_n = r(x_1y_1+x_2y_2+\cdots+x_ny_n) = r(\mathbf{x}\cdot\mathbf{y})$$

비슷한 방법으로, $\mathbf{x}\cdot(r\mathbf{y}) = r(\mathbf{x}\cdot\mathbf{y})$가 성립함도 쉽게 보일 수 있다.

(4) 다음 부등식이 성립한다.

$$\mathbf{x}\cdot\mathbf{x} = x_1^2+x_2^2+\cdots+x_n^2 \geq 0$$

또한 $\mathbf{x}\cdot\mathbf{x} = x_1^2+x_2^2+\cdots+x_n^2 = 0$일 필요충분조건은 $x_1 = x_2 = \cdots = x_n = 0$, 즉 $\mathbf{x} = \mathbf{0}$이다.

□

예제 1.2.3

다음 등식이 성립한다.

(1)
$$\begin{aligned}(\mathbf{x}+\mathbf{y})\cdot(\mathbf{x}+\mathbf{y}) &= \mathbf{x}\cdot(\mathbf{x}+\mathbf{y})+\mathbf{y}\cdot(\mathbf{x}+\mathbf{y})\\ &= \mathbf{x}\cdot\mathbf{x}+\mathbf{x}\cdot\mathbf{y}+\mathbf{y}\cdot\mathbf{x}+\mathbf{y}\cdot\mathbf{y}\\ &= \mathbf{x}\cdot\mathbf{x}+2\mathbf{x}\cdot\mathbf{y}+\mathbf{y}\cdot\mathbf{y}\end{aligned}$$

(2)
$$\begin{aligned}(\mathbf{x}-\mathbf{y})\cdot(\mathbf{x}-\mathbf{y}) &= \mathbf{x}\cdot(\mathbf{x}-\mathbf{y})-\mathbf{y}\cdot(\mathbf{x}-\mathbf{y})\\ &= \mathbf{x}\cdot\mathbf{x}-\mathbf{x}\cdot\mathbf{y}-\mathbf{y}\cdot\mathbf{x}+\mathbf{y}\cdot\mathbf{y}\\ &= \mathbf{x}\cdot\mathbf{x}-2\mathbf{x}\cdot\mathbf{y}+\mathbf{y}\cdot\mathbf{y}\end{aligned}$$

□

정의 1.2.4

덧셈과 스칼라곱이 정의된 벡터공간 $(\mathbb{R}^n, +, \cdot)$에 기본내적까지 정의된 벡터공간 $(\mathbb{R}^n, +, \cdot, < \cdot, \cdot >)$을 **유클리드 공간**(Euclidean space)이라 한다.

임의의 벡터의 크기를 내적을 이용하여 다음과 같이 정의할 수 있다.

정의 1.2.5

임의의 벡터 $\mathbf{x} = (x_1, x_2, \ldots, x_n) \in \mathbb{R}^n$에 대하여, $\mathbf{x}$의 **크기**(norm) 또는 **길이**(length) $\|\mathbf{x}\|$을 다음과 같이 정의한다.

$$\|\mathbf{x}\| = (\mathbf{x} \cdot \mathbf{x})^{\frac{1}{2}} = \left(\sum_{i=1}^{n} x_i^2\right)^{\frac{1}{2}}$$

여기서, $\|\mathbf{x}\|$를 보통 x**의 노름**으로 읽는다.

스칼라곱에 관해 다음 성질이 성립한다.

보조정리 1.2.6

임의의 벡터 $\mathbf{x} = (x_1, x_2, \ldots, x_n) \in \mathbb{R}^n$과 스칼라 $r \in \mathbb{R}$에 대하여, 다음 등식이 성립한다.

$$\|r\mathbf{x}\| = |r| \|\mathbf{x}\|$$

[증명]

$r\mathbf{x} = (rx_1, rx_2, \ldots, rx_n)$이므로 다음 등식이 성립함을 쉽게 보일 수 있다.

$$\begin{aligned}\|r\mathbf{x}\| &= ((r\mathbf{x}) \cdot (r\mathbf{x}))^{\frac{1}{2}} = ((rx_1)^2 + (rx_2)^2 + \cdots + (rx_n)^2)^{\frac{1}{2}} \\ &= \left(r^2 (x_1^2 + x_2^2 + \cdots + x_n^2)\right)^{\frac{1}{2}} = (r^2)^{\frac{1}{2}} (x_1^2 + x_2^2 + \cdots + x_n^2)^{\frac{1}{2}} \\ &= |r| \|\mathbf{x}\|\end{aligned}$$

□

특히, [보조정리 1.2.6]에 의해 다음 등식이 성립함을 알 수 있다.

$$\|-\mathbf{x}\| = \|\mathbf{x}\|$$

정의 1.2.7

임의의 벡터 $\mathbf{x} = (x_1, x_2, \ldots, x_n) \in \mathbb{R}^n$에 대하여

$$\|\mathbf{x}\| = 1$$

일 때, $\mathbf{x}$를 **단위벡터**(unit vector)라 한다.

$\|\mathbf{x}\| \neq 0$인 임의의 벡터 $\mathbf{x}$와 같은 방향을 같은 단위벡터를 다음과 같이 쉽게 얻을 수 있다.

보조정리 1.2.8

$\|\mathbf{x}\| \neq 0$를 만족하는 임의의 벡터 $\mathbf{x} = (x_1, x_2, \ldots, x_n) \in \mathbb{R}^n$에 대하여 $\frac{1}{\|\mathbf{x}\|}\mathbf{x}$는 $\mathbf{x}$와 같은 방향을 갖는 단위벡터이다.

[증명]

[보조정리 1.2.6]에 의해, 다음 등식이 성립한다.

$$\left\| \frac{1}{\|\mathbf{x}\|}\mathbf{x} \right\| = \frac{1}{\|\mathbf{x}\|}\|\mathbf{x}\| = 1$$

□

예제 1.2.9

$\mathbf{x} = (1, 2, -3)$일 때, $\|\mathbf{x}\| = (1+4+9)^{\frac{1}{2}} = 14^{\frac{1}{2}} = \sqrt{14} \neq 0$이다. 따라서

$$\frac{1}{\|\mathbf{x}\|}\mathbf{x} = \frac{1}{\sqrt{14}}(1, 2, -3)$$

가 $\mathbf{x}$와 같은 방향을 갖는 단위벡터이다.

□

$\mathbb{R}^n$상에 놓여 있는 임의의 두 점 사이의 거리를 변위벡터의 크기를 이용하여 다음과 같이 정의할 수 있다.

정의 1.2.10

임의의 두 점 $A=(x_1, x_2, \ldots, x_n), B=(y_1, y_2, \ldots, y_n) \in \mathbb{R}^n$에 대하여, **$A$와 B 사이의 거리**를 다음과 같이 변위벡터 $\overrightarrow{AB}$의 크기로 정의한다.

$$\begin{aligned}\|\overrightarrow{AB}\| &= \|\overrightarrow{OB} - \overrightarrow{OA}\| = \|(y_1 - x_1, y_2 - x_2, \ldots, y_n - x_n)\| \\ &= \sqrt{(x_1-y_1)^2 + (x_2-y_2)^2 + \cdots + (x_n-y_n)^2}\end{aligned}$$

예제 1.2.11

$A=(-1,2), B=(3,4) \in \mathbb{R}^2$일 때, A와 B사이의 거리는 다음과 같다.

$$\|\overrightarrow{AB}\| = \sqrt{(3-(-1))^2 + (4-2)^2} = \sqrt{16+4} = \sqrt{20} = 2\sqrt{5}$$

□

다음 보조정리가 성립한다.

보조정리 1.2.12

임의의 두 점 $A=(x_1, x_2, \ldots, x_n), B=(y_1, y_2, \ldots, y_n) \in \mathbb{R}^n$에 대하여, $\overrightarrow{OA} \cdot \overrightarrow{OB} = 0$일 필요충분조건은

$$\|\overrightarrow{OA} + \overrightarrow{OB}\| = \|\overrightarrow{OA} - \overrightarrow{OB}\|$$

이다.

[증명]

먼저 다음 등식이 성립함을 보일 수 있다.

$$\begin{aligned}\|\overrightarrow{OA} + \overrightarrow{OB}\|^2 &= (\overrightarrow{OA} + \overrightarrow{OB}) \cdot (\overrightarrow{OA} + \overrightarrow{OB}) = \overrightarrow{OA} \cdot \overrightarrow{OA} + 2\overrightarrow{OA} \cdot \overrightarrow{OB} + \overrightarrow{OB} \cdot \overrightarrow{OB} \\ &= \|\overrightarrow{OA}\|^2 + 2\overrightarrow{OA} \cdot \overrightarrow{OB} + \|\overrightarrow{OB}\|^2,\end{aligned}$$

$$
\begin{aligned}
\|\overrightarrow{OA}-\overrightarrow{OB}\|^2 &= (\overrightarrow{OA}-\overrightarrow{OB})\cdot(\overrightarrow{OA}-\overrightarrow{OB}) = \overrightarrow{OA}\cdot\overrightarrow{OA} - 2\,\overrightarrow{OA}\cdot\overrightarrow{OB} + \overrightarrow{OB}\cdot\overrightarrow{OB} \\
&= \|\overrightarrow{OA}\|^2 - 2\,\overrightarrow{OA}\cdot\overrightarrow{OB} + \|\overrightarrow{OB}\|^2
\end{aligned}
$$

따라서 만약 $\|\overrightarrow{OA}+\overrightarrow{OB}\| = \|\overrightarrow{OA}-\overrightarrow{OB}\|$라면 위 식의 양변을 비교하여 다음 등식을 얻을 수 있다.

$$2\,\overrightarrow{OA}\cdot\overrightarrow{OB} = -2\,\overrightarrow{OA}\cdot\overrightarrow{OB} \quad \text{즉,} \quad \overrightarrow{OA}\cdot\overrightarrow{OB} = 0$$

비슷한 방법으로, 반대 방향의 증명도 어렵지 않게 보일 수 있다.

□

내적에 대하여, 다음 공식이 성립한다.

정리 1.2.13

임의의 두 벡터 $\mathbf{x}, \mathbf{y} \in \mathbb{R}^n$에 대하여, 다음 등식이 성립한다.

$$\mathbf{x} \cdot \mathbf{y} - \|\mathbf{x}\|\|\mathbf{y}\|\cos\theta$$

단, 여기서 θ는 $0 \le \theta \le \pi$를 만족하는 두 위치벡터 $\mathbf{x}$와 $\mathbf{y}$ 사이의 각도를 나타낸다 ([그림 1.2.1]).

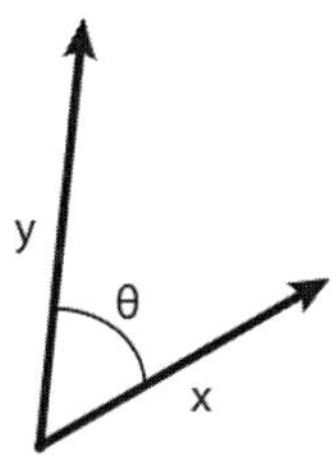

[그림 1.2.1]

[증명]

두 벡터 $\mathbf{x}$와 $\mathbf{y}$를 위치벡터로 생각하면, $\mathbf{x}, \mathbf{y}$ 및 변위벡터 $\mathbf{y}-\mathbf{x}$가 삼각형의 세 변을 나타내는 변위벡터에 해당한다([그림 1.2.2] 참고). 따라서 세 변의 길이가 각각 $\|\mathbf{x}\|$, $\|\mathbf{y}\|$, $\|\mathbf{y}-\mathbf{x}\|$이고 사이각이 θ인 삼각형에 코사인 제2법칙을 적용하여 다음 등식을 얻을 수 있다.

$$\|\mathbf{y}-\mathbf{x}\|^2 = \|\mathbf{x}\|^2 + \|\mathbf{y}\|^2 - 2\|\mathbf{x}\|\|\mathbf{y}\|\cos\theta$$

한편, [예제 1.2.3]의 (2)에 의해 다음 등식이 성립한다.

$$\|\mathbf{y}-\mathbf{x}\|^2 = \|\mathbf{y}\|^2 - 2\mathbf{x}\cdot\mathbf{y} + \|\mathbf{x}\|^2$$

따라서 위의 두 등식을 비교하여 다음 등식을 쉽게 얻을 수 있다.

$$\mathbf{x}\cdot\mathbf{y} = \|\mathbf{x}\|\|\mathbf{y}\|\cos\theta$$

□

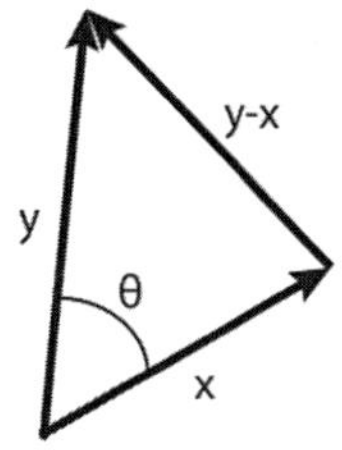

[그림 1.2.2]

따름정리 1.2.14

영이 아닌 임의의 두 벡터 $\mathbf{x}, \mathbf{y} \in \mathbb{R}^n$에 대하여, $\mathbf{x}$와 $\mathbf{y}$가 서로 수직일 필요충분조건은

$$\mathbf{x}\cdot\mathbf{y} = 0$$

이다.

[증명]

[정리 1.2.13]에 의해, $\mathbf{x}\cdot\mathbf{y} = 0$일 필요충분조건은

$$\|\mathbf{x}\|\|\mathbf{y}\|\cos\theta = 0$$

이다. 그런데, $\|\mathbf{x}\| \neq 0$이고 $\|\mathbf{y}\| \neq 0$이므로 위의 등식은 $\cos\theta = 0$와 동치이다. 한편 $0 \leq \theta \leq \pi$이므로 $\cos\theta = 0$와 $\theta = \frac{\pi}{2}$는 서로 동치조건이다.

□

예제 1.2.15

(1) 벡터공간 $\mathbb{R}^3$의 세 좌표벡터

$$e_1 = (1,0,0),\ \ e_2 = (0,1,0),\ \ e_3 = (0,0,1)$$

에 대하여 다음 등식이 성립한다.

$$e_i \cdot e_j = \begin{cases} 0, & i \neq j, \\ 1, & i = j \end{cases} \qquad \|e_k\| = 1,\ \ k = 1,2,3$$

그리고 종종 좌표벡터 e_1, e_2, e_3를 다음과 같이 나타낸다.

$$\mathbf{i} = e_1,\ \ \mathbf{j} = e_2,\ \ \mathbf{k} = e_3$$

(2) $\mathbf{x} = \mathbf{i}+\mathbf{j}$, $\mathbf{y} = \mathbf{j}-\mathbf{k}$일 때, $\mathbf{x}$와 $\mathbf{y}$ 사이의 각도 θ를 구해보자. 실제로, 다음 등식이 성립한다.

$$\mathbf{x} \cdot \mathbf{y} = (\mathbf{i}+\mathbf{j}) \cdot (\mathbf{j}-\mathbf{k}) = \mathbf{i} \cdot \mathbf{j} - \mathbf{i} \cdot \mathbf{k} + \mathbf{j} \cdot \mathbf{j} - \mathbf{j} \cdot \mathbf{k} = 1,$$

$$\|\mathbf{x}\|\|\mathbf{y}\|\cos\theta = \sqrt{2}\sqrt{2}\cos\theta = 2\cos\theta$$

따라서 $2\cos\theta = 1$이다. 즉 $\theta = \cos^{-1}\left(\frac{1}{2}\right) = \frac{\pi}{3}$이다.

□

정리 1.2.16 코시-슈바르츠 부등식, Cauchy-Schwarz inequality

임의의 두 벡터 $\mathbf{x}, \mathbf{y} \in \mathbb{R}^n$에 대하여, 다음 부등식이 성립한다.

$$|\mathbf{x} \cdot \mathbf{y}| \leq \|\mathbf{x}\|\|\mathbf{y}\|$$

또한 $|\mathbf{x} \cdot \mathbf{y}| = \|\mathbf{x}\|\|\mathbf{y}\|$일 필요충분조건은 $\mathbf{x}$와 $\mathbf{y}$가 서로 평행한 것이다.

[증명]

[정리 1.2.13]에 의해, 다음 부등식이 성립한다.

$$|\mathbf{x} \cdot \mathbf{y}| = \|\mathbf{x}\|\|\mathbf{y}\||\cos\theta| \leq \|\mathbf{x}\|\|\mathbf{y}\|$$

또한 $|\mathbf{x} \cdot \mathbf{y}| = \|\mathbf{x}\|\|\mathbf{y}\|$일 필요충분조건은 $|\cos\theta| = 1$이다. 즉, $\theta = 0$이거나 또는 $\theta = \pi$이다. 따라서 $|\mathbf{x} \cdot \mathbf{y}| = \|\mathbf{x}\|\|\mathbf{y}\|$일 필요충분조건은 $\mathbf{x}$와 $\mathbf{y}$가 서로 평행한 것이다.

□

[정리 1.2.16]에 의해, 다음과 같은 삼각부등식(triangle inequality)이 성립한다.

정리 1.2.17 **삼각부등식, triangle inequality**

임의의 두 벡터 $\mathbf{x}, \mathbf{y} \in \mathbb{R}^n$에 대하여, 다음 부등식이 성립한다.

$$\|\mathbf{x}+\mathbf{y}\| \le \|\mathbf{x}\| + \|\mathbf{y}\|$$

또한 $|\mathbf{x} \cdot \mathbf{y}| = \|\mathbf{x}\|\|\mathbf{y}\|$일 필요충분조건은 $\mathbf{x}$와 $\mathbf{y}$가 서로 평행한 것이다.

[증명]

[정리 1.2.16]에 의해, 다음 부등식이 성립한다.

$$\begin{aligned}(\|\mathbf{x}\|+\|\mathbf{y}\|)^2 - \|\mathbf{x}+\mathbf{y}\|^2 &= \|\mathbf{x}\|^2 + 2\|\mathbf{x}\|\|\mathbf{y}\| + \|\mathbf{y}\|^2 - (\mathbf{x}+\mathbf{y}) \cdot (\mathbf{x}+\mathbf{y}) \\ &= \|\mathbf{x}\|^2 + 2\|\mathbf{x}\|\|\mathbf{y}\| + \|\mathbf{y}\|^2 - (\mathbf{x} \cdot \mathbf{x} + 2\mathbf{x} \cdot \mathbf{y} + \mathbf{y} \cdot \mathbf{y}) \\ &= \|\mathbf{x}\|^2 + 2\|\mathbf{x}\|\|\mathbf{y}\| + \|\mathbf{y}\|^2 - (\|\mathbf{x}\|^2 + 2\mathbf{x} \cdot \mathbf{y} + \|\mathbf{y}\|^2) \\ &= 2(\|\mathbf{x}\|\|\mathbf{y}\| - \mathbf{x} \cdot \mathbf{y}) \ge 0\end{aligned}$$

또한 $\|\mathbf{x}+\mathbf{y}\| = \|\mathbf{x}\| + \|\mathbf{y}\|$일 필요충분조건은 $|\mathbf{x} \cdot \mathbf{y}| = \|\mathbf{x}\|\|\mathbf{y}\|$이다. 즉 $\mathbf{x}$와 $\mathbf{y}$가 서로 평행한 것이다.

□

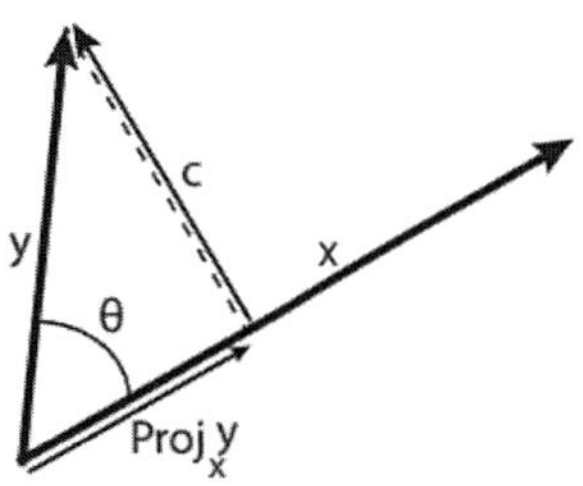

[그림 1.2.3]

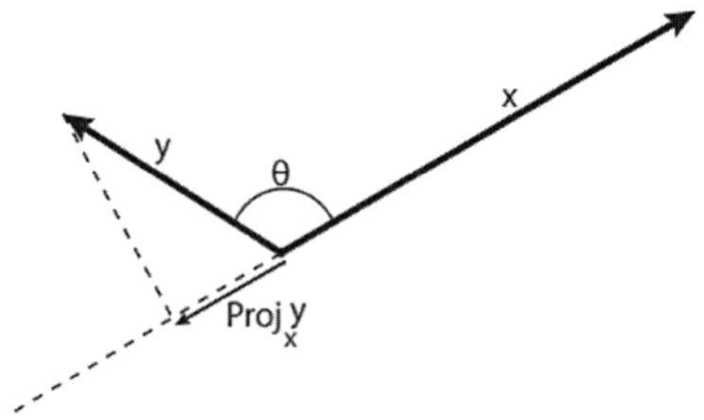

[그림 1.2.4]

정의 1.2.18

임의의 두 벡터 $\mathbf{x} \ne \mathbf{0}, \mathbf{y} \in \mathbb{R}^n$에 대하여, $\mathbf{y}$의 $\mathbf{x}$에 대한 **정사영**(orthogonal projection) $\mathrm{Proj}_{\mathbf{x}}\mathbf{y}$를 다음과 같이 정의한다([그림 1.2.3], [그림 1.2.4]).

$$\mathrm{Proj}_{\mathbf{x}}\mathbf{y} = \frac{\mathbf{x} \cdot \mathbf{y}}{\|\mathbf{x}\|^2}\mathbf{x}$$

정사영은 벡터 $\mathbf{y}$를 $\mathbf{x}$와 평행인 성분과 $\mathbf{x}$와 수직인 성분으로 분해할 때, 평행인 성분에 해당하는 벡터이다. 실제로, [그림 1.2.3]과 [그림 1.2.4]와 같이 $\mathrm{Proj}_{\mathbf{x}}\mathbf{y}$는 $\mathbf{x}$와 평행하므로 적당한 실수 t를 이용하여 $\mathrm{Proj}_{\mathbf{x}}\mathbf{y} = t\mathbf{x}$로 나타낼 수 있다. 한편 $\mathbf{y} - t\mathbf{x}$와 $\mathbf{x}$는 서로 수직이므로 다음 등식이 성립한다.

$$(\mathbf{y} - t\mathbf{x}) \cdot \mathbf{x} = 0$$

따라서 $t = \dfrac{\mathbf{x} \cdot \mathbf{y}}{\|\mathbf{x}\|^2}$이고 $\mathrm{Proj}_{\mathbf{x}}\mathbf{y} = \dfrac{\mathbf{x} \cdot \mathbf{y}}{\|\mathbf{x}\|^2}\mathbf{x}$로 주어진다.

벡터 $\mathbf{y}$를 $\mathbf{x}$와 평행인 성분과 $\mathbf{x}$와 수직인 성분으로 분해하는 데 이용되는 정사영을 이용하여 코시-슈바르츠 부등식을 증명할 수도 있다. 실제로, [그림 1.2.3]에서와 같은 직각삼각형을 이용하여

$$\|\mathbf{y}\|^2 = \|\mathrm{Proj}_{\mathbf{x}}\mathbf{y}\|^2 + \|\mathbf{c}\|^2, \quad \mathbf{c} = \mathbf{y} - \mathrm{Proj}_{\mathbf{x}}\mathbf{y}$$

를 얻을 수 있다. 이때, 양변에 $\|\mathbf{x}\|^2$를 곱하면 다음 등식이 성립한다.

$$\begin{aligned}\|\mathbf{x}\|^2\|\mathbf{y}\|^2 &= \|\mathbf{x}\|^2\|\mathrm{Proj}_{\mathbf{x}}\mathbf{y}\|^2 + \|\mathbf{x}\|^2\|\mathbf{c}\|^2 = \|\mathbf{x}\|^2\left\|\frac{\mathbf{x} \cdot \mathbf{y}}{\|\mathbf{x}\|^2}\mathbf{x}\right\|^2 + \|\mathbf{x}\|^2\|\mathbf{c}\|^2 \\ &= \|\mathbf{x}\|^2\left|\frac{\mathbf{x} \cdot \mathbf{y}}{\|\mathbf{x}\|^2}\right|^2\|\mathbf{x}\|^2 + \|\mathbf{x}\|^2\|\mathbf{c}\|^2 = |\mathbf{x} \cdot \mathbf{y}|^2 + \|\mathbf{x}\|^2\|\mathbf{c}\|^2 \\ &\geq |\mathbf{x} \cdot \mathbf{y}|^2\end{aligned}$$

즉 $|\mathbf{x} \cdot \mathbf{y}| \leq \|\mathbf{x}\|\|\mathbf{y}\|$가 성립한다. 또한 $|\mathbf{x} \cdot \mathbf{y}| = \|\mathbf{x}\|\|\mathbf{y}\|$일 필요충분조건은 $\mathbf{c} = 0$이다. 다시 말해서, $|\mathbf{x} \cdot \mathbf{y}| = \|\mathbf{x}\|\|\mathbf{y}\|$일 필요충분조건은 $\mathbf{x}$와 $\mathbf{y}$가 서로 평행한 것이다.

벡터공간 $\mathbb{R}^n$에서 정의된 기본내적의 개념을 다음과 같이 일반적인 벡터공간에서 정의된 내적 개념으로 확장할 수 있다.

정리 1.2.19

V를 $\mathbb{R}$상에서 정의된 벡터공간이라 할 때, 함수

$$f: V \times V \to \mathbb{R}$$

이 다음 네 가지 성질을 만족한다고 가정하자. 이때, f를 $\mathbb{R}$상에 정의된 V의 **내적**(inner product)이라 한다.

(1) 임의의 $\mathbf{v}, \mathbf{w} \in V$에 대하여, $f(\mathbf{v}, \mathbf{w}) = f(\mathbf{w}, \mathbf{v})$

(2) 임의의 $\mathbf{u}, \mathbf{v}, \mathbf{w} \in V$에 대하여, $f(\mathbf{u}, \mathbf{v}+\mathbf{w}) = f(\mathbf{u}, \mathbf{v}) + f(\mathbf{u}, \mathbf{w})$

(3) 임의의 $\mathbf{v}, \mathbf{w} \in V$와 임의의 스칼라 $r \in \mathbb{R}$에 대하여,

$$f(r\mathbf{v}, \mathbf{w}) = rf(\mathbf{v}, \mathbf{w}) = f(\mathbf{v}, r\mathbf{w})$$

(4) 임의의 $\mathbf{v} \in V$에 대하여, $f(\mathbf{v}, \mathbf{v}) \geq 0$이고 $f(\mathbf{v}, \mathbf{v}) = 0$일 필요충분조건이 $\mathbf{v} = 0$이다.

예제 1.2.20

(1) 벡터공간 $\mathbb{R}^2$상에서 정의된 임의의 두 벡터 $\mathbf{x} = (x_1, x_2), \mathbf{y} = (y_1, y_2)$에 대하여, 다음과 같이 정의된 함수 $f: \mathbb{R}^2 \times \mathbb{R}^2 \to \mathbb{R}$을 고려하자.

$$f(\mathbf{x}, \mathbf{y}) = 2x_1y_1 + 3x_2y_2$$

그러면 f가 [정의 1.2.19]의 네 가지 조건을 만족함을 어렵지 않게 확인할 수 있다. 따라서 f는 $\mathbb{R}^2$상에서 내적이 된다.

(2) 벡터공간 $\mathbb{R}^2$상에서 정의된 임의의 두 벡터 $\mathbf{x} = (x_1, x_2), \mathbf{y} = (y_1, y_2)$에 대하여, 다음과 같이 정의된 함수 $g: \mathbb{R}^2 \times \mathbb{R}^2 \to \mathbb{R}$을 고려하자.

$$g(\mathbf{x}, \mathbf{y}) = 2x_1y_1 - 3x_2y_2$$

그러면 g가 [정의 1.2.19]의 네 가지 조건 중 네 번째 조건을 만족하지 못한다. 실제로,

$$g(\mathbf{x}, \mathbf{x}) = 2x_1^2 - 3x_2^2$$

이므로 $g(\mathrm{x}, \mathrm{x})$가 항상 음이 아닌 실수가 아니다. 예를 들어,

$$g((0,1), (0,1)) = -3 < 0$$

가 성립한다. 따라서 g는 $\mathbb{R}^2$에서 내적이 아니다.

(3) 벡터공간 $\mathbb{R}^2$상에서 정의된 임의의 두 벡터 $\mathbf{x}=(x_1, x_2), \mathbf{y}=(y_1, y_2)$에 대하여, 다음과 같이 정의된 함수 $h:\mathbb{R}^2\times\mathbb{R}^2 \to \mathbb{R}$을 고려하자.

$$h(\mathbf{x}, \mathbf{y}) = x_1y_1 - x_2y_1 - x_1y_2 + 4x_2y_2$$

그러면 h가 [정의 1.2.19]의 네 가지 조건을 만족함을 어렵지 않게 확인할 수 있다. 특히,

$$h(\mathbf{x}, \mathbf{x}) = x_1^2 - 2x_1x_2 + 4x_2^2 = (x_1 - x_2)^2 + 3x_2^2 \geq 0$$

이고 $h(\mathbf{x}, \mathbf{x}) = 0$이 성립할 필요충분조건은 $x_1 = x_2 = 0$이다. 따라서 h는 $\mathbb{R}^2$상에서 내적이 된다.

(4) V를 $[-\pi, \pi]$상에서 정의된 실수값을 갖는 모든 연속함수들의 모임 $C[-\pi, \pi]$이라 하자. 이때, 임의의 두 연속함수 $f, g\in C[-\pi, \pi]$에 대하여 덧셈과 스칼라곱을 다음과 같이 정의하자.

$$(f+g)(x) = f(x)+g(x), \quad (rf)(x) = rf(x), \quad r\in\mathbb{R}$$

그러면 $(V, +, \cdot)$가 $\mathbb{R}$상에서 벡터공간이 된다. 또한, $(V, +, \cdot)$상에서 다음과 같은 내적을 정의할 수 있다.

$$< f, g >= \int_{-\pi}^{\pi} f(x)g(x)\,dx$$

한편, 임의의 정수 m, n에 대하여 다음 등식이 성립한다.

$$< \cos(mx), \sin(nx) >= 0$$

다시 말해서, 두 함수 $\cos(mx)$와 $\sin(nx)$는 항상 서로 수직이다. 실제로, $m \neq 0$, $n \neq 0$ 이고 $m \neq n$인 경우에 다음 등식이 성립한다:

$$\begin{aligned}< \cos(mx), \sin(nx) >&= \frac{1}{2}\int_{-\pi}^{\pi} (\sin((m+n)x) - \sin((m-n)x))\,dx \\ &= \frac{1}{2}\left[-\frac{1}{m+n}\cos((m+n)x) + \frac{1}{m-n}\cos((m-n)x)\right]_{-\pi}^{\pi} \\ &= 0\end{aligned}$$

비슷한 방법으로, 다른 경우에도 $< \cos(mx), \sin(nx) >= 0$임을 보일 수 있다.

(5) 임의의 자연수 n에 대하여 $c_1, c_2, \dots, c_n$을 임의의 서로 다른 실수라 하자. 이때, 벡터공간 $\mathcal{P}_n$상에 다음과 같은 내적 k를 정의할 수 있다([예제 1.1.4] 참고).

$$k(p, q) = \sum_{i=1}^{n} p(c_i) q(c_i), \quad p, q \in \mathcal{P}_n$$

실제로, 다음 등식이 성립한다.

$$k(p, p) = \sum_{i=1}^{n} p(c_i)^2 \geq 0$$

이고 $k(p, p) = 0$이 성립할 필요충분조건은

$$p(c_i) = 0, \quad i = 1, 2, \dots, n$$

이다. 여기서 각각의 c_i는 다항식 p의 근(solution)이므로 이 경우에 p가 n개의 서로 다른 근을 가지고 있다. 그런데, 만약 $p \neq 0$이라면 p는 차수가 $n-1$ 또는 그 이하의 다항식이므로 중근 포함하여 최대로 $(n-1)$개의 근을 가지고 있다. 따라서 $k(p, p) = 0$가 성립할 필요충분조건은 $p = 0$이다.

□

연습문제 1.2

1. 세 벡터

$$\mathrm{x} = (-2, 2, 3),\ \ \mathrm{y} = (-3, 1, 4),\ \ \mathrm{z} = (6, 3, -4)$$

에 대하여, 다음을 계산하라.

(1) $\|\mathrm{x}+\mathrm{y}\|$ (2) $\|\mathrm{x}\|+\|\mathrm{y}\|+\|\mathrm{z}\|$ (3) $\|3\mathrm{x}-5\mathrm{y}-\mathrm{z}\|$ (4) $\|-3\|\mathrm{x}\|\mathrm{y}\|$

(5) $\mathrm{x}\cdot\mathrm{y}$ (6) $(\mathrm{x}-\mathrm{z})\cdot(\mathrm{x}+\mathrm{z})$ (7) $\cos^{-1}\left(\dfrac{\mathrm{x}\cdot\mathrm{y}}{\|\mathrm{x}\|\|\mathrm{y}\|}\right)$

2. $\mathrm{x}=-2\mathrm{i}+3\mathrm{j}+6\mathrm{k}$ 일 때, 다음 등식을 만족하는 실수 k를 모두 찾아라.

$$\|k\mathrm{x}\| = 5$$

3. 다음과 같이 주어진 두 벡터 u와 v에 대하여 u와 v가 서로 직교할 때, 실수 k를 모두 구하라.

(1) $\mathrm{u} = (k, 1, 3),\ \ \mathrm{v} = (1, 7, k)$

(2) $\mathrm{u} = (-2, k, k),\ \ \mathrm{v} = (k, 5, k)$

4. 3차원 유클리드 공간 $\mathbb{R}^3$상에서 정의된 세 점

$$A = (3, 0, 2),\ \ B = (4, 3, 0),\ \ C = (8, 1, -1)$$

에 대하여, 삼각형 ΔABC가 직각삼각형인지 판별하라. 만약 ΔABC가 직각삼각형이라면 직각인 각을 찾아라.

5. 다음 등식을 만족하는 벡터 $\mathrm{u}\in\mathbb{R}^n$와 실수 k를 모두 찾아라.

$$\|k\mathrm{u}\| = k\|\mathrm{u}\|$$

6. 임의의 두 벡터 $\mathbf{u} \in \mathbb{R}^n$와 $\mathbf{v} \in \mathbb{R}^n$에 대하여 다음 등식을 만족할 때, $|\mathbf{u} \cdot \mathbf{v}|$를 구하라.

$$\|\mathbf{u}+\mathbf{v}\| = 2, \quad \|\mathbf{u}-\mathbf{v}\| = 7$$

7. 임의의 두 벡터 $\mathbf{u} \in \mathbb{R}^n$과 $\mathbf{v} \in \mathbb{R}^n$에 대하여, 다음 등식이 성립하는지 판별하라.

$$\|\mathbf{u}+\mathbf{v}\|^2 - \|\mathbf{u}-\mathbf{v}\|^2 = 4\mathbf{u} \cdot \mathbf{v}$$

8. 임의의 두 벡터 $\mathbf{x}, \mathbf{y} \in \mathbb{R}^n$에 대하여, 다음 등식이 성립하는지 판별하라.

$$(\|\mathbf{y}\|\mathbf{x} + \|\mathbf{x}\|\mathbf{y}) \cdot (\|\mathbf{y}\|\mathbf{x} - \|\mathbf{x}\|\mathbf{y}) = 0$$

9. 다음과 같이 주어진 벡터 $\mathbf{x}$와 $\mathbf{a}$에 대하여, 정사영 $\mathrm{Proj}_{\mathbf{a}}\mathbf{x}$와 $\mathbf{b} = \mathbf{x} - \mathrm{Proj}_{\mathbf{a}}\mathbf{x}$를 구하라.

(1) $\mathbf{x} = (1, 1, 1)$, $\mathbf{a} = (2, 0, 1)$

(2) $\mathbf{x} = (1, 0, 1)$, $\mathbf{a} = (1, 2, 3)$

(3) $\mathbf{x} = (2, 1, 1, 1)$, $\mathbf{a} = (4, -4, 2, -2)$

(4) $\mathbf{x} = (2, 1, -1, -1)$, $\mathbf{a} = (5, 0, -3, 7)$

1.3 외적

3차원 유클리드 공간 $\mathbb{R}^3$상에 놓여 있는 회전체의 운동을 묘사할 때, 회전체가 회전축에 관해 시계 방향으로 회전하는지 또는 시계 반대방향으로 회전하는지 결정해야만 하는 상황이 종종 발생한다. 회전체의 회전축이 영이 아닌 두 벡터 $\mathbf{x}$와 $\mathbf{y}$로 생성된 평면에 수직일 때, 회전축과 같은 방향을 갖는 영이 아닌 벡터 $\mathbf{w}$가 회전체가 회전하는 방향을 완벽하게 묘사한다. 이 절에서는 주어진 임의의 두 벡터 $\mathbf{x}$와 $\mathbf{y}$에 대하여 새로운 벡터 $\mathbf{w}$를 만드는 방법인 외적이라는 개념을 설명한다.

정의 1.3.1

임의의 두 벡터 $\mathbf{x} = (x_1, x_2, x_3)$, $\mathbf{y} = (y_1, y_2, y_3) \in \mathbb{R}^3$에 대하여 $\mathbb{R}^3$상의 **외적**(outer product, 또는 cross product, 또는 vector product)을 다음과 같이 정의한다.

$$\mathbf{x} \times \mathbf{y} = \begin{vmatrix} \mathbf{i} & \mathbf{j} & \mathbf{k} \\ x_1 & x_2 & x_3 \\ y_1 & y_2 & y_3 \end{vmatrix} = \begin{vmatrix} x_2 & x_3 \\ y_2 & y_3 \end{vmatrix}\mathbf{i} - \begin{vmatrix} x_1 & x_3 \\ y_1 & y_3 \end{vmatrix}\mathbf{j} + \begin{vmatrix} x_1 & x_2 \\ y_1 & y_2 \end{vmatrix}\mathbf{k}$$

$$= (x_2y_3 - x_3y_2, \ -x_1y_3 + x_3y_1, \ x_1y_2 - x_2y_1)$$

단, 여기서

$$\begin{vmatrix} a & b \\ c & d \end{vmatrix} = ad - bc$$

를 나타낸다.

예제 1.3.2

(1) $\mathbf{x} = (1, 2, -2)$와 $\mathbf{y} = (3, 0, 1)$에 대하여, 다음 계산이 성립한다.

$$\mathbf{x} \times \mathbf{y} = \begin{vmatrix} \mathbf{i} & \mathbf{j} & \mathbf{k} \\ 1 & 2 & -2 \\ 3 & 0 & 1 \end{vmatrix} = \begin{vmatrix} 2 & -2 \\ 0 & 1 \end{vmatrix}\mathbf{i} - \begin{vmatrix} 1 & -2 \\ 3 & 1 \end{vmatrix}\mathbf{j} + \begin{vmatrix} 1 & 2 \\ 3 & 0 \end{vmatrix}\mathbf{k} = 2\mathbf{i} - 7\mathbf{j} - 6\mathbf{k} = (2, -7, -6)$$

$$\mathbf{y} \times \mathbf{x} = -\mathbf{x} \times \mathbf{y} = -2\mathbf{i} + 7\mathbf{j} + 6\mathbf{k}, \qquad \mathbf{x} \times \mathbf{x} = \mathbf{y} \times \mathbf{y} = (0, 0, 0)$$

(2) $\mathbf{i} = (1,0,0), \mathbf{j} = (0,1,0), \mathbf{k} = (0,0,1)$일 때, 다음 등식이 성립한다.

$$\mathbf{i}\times\mathbf{j} = -\mathbf{j}\times\mathbf{i} = \mathbf{k},\ \mathbf{j}\times\mathbf{k} = -\mathbf{k}\times\mathbf{j} = \mathbf{i},\ \mathbf{k}\times\mathbf{i} = -\mathbf{i}\times\mathbf{k} = \mathbf{j}$$

□

외적에 대하여 다음 성질이 성립한다.

정리 1.3.3

임의의 세 벡터 $\mathbf{x}, \mathbf{y}, \mathbf{z} \in \mathbb{R}^3$와 스칼라 $r \in \mathbb{R}$에 대하여, 다음 성질이 성립한다.

(1) $\mathbf{x}\times\mathbf{y} = -\mathbf{y}\times\mathbf{x}$ (반교환법칙 또는 반가환법칙, anti-commutativity)

(2) $(\mathbf{x}+\mathbf{y})\times\mathbf{z} = \mathbf{x}\times\mathbf{z}+\mathbf{y}\times\mathbf{z},\ \mathbf{x}\times(\mathbf{y}+\mathbf{z}) = \mathbf{x}\times\mathbf{y}+\mathbf{x}\times\mathbf{z}$

(분배법칙, distributivity)

(3) $(r\mathbf{x})\times\mathbf{y} = r(\mathbf{x}\times\mathbf{y}) = \mathbf{x}\times(r\mathbf{y})$

(4) $\mathbf{x}\times\mathbf{0} = \mathbf{0}\times\mathbf{x} = \mathbf{0}$

(5) $\|\mathbf{x}\times\mathbf{y}\|^2 = \|\mathbf{x}\|^2\|\mathbf{y}\|^2 - (\mathbf{x}\cdot\mathbf{y})^2$

(라그랑쥬 항등식, Lagrange's Identity)

[증명]

정리의 다른 항목의 증명은 그리 어렵지 않으므로 (5)만 자세히 증명한다. 실제로, 직접 계산을 통해 다음 등식이 성립함을 알 수 있다.

$$\begin{aligned}\|\mathbf{x}\times\mathbf{y}\|^2 &= \|(x_2y_3 - x_3y_2, -x_1y_3 + x_3y_1, x_1y_2 - x_2y_1)\|^2 \\ &= (x_2y_3 - x_3y_2)^2 + (-x_1y_3 + x_3y_1)^2 + (x_1y_2 - x_2y_1)^2 \\ &= (x_1^2 + x_2^2 + x_3^2)(y_1^2 + y_2^2 + y_3^2) - (x_1y_1 + x_2y_2 + x_3y_3)^2 \\ &= \|\mathbf{x}\|^2\|\mathbf{y}\|^2 - (\mathbf{x}\cdot\mathbf{y})^2\end{aligned}$$

□

외적의 경우에는 일반적으로 결합법칙이 성립하지 않는다. 예를 들어, 다음 등식이 성립한다.

$$\mathbf{i}\times(\mathbf{j}\times\mathbf{j}) = \mathbf{i}\times\mathbf{0} = \mathbf{0} \neq -\mathbf{i} = \mathbf{k}\times\mathbf{j} = (\mathbf{i}\times\mathbf{j})\times\mathbf{j}$$

예제 1.3.4

(1) $\mathbf{x} = \mathbf{i}+3\mathbf{j}-2\mathbf{k}$, $\mathbf{y} = 2\mathbf{i}+2\mathbf{k}$ 일 때, 다음 계산이 성립한다.

$$\begin{aligned}\mathbf{x}\times\mathbf{y} &= (\mathbf{i}+3\mathbf{j}-2\mathbf{k})\times(2\mathbf{i}+2\mathbf{k}) = \mathbf{i}\times(2\mathbf{i}+2\mathbf{k})+3\mathbf{j}\times(2\mathbf{i}+2\mathbf{k})-2\mathbf{k}\times(2\mathbf{i}+2\mathbf{k})\\ &= 2\mathbf{i}\times\mathbf{i}+2\mathbf{i}\times\mathbf{k}+6\mathbf{j}\times\mathbf{i}+6\mathbf{j}\times\mathbf{k}-4\mathbf{k}\times\mathbf{i}-4\mathbf{k}\times\mathbf{k}\\ &= -2\mathbf{j}-6\mathbf{k}+6\mathbf{i}-4\mathbf{j} = 6(\mathbf{i}-\mathbf{j}-\mathbf{k})\end{aligned}$$

(2) $\mathbf{x}\times\mathbf{y} = 3\mathbf{i}-7\mathbf{j}-2\mathbf{k}$ 일 때, $(\mathbf{x}+\mathbf{y})\times(\mathbf{x}-\mathbf{y})$는 다음과 같다.

$$\begin{aligned}(\mathbf{x}+\mathbf{y})\times(\mathbf{x}-\mathbf{y}) &= \mathbf{x}\times\mathbf{x}-\mathbf{x}\times\mathbf{y}+\mathbf{y}\times\mathbf{x}-\mathbf{y}\times\mathbf{y} = -2\mathbf{x}\times\mathbf{y}\\ &= -2(3\mathbf{i}-7\mathbf{j}-2\mathbf{k}) = -6\mathbf{i}+14\mathbf{j}+4\mathbf{k}\end{aligned}$$

□

[정리 1.3.3 (5)]의 결과로 다음 따름정리가 성립함을 쉽게 알 수 있다.

따름정리 1.3.5

임의의 두 벡터 $\mathbf{x}, \mathbf{y}\in\mathbb{R}^3$에 대하여 $\theta(0\le\theta\le\pi)$를 $\mathbf{x}$와 $\mathbf{y}$의 사잇각이라 할 때, 다음이 성립한다.

(1)

$$\|\mathbf{x}\times\mathbf{y}\| = \|\mathbf{x}\|\,\|\mathbf{y}\|\sin\theta$$

(2) 두 벡터 $\mathbf{x}$와 $\mathbf{y}$에 의해 생성된 평행사변형(parallelogram)의 넓이 A는 다음과 같이 주어진다.

$$A = \|\mathbf{x}\times\mathbf{y}\| = \|\mathbf{x}\|\,\|\mathbf{y}\|\sin\theta$$

(3) $\mathbf{x}\neq 0$이고 $\mathbf{y}\neq 0$일 때, $\mathbf{x}$와 $\mathbf{y}$가 서로 평행할 필요충분조건은 사잇각 $\theta=0$이거나 또는 $\theta=\pi$인 것이다.

[증명]

(1) [정리 1.2.13]과 [정리 1.3.3]의 (5)에 의해, 다음 등식이 성립한다.

$$\begin{aligned}\|\mathbf{x}\times\mathbf{y}\|^2 &= \|\mathbf{x}\|^2\|\mathbf{y}\|^2-(\mathbf{x}\cdot\mathbf{y})^2 = \|\mathbf{x}\|^2\|\mathbf{y}\|^2-(\|\mathbf{x}\|\,\|\mathbf{y}\|\cos\theta)^2\\ &= \|\mathbf{x}\|^2\|\mathbf{y}\|^2(1-\cos^2\theta) = \|\mathbf{x}\|^2\|\mathbf{y}\|^2\sin^2\theta\end{aligned}$$

한편, $0 \leq \theta \leq \pi$이므로 $0 \leq \sin\theta \leq 1$이다. 따라서 다음 등식이 성립한다.

$$\| \mathbf{x} \times \mathbf{y} \| = \| \mathbf{x} \| \| \mathbf{y} \| \sin\theta$$

(2) 두 벡터 $\mathbf{x}$와 $\mathbf{y}$에 의해 생성된 평행사변형의 밑면의 길이는 $\| \mathbf{x} \|$이고 높이는 $\| \mathbf{y} \| \sin\theta$이다([그림 1.3.1]). 따라서

$$A = \| \mathbf{x} \| \| \mathbf{y} \| \sin\theta = \| \mathbf{x} \times \mathbf{y} \|$$

이다.

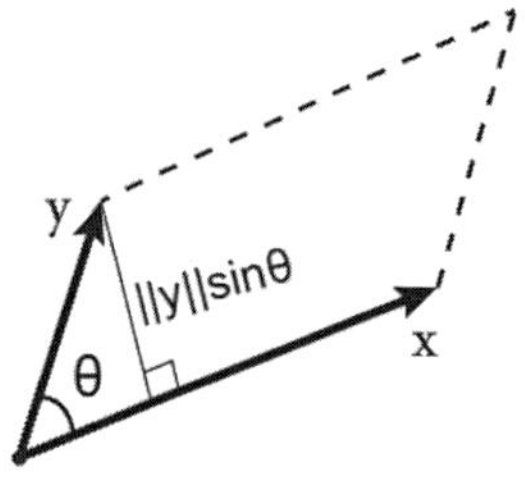

[그림 1.3.1]

(3) $\mathbf{x}$와 $\mathbf{y}$가 서로 평행할 필요충분조건은 $\mathbf{x} \times \mathbf{y} = 0$이고, 따라서 위의 (2)에 의해 $\mathbf{x}$와 $\mathbf{y}$가 서로 평행할 조건과 $\sin\theta = 0$인 조건이 서로 동치이다. 즉 사잇각 $\theta = 0$이거나 $\theta = \pi$이다.

□

다음 보조정리가 성립한다.

정리 1.3.6

임의의 세 벡터 $\mathbf{x}, \mathbf{y}, \mathbf{z} \in \mathbb{R}^3$에 대하여, 다음 성질이 성립한다.

(1) $\mathbf{x} \cdot (\mathbf{x} \times \mathbf{y}) = \mathbf{y} \cdot (\mathbf{x} \times \mathbf{y}) = 0$

(2) $(\mathbf{x} \times \mathbf{y}) \times \mathbf{z} = (\mathbf{x} \cdot \mathbf{z})\mathbf{y} - (\mathbf{y} \cdot \mathbf{z})\mathbf{x}$

[증명]

(1) 직접 계산을 통해 양변이 일치함을 보이면 된다. 실제로, 다음 등식이 성립한다.

$$\begin{aligned}\mathbf{x}\cdot(\mathbf{x}\times\mathbf{y}) &= (x_1, x_2, x_3)\cdot(x_2y_3 - x_3y_2, -x_1y_3 + x_3y_1, x_1y_2 - x_2y_1)\\ &= x_1(x_2y_3 - x_3y_2) + x_2(-x_1y_3 + x_3y_1) + x_3(x_1y_2 - x_2y_1)\\ &= x_1x_2y_3 - x_1x_3y_2 - x_1x_2y_3 + x_2x_3y_1 + x_1x_3y_2 - x_2x_3y_1\\ &= 0\end{aligned}$$

비슷한 방법으로, $\mathbf{y}\cdot(\mathbf{x}\times\mathbf{y}) = 0$가 성립함을 보일 수 있다.

(2) 외적의 정의를 이용하여 다음 등식이 성립함을 알 수 있다.

$$\begin{aligned}(\mathbf{x}\times\mathbf{y})\times\mathbf{z} &= (x_2y_3 - x_3y_2, -x_1y_3 + x_3y_1, x_1y_2 - x_2y_1)\times(z_1, z_2, z_3)\\ &= ((-x_1y_3 + x_3y_1)z_3 - (x_1y_2 - x_2y_1)z_2, -(x_2y_3 - x_3y_2)z_3 + (x_1y_2 - x_2y_1)z_1,\\ &\quad (x_2y_3 - x_3y_2)z_2 - (-x_1y_3 + x_3y_1)z_1)\\ &= (x_1z_1 + x_2z_2 + x_3z_3)(y_1, y_2, y_3) - (y_1z_1 + y_2z_2 + y_3z_3)(x_1, x_2, x_3)\\ &= (\mathbf{x}\cdot\mathbf{z})\mathbf{y} - (\mathbf{y}\cdot\mathbf{z})\mathbf{x}\end{aligned}$$

□

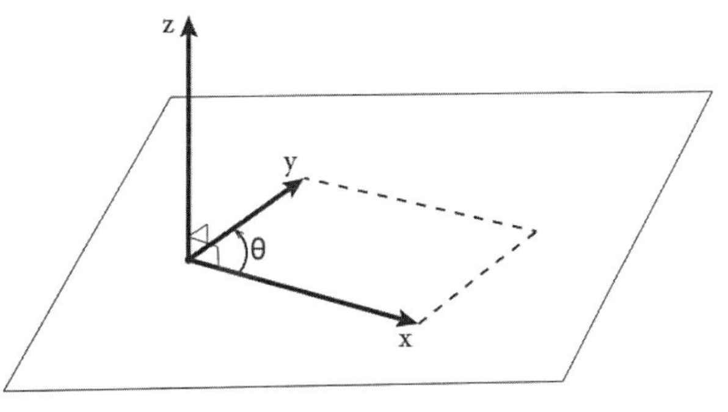

[그림 1.3.2]

[보조정리 1.3.6]의 (1)은 두 벡터의 외적에 관한 기하학적 의미를 말해준다. 다시 말해서, 두 벡터 $\mathbf{x}$와 $\mathbf{y}$가 평행하지 않을 때 외적 $\mathbf{x}\times\mathbf{y}$는 [보조정리 1.3.6]의 (1)에 의해 $\mathbf{x}$와 $\mathbf{y}$에 의해 생성되는 평행사변형을 포함하는 평면 P에 수직이다. 즉 $\mathbf{x}\times\mathbf{y}$는 평면 P의 법벡터가 된다. 한편, 법벡터 $\mathbf{x}\times\mathbf{y}$가 P의 위쪽으로 향하는지 아니면 아래쪽으로 향하는지를 결정하기 위해 $\mathbf{x}, \mathbf{y}, \mathbf{x}\times\mathbf{y}$ 세 개의 벡터와 **오른손 법칙**(right-hand rule)을 이용할 수 있다([그림 1.3.2]).

오른손 법칙을 적용하기 위해서는 먼저 $\mathbf{x}$와 $\mathbf{y}$의 사잇각 θ가 $0 \le \theta \le \pi$를 만족하는 $\mathbf{x}$에서 $\mathbf{y}$로의 방향(평면 P에서 시계 방향 또는 시계 반대방향)을 결정한 후, 그 방향으로 오른손 엄지손가락 외의 작은 손가락을 구부렸을 때 엄지손가락의 방향이 바로 외적 $\mathbf{x}\times\mathbf{y}$가 향하는 방향이 된다. 외적 $\mathbf{x}\times\mathbf{y}$의 방향을 오른손 법칙을 통해 결정할 수 있다는 사실을 선형변환을 통해 세 벡터 $\mathbf{x}, \mathbf{y}, \mathbf{x}\times\mathbf{y}$를 각각 $\mathbf{i}, \mathbf{j}, \mathbf{k}$로 대응시킨 후, $\mathbf{i}\times\mathbf{j} = \mathbf{k}$임을 이용하여 증명할 수도 있다.

예제 1.3.7

세 점 $A(2, -1, 1), B(1, -3, -5), C(3, -4, -4)$에 대하여, 삼각형 ΔABC의 넓이 $\mathrm{Area}(\Delta ABC)$와 세 점 A, B, C를 포함하는 평면 P의 단위법벡터를 구해보면 다음과 같다.

(1) 삼각형 ΔABC의 넓이를 계산하기 위해, 먼저 두 변위벡터 $\overrightarrow{BA}$와 $\overrightarrow{BC}$를 계산한다.

$$\overrightarrow{BA} = \overrightarrow{OA} - \overrightarrow{OB} = (2, -1, 1) - (1, -3, -5) = (1, 2, 6)$$

$$\overrightarrow{BC} = \overrightarrow{OC} - \overrightarrow{OB} = (3, -4, -4) - (1, -3, -5) = (2, -1, 1)$$

따라서 다음이 성립한다.

$$\begin{aligned}\mathrm{Area}(\Delta ABC) &= \frac{1}{2}\|\overrightarrow{BA}\times\overrightarrow{BC}\| = \frac{1}{2}\|(1, 2, 6)\times(2, -1, 1)\| \\ &= \frac{1}{2}\|8\mathbf{i}+11\mathbf{j}-5\mathbf{k}\| = \frac{\sqrt{210}}{2}\end{aligned}$$

(2) 위의 (1)의 계산에 의해 평면 P의 법벡터

$$\overrightarrow{BA}\times\overrightarrow{BC} = 8\mathbf{i}+11\mathbf{j}-5\mathbf{k}$$

이고, 따라서 단위법벡터는 다음과 같다.

$$\frac{\overrightarrow{BA}\times\overrightarrow{BC}}{\|\overrightarrow{BA}\times\overrightarrow{BC}\|} = \frac{8\mathbf{i}+11\mathbf{j}-5\mathbf{k}}{\sqrt{210}}$$

□

예제 1.3.8

네 개의 벡터 $\mathbf{x}, \mathbf{y}, \mathbf{z}, \mathbf{w} \in \mathbb{R}^3$가 원점을 포함하는 한 평면에 놓여 있을 때, 다음 등식이 성립한다.

$$(\mathbf{x} \times \mathbf{y}) \times (\mathbf{z} \times \mathbf{w}) = 0$$

실제로, 네 개의 벡터가 모두 영이 아닌 벡터인 경우만 고려하면 충분하다. 이때, 네 개의 벡터 $\mathbf{x}, \mathbf{y}, \mathbf{z}, \mathbf{w} \in \mathbb{R}^3$가 원점을 포함하는 한 평면에 놓여 있으므로 외적의 기하학적 의미에 의해, 두 외적 $\mathbf{x} \times \mathbf{y}$와 $\mathbf{z} \times \mathbf{w}$가 서로 평행하다. 따라서

$$(\mathbf{x} \times \mathbf{y}) \times (\mathbf{z} \times \mathbf{w}) = 0$$

가 성립한다.

□

외적을 이용하여 세 개의 벡터에 의해 생성되는(즉 같은 시작점을 갖는 세 벡터를 세 변으로 갖는) 평행육면체(parallelepiped)의 부피도 쉽게 계산할 수 있다.

보조정리 1.3.9

임의의 영이 아닌 세 벡터 $\mathbf{x}, \mathbf{y}, \mathbf{z} \in \mathbb{R}^3$가 평행육면체 Q를 생성할 때, Q의 부피 $\mathrm{Vol}(Q)$는 다음과 같이 주어진다.

$$\mathrm{Vol}(Q) = |(\mathbf{x} \times \mathbf{y}) \cdot \mathbf{z}|$$

[증명]

$\mathbf{x}$와 $\mathbf{y}$를 두 변으로 갖는 평행사변형을 Q의 밑면이라 할 때, Q의 높이는 $\mathbf{z}$를 $\mathbf{x} \times \mathbf{y}$ 방향으로 정사영하여 얻은 벡터

$$\mathrm{Proj}_{\mathbf{x} \times \mathbf{y}} \mathbf{z} = \frac{(\mathbf{x} \times \mathbf{y}) \cdot \mathbf{z}}{\| \mathbf{x} \times \mathbf{y} \|^2} (\mathbf{x} \times \mathbf{y})$$

의 길이이다. 따라서 Q의 부피는 다음과 같다.

$$\| \mathbf{x} \times \mathbf{y} \| \left\| \frac{(\mathbf{x} \times \mathbf{y}) \cdot \mathbf{z}}{\| \mathbf{x} \times \mathbf{y} \|^2} (\mathbf{x} \times \mathbf{y}) \right\| = |(\mathbf{x} \times \mathbf{y}) \cdot \mathbf{z}|$$

□

임의의 세 벡터

$$\mathbf{x} = (x_1, x_2, x_3),\ \ \mathbf{y} = (y_1, y_2, y_3),\ \ \mathbf{z} = (z_1, z_2, z_3) \in \mathbb{R}^3$$

에 대하여, $(\mathbf{x} \times \mathbf{y}) \cdot \mathbf{z}$를 $\mathbf{x}, \mathbf{y}, \mathbf{z}$의 **스칼라삼중곱**(scalar triple product)이라 하고, 이를 나중에 서술할 개념인 **행렬식**(determinant)을 이용하여 다음과 같이 간단히 계산할 수 있다.

$$(\mathbf{x} \times \mathbf{y}) \cdot \mathbf{z} = \begin{vmatrix} x_1 & x_2 & x_3 \\ y_1 & y_2 & y_3 \\ z_1 & z_2 & z_3 \end{vmatrix} = x_1 \begin{vmatrix} y_2 & y_3 \\ z_2 & z_3 \end{vmatrix} - x_2 \begin{vmatrix} y_1 & y_3 \\ z_1 & z_3 \end{vmatrix} + x_3 \begin{vmatrix} y_1 & y_2 \\ z_1 & z_2 \end{vmatrix}$$

단, 여기서 $\begin{vmatrix} a & b \\ c & d \end{vmatrix} = ad - bc$를 의미한다. 또한 행렬식의 성질에 의해 일반적으로 다음 등식도 성립한다.

$$(\mathbf{x} \times \mathbf{y}) \cdot \mathbf{z} = (\mathbf{y} \times \mathbf{z}) \cdot \mathbf{x} = (\mathbf{z} \times \mathbf{x}) \cdot \mathbf{y}$$

예제 1.3.10

세 점 $A(1, 5, 0), B(-4, 2, 0), C(1, 1, 6) \in \mathbb{R}^3$를 원점과 이어 얻은 세 선분 OA, OB, OC를 모서리로 갖는 평행육면체 Q의 부피 $\mathrm{Vol}(Q)$를 구하면 다음과 같다.

$$\mathrm{Vol}(Q) = |(\overrightarrow{OA} \times \overrightarrow{OB}) \cdot \overrightarrow{OC}| = |(0, 0, 22) \cdot (1, 1, 6)| = 132$$

또는

$$\begin{vmatrix} 1 & 5 & 0 \\ -4 & 2 & 0 \\ 1 & 1 & 6 \end{vmatrix} = 1 \begin{vmatrix} 2 & 0 \\ 1 & 6 \end{vmatrix} - 5 \begin{vmatrix} -4 & 0 \\ 1 & 6 \end{vmatrix} + 0 \begin{vmatrix} -4 & 2 \\ 1 & 1 \end{vmatrix} = 12 - 5 \times (-24) = 132$$

이므로 $\mathrm{Vol}(Q) = 132$이다.

□

세 벡터의 스칼라삼중곱을 이용하여 3차원 유클리드 공간에 놓여 있는 두 직선 사이의 거리를 계산하는 공식을 얻을 수 있다. 두 직선 사이의 거리는 두 직선이 한 점 이상에서 만나면 영이고, 서로 만나지 않으면 두 직선의 공통수선의 길이를 말한다.

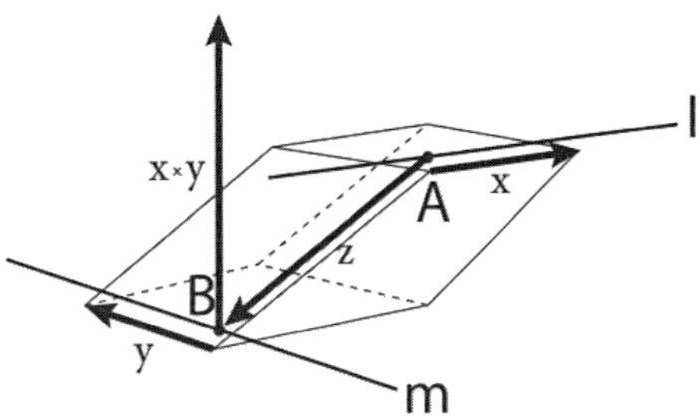

[그림 1.3.3]

보조정리 1.3.11

3차원 유클리드 공간 $\mathbb{R}^3$상에 놓여 있는 점 A를 지나고 벡터 $\mathbf{x}$에 평행인 직선 l과 점 B를 지나고 벡터 $\mathbf{y}$에 평행인 직선을 m이라 하고 $\overrightarrow{AB}=\mathbf{z}$라 할 때, 두 직선 l과 m 사이의 거리 d는 다음과 같이 주어진다([그림 1.3.3]).

$$d=\frac{|(\mathbf{x}\times\mathbf{y})\cdot\mathbf{z}|}{\|\mathbf{x}\times\mathbf{y}\|}$$

[증명]

점 A와 B를 시작점으로 갖는 변위벡터를 각각 $\mathbf{x}$와 $\mathbf{y}$라 할 때, 세 벡터 $\mathbf{x},\mathbf{y},\mathbf{z}$에 의해 생성된 평행육면체 Q를 고려하자. 이때, 두 변위벡터 $\mathbf{x},\mathbf{y}$에 평행하고 점 A를 포함하고 있는 평면에 대한 Q의 높이가 바로 두 직선 l, m 사이의 거리 d이다. 따라서 거리 d는 평행육면체 Q의 부피를 밑면의 넓이로 나누어 다음과 같이 구할 수 있다.

$$d=\frac{|(\mathbf{x}\times\mathbf{y})\cdot\mathbf{z}|}{\|\mathbf{x}\times\mathbf{y}\|}$$

□

예제 1.3.12

다음과 같이 주어진 두 직선 사이의 거리 d를 구해보자.

$$l:\ \frac{x-2}{2}=\frac{y-1}{-1}=\frac{z+1}{3}$$
$$m:\ \frac{x+2}{3}=\frac{y-3}{2}=\frac{z-4}{1}$$

실제로, 직선 l은 점 $A(2,1,-1)$를 지나고 $\mathbf{x}=2\mathbf{i}-\mathbf{j}+3\mathbf{k}$에 평행하고 직선 m은 점 $B(-2,3,4)$를 지나고 $\mathbf{y}=3\mathbf{i}+2\mathbf{j}+\mathbf{k}$에 평행한 직선이다. 이때,

$$\mathbf{x}\times\mathbf{y}=(2\mathbf{i}-\mathbf{j}+3\mathbf{k})\times(3\mathbf{i}+2\mathbf{j}+\mathbf{k})=-7\mathbf{i}+7\mathbf{j}+7\mathbf{k}$$

이고 $\overrightarrow{AB}=\mathbf{z}=-4\mathbf{i}+2\mathbf{j}+5\mathbf{k}$이다. 따라서 두 직선 l과 m 사이의 거리는 다음과 같다.

$$d=\frac{|(\mathbf{x}\times\mathbf{y})\cdot\mathbf{z}|}{\|\mathbf{x}\times\mathbf{y}\|}=\frac{|28+14+35|}{\sqrt{49+49+49}}=\frac{11\sqrt{3}}{3}$$

□

연습문제 1.3

1. 세 벡터

$$\mathbf{x} = (3, 2, -1),\ \ \mathbf{y} = (0, 2, -3),\ \ \mathbf{z} = (2, -6, 7)$$

에 대하여, 다음을 계산하라.

(1) $\mathbf{x} \times \mathbf{y}$ (2) $\mathbf{x} \times (\mathbf{y} \times \mathbf{z})$ (3) $(\mathbf{x} \times \mathbf{y}) \times \mathbf{z}$

(4) $(\mathbf{x} \times \mathbf{y}) \times (\mathbf{y} \times \mathbf{z})$ (5) $\mathbf{x} \times (\mathbf{y} - 3\mathbf{z})$ (6) $(\mathbf{x} \times \mathbf{y}) - 5\mathbf{z}$

2. 다음과 같이 주어진 두 벡터 $\mathbf{x}$와 $\mathbf{y}$ 모두에 수직인 벡터를 찾아라.

(1) $\mathbf{x} = (-6, 4, 2),\ \ \mathbf{y} = (3, 1, -5)$

(2) $\mathbf{x} = (3, -3, 1),\ \ \mathbf{y} = (0, 4, 2)$

3. 두 벡터 $\mathbf{u} = (3, 0, 1)$과 $\mathbf{v} = (1, -1, 1)$에 의해 생성된 평면을 P라 할 때, 벡터 $\mathbf{w} = (1, 2, 0)$에 수직인 P에 놓여 있는 단위벡터를 모두 구하라.

4. 3차원 유클리드 공간 $\mathbb{R}^3$에 놓여 있는 세 점

$$A = (1, 0, 1),\ \ B = (0, 2, 3),\ \ C = (2, -1, 0)$$

에 대하여, 다음 물음에 답하라.

(1) 세 점 A, B, C를 꼭짓점으로 하는 삼각형 ΔABC의 넓이를 구하라.

(2) 꼭짓점 C에서 변 $\overline{AB}$까지의 거리를 구하라.

(3) 세 점 A, B, C에 의해 결정된 평면에 수직인 벡터를 찾아라.

5. 다음 식을 간단히 하라.

$$(\mathrm{u}+2\mathrm{v})\times(-\mathrm{u}+3\mathrm{v})$$

6. 3차원 유클리드 공간 $\mathbb{R}^3$상에서 정의된 영이 아닌 두 벡터 u와 v가 다음 등식을 만족할 때, u와 v 사이의 각도 $\theta(0 \le \theta \le \pi)$를 구하라.

$$\|\mathrm{u}\times\mathrm{v}\| = \sqrt{3}\,\mathrm{u}\cdot\mathrm{v}$$

7. 다음과 같이 주어진 두 직선 l과 m 사이의 거리 d를 구하라.

$$l:\ \frac{x-3}{3}=\frac{y}{-1}=\frac{z-1}{3}$$
$$m:\ \frac{x+1}{3}=\frac{y-2}{5}=\frac{z-3}{1}$$

8.

$$(a_1, a_2, a_3)\times(b_1, b_2, b_3)=(2, -3, 4)$$

일 때, 다음 식을 계산하라.

$$\begin{vmatrix} a_1 & a_2 & a_3 \\ 4 & 5 & 6 \\ b_1 & b_2 & b_3 \end{vmatrix} - \begin{vmatrix} b_1 & b_2 & b_3 \\ 1 & 2 & 3 \\ a_1 & a_2 & a_3 \end{vmatrix}$$

1.4 행렬

행렬은 연립일차방정식을 간단히 나타내는 데 이용되는 등 수학의 여러 분야에서 아주 유용하게 이용되는 개념이다. 이 절에서는 먼저 행렬의 수학적인 정의와 행렬 사이의 대수적인 연산 및 몇 가지 응용에 대해 알아본다.

정의 1.4.1

(1) 임의의 두 자연수 m, n에 대하여, $m \times n$개의 실수의 원소

$$a_{ij}, \quad 1 \leq i \leq m, \ 1 \leq j \leq n$$

을 아래와 같이 사각형 형태로 배열하고, 큰 괄호를 이용하여 나타낸 A를 $m \times n-$**행렬**($m \times n-$matrix)이라 한다.

$$A = \begin{pmatrix} a_{11} & a_{12} & \cdots & a_{1n} \\ a_{21} & a_{22} & \cdots & a_{2n} \\ \vdots & \vdots & \ddots & \vdots \\ a_{m1} & a_{m2} & \cdots & a_{mn} \end{pmatrix} \quad \text{또는} \quad A = \begin{bmatrix} a_{11} & a_{12} & \cdots & a_{1n} \\ a_{21} & a_{22} & \cdots & a_{2n} \\ \vdots & \vdots & \ddots & \vdots \\ a_{m1} & a_{m2} & \cdots & a_{mn} \end{bmatrix}$$

이때, a_{ij}를 행렬 A의 $(i, j)-$**성분**(component 또는 entry)이라 하고 $m \times n$을 A의 **크기**(size)라 한다. 또한 각각의 $i(1 \leq i \leq m)$와 $j(1 \leq j \leq n)$에 대하여,

$$A_i = \begin{pmatrix} a_{i1} & a_{i2} & \cdots & a_{in} \end{pmatrix}$$

을 행렬 A의 $i-$**행**(i-th row)이라 하고

$$A^j = \begin{pmatrix} a_{1j} \\ a_{2j} \\ \vdots \\ a_{mj} \end{pmatrix}$$

를 행렬 A의 $j-$**열**(j-th column)이라 한다. 따라서 크기가 $m \times n$인 행렬 A는 m개의 행과 n개의 열로 구성되어 있다. 문맥에 혼란이 없을 때, 행렬 A를 종종

$$A = (a_{ij})_{m \times n}$$

으로 간단히 나타내기도 한다.

(2) 크기가 $m \times n$이고 실수의 성분을 가진 모든 행렬의 모임을 $M(m, n, \mathbb{R})$로 나타낸다. 특히 $m = n$인 경우에는 $M(m, n, \mathbb{R})$을 간단히 $M(m, \mathbb{R})$로 나타낸다.

예제 1.4.2

다음과 같이 주어진 행렬 A를 고려하자.

$$A = \begin{pmatrix} 1 & 1 & -2 \\ 3 & -5 & 7 \end{pmatrix}$$

(1) 행렬 A의 크기는 2×3이고, 예를 들어, (2,3)−성분 a_{23}는 7이다.

(2) 행렬 A의 1−행과 2−행은 다음과 같다.

$$A_1 = (1\ 1\ -2),\ A_2 = (3\ -5\ 7)$$

(3) 행렬 A의 1−열, 2−열, 그리고 3−열은 차례로 다음과 같다.

$$A^1 = \begin{pmatrix} 1 \\ 3 \end{pmatrix},\quad A^2 = \begin{pmatrix} 1 \\ -5 \end{pmatrix},\quad A^3 = \begin{pmatrix} -2 \\ 7 \end{pmatrix}$$

□

정의 1.4.3

임의의 행렬 $A = (a_{ij})_{m \times n} \in M(m, n, \mathbb{R})$에 대하여, 다음이 성립한다.

(1) 모든 $i(1 \le i \le m)$와 $j(1 \le j \le n)$에 대하여 $a_{ij} = 0$일 때, A를 **영행렬**(zero matrix)라 하고 $A = O$, 또는 $A = O_{m \times n}$, 또는 간단히 0으로 나타낸다. 또한, 영행렬을 다음과 같이 나타내기도 한다.

$$A = (0)_{m \times n}$$

(2) $m = n$일 때, A를 **정방행렬** 또는 **정사각형행렬**(square matrix)이라 하고 모든 $i(1 \le i \le m = n)$에 대하여 (i,i)−성분 a_{ii}를 **대각성분**(diagonal entry)이라 한다.

(3) $m = n$이고 모든 서로 다른 $i, j(1 \le i, j \le m = n)$에 대하여 $a_{ij} = 0$일 때, A를 **대각행렬**(diagonal matrix)이라 하고, 종종 A를 다음과 같이 간단히 나타낸다.

$$A = \begin{pmatrix} a_{11} & & \bigcirc \\ & a_{22} & \\ \bigcirc & & \ddots \\ & & & a_{nn} \end{pmatrix}$$

(4) $m = n$이고

$$a_{ij} = \begin{cases} 0, & i \neq j, \\ 1, & i = j \end{cases}$$

일 때, A를 **항등행렬**(identity matrix) 또는 **단위행렬**(unit matrix)이라 하고 $A = I_m$으로 간단히 나타낸다.

두 행렬이 서로 같다는 것의 의미를 두 행렬의 각 성분이 서로 같다는 것을 이용하여 다음과 같이 정의한다.

정의 1.4.4

임의의 두 행렬

$$A = (a_{ij})_{m \times n},\ B = (b_{ij})_{m \times n} \in M(m, n, \mathbb{R})$$

과 각각의 $i(1 \leq i \leq m), j(1 \leq j \leq n)$에 대하여 $a_{ij} = b_{ij}$일 때, A와 B가 서로 **같다**(equal)고 말하고 $A = B$로 나타낸다.

행렬의 덧셈과 스칼라곱을 다음과 같이 자연스럽게 정의할 수 있다.

정의 1.4.5

임의의 실수 r과 임의의 두 행렬 $A = (a_{ij})_{m \times n}, B = (b_{ij})_{m \times n} \in M(m, n, \mathbb{R})$에 대하여, 다음이 성립한다.

(1) 두 행렬 A와 B의 **합**(sum) $A + B$를 다음과 같이 정의한다.

$$A + B = (a_{ij} + b_{ij})_{m \times n}$$

(2) 실수 r과 행렬 A의 **스칼라곱**(scalar multiplication) rA를 다음과 같이 정의한다.

$$rA = (ra_{ij})_{m \times n}$$

[정의 1.4.5]에 의해, 실수 -1과 행렬 $A=(a_{ij})$의 스칼라곱

$$(-1)A=(-a_{ij})$$

로 주어진다. 앞으로 $(-1)A$를 간단히 $-A$로 나타내기로 한다. 따라서 두 행렬 A와 $(-1)B$의 합 $A+(-1)B$는 다음과 같다.

$$A+(-1)B=A-B$$

예제 1.4.6

다음과 같이 주어진 행렬 A, B, C를 고려하자.

$$A=\begin{pmatrix} 4 & 0 & 5 \\ -1 & 3 & 2 \end{pmatrix},\quad B=\begin{pmatrix} 1 & 1 & 1 \\ 3 & 5 & 7 \end{pmatrix},\quad C=\begin{pmatrix} 2 & 3 \\ 0 & -1 \end{pmatrix}$$

(1)

$$A+B=\begin{pmatrix} 5 & 1 & 6 \\ 2 & 8 & 9 \end{pmatrix},\quad A-B=\begin{pmatrix} 3 & -1 & 4 \\ -4 & -2 & -5 \end{pmatrix},\quad (-3)B=\begin{pmatrix} -3 & -3 & -3 \\ -9 & -15 & -21 \end{pmatrix}$$

(2) A와 C의 크기가 서로 일치하지 않으므로 $A+C$는 잘 정의되지 않는다.

□

행렬의 연산과 스칼라곱에 관해 다음 성질이 성립한다. 그 증명은 어렵지 않으므로 독자에게 맡긴다.

정리 1.4.7

임의의 실수 r, s과 임의의 세 행렬

$$A=(a_{ij})_{m\times n},\ B=(b_{ij})_{m\times n},\ C=(c_{ij})_{m\times n}\in M(m,n,\mathbb{R})$$

에 대하여, 다음이 성립한다.

(1) $A+B=B+A$ (교환법칙)

(2) $(A+B)+C=A+(B+C)$ (결합법칙)

(3) $O+A=A+O=A$ (덧셈에 관한 항등원 존재)

(4) $A+(-1)A=O$ (덧셈에 관한 역원 존재)

(5) $r(A+B)=rA+rB$ (스칼라곱에 관한 분배법칙)

(6) $(r+s)A=rA+sA$ (스칼라의 덧셈과 스칼라곱에 관한 분배법칙)

(7) $(rs)A=r(sA)$ (스칼라의 곱셈과 스칼라곱에 관한 결합법칙)

(8) $1A=A$ (스칼라곱에 관한 항등원 존재)

위의 성질 (1)-(8)이 성립하므로 크기가 $m\times n$이고 실수의 성분을 갖는 모든 행렬의 모임인 $M(m,n,\mathbb{R})$은 실수상에서 벡터공간이 된다.

다음은 두 행렬의 곱과 그와 관련된 성질을 알아본다.

정의 1.4.8

임의의 두 행렬

$$A=(a_{ij})_{m\times n}=\begin{pmatrix}A_1\\A_2\\\vdots\\A_m\end{pmatrix}_{m\times n},\quad B=(b_{rs})_{n\times l}=\begin{pmatrix}B^1 & B^2 & \cdots & B^l\end{pmatrix}_{n\times l}$$

에 대하여, A와 B의 **곱**(multiplication) $AB=(c_{is})_{m\times l}$를 다음과 같이 정의한다.

$$c_{is}=a_{i1}b_{1s}+a_{i2}b_{2s}+\cdots+a_{in}b_{ns}=\sum_{j=1}^{n}a_{ij}b_{js}=A_i\cdot B^s$$

단, 여기서 A_i와 B^s를 모두 성분의 개수가 n인 행벡터로 볼 때, $A_i\cdot B^s$는 두 행벡터의 기본내적을 나타낸다.

[정의 1.4.8]에 의해, 두 행렬 A와 B의 곱 AB를 계산하기 위해서는 먼저 행렬 A의 열의 개수와 행렬 B의 행의 개수가 서로 일치해야 함을 알 수 있다. 또한 기본내적 $A_i\cdot B^s$는 A_i와 B^s를 각각 $1\times n$-행렬과 $n\times 1$-행렬로 볼 때, 행렬의 곱 A_iB^s와 같다. 따라서 [정의 1.4.8]의 c_{is}를 다음 등식이 성립한다.

$$c_{is}=A_i\cdot B^s=A_iB^s$$

뿐만 아니라, 두 행렬의 곱 AB를 다음과 같이 나타낼 수 있음도 쉽게 보일 수 있다.

$$AB=\begin{pmatrix} A_1B^1 & A_1B^2 & \cdots & A_1B^l \\ A_2B^1 & A_2B^2 & \cdots & A_2B^l \\ \vdots & \vdots & \ddots & \vdots \\ A_mB^1 & A_mB^2 & \cdots & A_mB^l \end{pmatrix}_{m\times l} = (AB^1\ AB^2\ \cdots\ AB^l)_{m\times l}$$

예제 1.4.9

(1) 다음과 같이 주어진 행렬 A, B를 고려하자.

$$A=\begin{pmatrix} 2 & 1 & 5 \\ 1 & 3 & 2 \end{pmatrix}_{2\times 3},\quad B=\begin{pmatrix} 3 & 4 \\ -1 & 2 \\ 2 & 1 \end{pmatrix}_{3\times 2},\quad C=\begin{pmatrix} 2 \\ 1 \\ 5 \end{pmatrix}_{3\times 1},\quad D=(3\ 4\ -7)_{1\times 3},$$

이때, 두 행렬의 곱 AB와 CD는 각각 다음과 같다.

$$AB=\begin{pmatrix} 2\cdot 3+1\cdot(-1)+5\cdot 2 & 2\cdot 4+1\cdot 2+5\cdot 1 \\ 1\cdot 3+3\cdot(-1)+2\cdot 2 & 1\cdot 4+3\cdot 2+2\cdot 1 \end{pmatrix}_{2\times 2} = \begin{pmatrix} 15 & 15 \\ 4 & 12 \end{pmatrix}_{2\times 2},$$

$$CD=\begin{pmatrix} 2\cdot 3 & 2\cdot 4 & 2\cdot(-7) \\ 1\cdot 3 & 1\cdot 4 & 1\cdot(-7) \\ 5\cdot 3 & 5\cdot 4 & 5\cdot(-7) \end{pmatrix}_{3\times 3} = \begin{pmatrix} 6 & 8 & -14 \\ 3 & 4 & -7 \\ 15 & 20 & -35 \end{pmatrix}_{3\times 3}$$

(2) 다음과 같이 주어진 3×3-행렬 A와 3×1-행렬 e^1, e^2, e^3를 고려하자.

$$A=\begin{pmatrix} 1 & 2 & -1 \\ 1 & 1 & 1 \\ 2 & -2 & 1 \end{pmatrix},\ e^1=\begin{pmatrix} 1 \\ 0 \\ 0 \end{pmatrix},\ e^2=\begin{pmatrix} 0 \\ 1 \\ 0 \end{pmatrix},\ e^3=\begin{pmatrix} 0 \\ 0 \\ 1 \end{pmatrix}$$

이때, 다음 등식이 성립한다.

$$Ae^1=\begin{pmatrix} 1 \\ 1 \\ 2 \end{pmatrix}=A^1,\ Ae^2=\begin{pmatrix} 2 \\ 1 \\ -2 \end{pmatrix}=A^2,\ Ae^3=\begin{pmatrix} -1 \\ 1 \\ 1 \end{pmatrix}=A^3$$

따라서

$$A=(A^1\ A^2\ A^3)=(Ae^1\ Ae^2\ Ae^3)$$

가 성립한다.

□

예제 1.4.10

(1) 임의의 $m\times n$-행렬 $A=(a_{ij})_{m\times n}$과 다음과 같이 주어진 $n\times 1$-행렬 x를 고려하자.

$$\mathbf{x} = \begin{pmatrix} x_1 \\ x_2 \\ \vdots \\ x_n \end{pmatrix}$$

이때, 두 행렬곱 $A\mathbf{x}$는 다음과 같다.

$$A\mathbf{x} = \begin{pmatrix} a_{11}x_1 + a_{12}x_2 + \cdots\ a_{1n}x_n \\ a_{21}x_1 + a_{22}x_2 + \cdots\ a_{2n}x_n \\ \vdots \\ a_{m1}x_1 + a_{m2}x_2 + \cdots\ a_{mn}x_n \end{pmatrix} = x_1A^1 + x_2A^2 + \cdots + x_nA^n = \sum_{j=1}^{n} x_jA^j$$

(2) 예를 들어, 다음과 같이 주어진 3×5-행렬 A와 5×1-행렬 $\mathbf{x}$를 고려하자.

$$A = \begin{pmatrix} 1 & 1 & 2 & 3 & 1 \\ 1 & 1 & 0 & 9 & 2 \\ 2 & 7 & 5 & 1 & 4 \end{pmatrix}_{3\times5} = (A^1\ A^2\ A^3\ A^4\ A^5),\ \ \mathbf{x} = \begin{pmatrix} 1 \\ -2 \\ 0 \\ 1 \\ -1 \end{pmatrix}$$

이때, $A\mathbf{x}$는 다음과 같이 주어진다.

$$A\mathbf{x} = \begin{pmatrix} 1 \\ 6 \\ -15 \end{pmatrix} = 1A^1 + (-2)A^2 + 0A^3 + 1A^4 + (-1)A^5$$

□

보조정리 1.4.11

임의의 세 행렬

$$A = (a_{ij})_{m\times n} = (A^1\ A^2\ \cdots\ A^n)_{m\times n},\ \ \mathbf{x} = \begin{pmatrix} x_1 \\ x_2 \\ \vdots \\ x_n \end{pmatrix},\ \ \mathbf{y} = \begin{pmatrix} y_1 \\ y_2 \\ \vdots \\ y_n \end{pmatrix}$$

에 대하여, 다음이 성립한다.

(1) $A(\mathbf{x}+\mathbf{y}) = A\mathbf{x} + A\mathbf{y}$

(2) 임의의 실수 r에 대하여, $A(r\mathbf{x}) = rA\mathbf{x}$

[증명]

(2)의 증명은 (1)의 증명과 유사하므로 (1)번만 자세히 증명한다. 실제로, 다음 등식이 성립한다.

$$\begin{aligned} A(\mathbf{x}+\mathbf{y}) &= (x_1+y_1)A^1+(x_2+y_2)A^2+\cdots+(x_n+y_n)A^n \\ &= (x_1A^1+x_2A^2+\cdots+x_nA^n)+(y_1A^1+y_2A^2+\cdots y_nA^n) \\ &= A\mathbf{x}+A\mathbf{y} \end{aligned}$$

□

정리 1.4.12

임의의 실수 r과 임의의 세 행렬

$$A=(a_{ij})_{m\times n},\quad B=(b_{ij})_{n\times l},\quad C=(c_{ij})_{p\times q}$$

에 대하여, 다음이 성립한다.

(1) $l=p$일 때, $(AB)C=A(BC)$ (결합법칙)

(2) $(n,l)=(p,q)$일 때, $A(B+C)=AB+AC$

(3) $(n,l)=(p,q)$이고 $q=m$일 때, $(B+C)A=BA+CA$

(4) $AO_{n\times l}=O_{m\times l}$

(5) $AI_{n\times n}=I_{m\times m}A=A$

[증명]

(2), (3), (4), (5)의 증명은 그리 어렵지 않으므로 (1)만 자세히 증명한다. 실제로, $(AB)C=(d_{ij})_{m\times q}$이고 $A(BC)=(e_{ij})_{m\times q}$라 할 때, 다음 등식이 성립한다.

$$d_{ij}=\sum_{k=1}^{l}(A_iB^k)c_{kj}=\sum_{k=1}^{l}\left(\sum_{r=1}^{n}a_{ir}b_{rk}\right)c_{kj}=\sum_{r=1}^{n}a_{ir}\left(\sum_{k=1}^{l}b_{rk}c_{kj}\right)=\sum_{r=1}^{n}a_{ir}(B_rC^j)=e_{ij}$$

따라서 $(AB)C=A(BC)$이다.

□

예제 1.4.13

(1) 일반적으로 두 행렬의 곱에 관해 교환법칙이 성립하지 않는다. 실제로,

$$A=\begin{pmatrix}1 & 2\\ 3 & -1\end{pmatrix},\quad B=\begin{pmatrix}2 & 0\\ 1 & 1\end{pmatrix}$$

에 대하여 다음 등식이 성립한다.

$$AB=\begin{pmatrix}4 & 2\\ 5 & -1\end{pmatrix}\neq\begin{pmatrix}2 & 4\\ 4 & 1\end{pmatrix}=BA$$

(2) 일반적으로 $AB=AC$일 때, $B=C$가 성립하지 않는다. 또한 $AB=0$일 때, $A=O$이거나 $B=O$도 일반적으로 성립하지 않는다. 실제로,

$$A=\begin{pmatrix}0 & 1\\ 0 & 1\end{pmatrix},\ \ B-C=\begin{pmatrix}1 & 1\\ 0 & 0\end{pmatrix}$$

일 때, 다음이 성립한다.

$$A(B-C)=O,\ \ B-C\neq O$$

□

예제 1.4.14

다음과 같이 주어진 두 행렬 A와 B를 고려하자.

$$A=\begin{pmatrix}1 & -1\\ 2 & 2\\ 1 & 0\end{pmatrix},\ \ B=\begin{pmatrix}3 & 1\\ -4 & 4\end{pmatrix}$$

이때, $CA=B$를 만족하는 2×3-행렬 C를 모두 구해보자. 실제로, $C=(c_{ij})_{2\times3}$라 할 때 다음 등식이 성립한다.

$$CA=\begin{pmatrix}c_{11}+2c_{12}+c_{13} & -c_{11}+2c_{12}\\ c_{21}+2c_{22}+c_{23} & -c_{21}+2c_{22}\end{pmatrix}=\begin{pmatrix}3 & 1\\ -4 & 4\end{pmatrix}=B$$

이로부터 네 개의 연립방정식을 얻는다.

$$\begin{cases}c_{11}+2c_{12}+c_{13}=3,\\ c_{21}+2c_{22}+c_{23}=-4,\\ -c_{11}+2c_{12}=1,\\ -c_{21}+2c_{22}=4\end{cases}$$

그런 다음, 첫 번째 방정식에서 세 번째 방정식을 빼서 $2c_{11}+c_{13}=2$를 얻을 수 있고, 두 번째 방정식에서 네 번째 방정식을 빼서 $2c_{21}+c_{23}=-8$를 얻을 수 있다. 따라서 $CA=B$를 만족하는 모든 행렬 C는 다음과 같이 주어진다.

$$C=\begin{pmatrix}c_{11} & \frac{1}{2}(1+c_{11}) & 2(1-c_{11})\\ c_{21} & \frac{1}{2}(4+c_{21}) & -2(4+c_{21})\end{pmatrix},\ \ c_{11},\ c_{21}\in\mathbb{R}$$

□

정의 1.4.15

임의의 $m\times m$-행렬 $A\neq O$에 대하여, 다음이 성립한다.

(1) 임의의 음이 아닌 정수 k에 대하여, A를 k 번 행렬곱을 실행하여 A^k를 다음과 같이 정의한다.

$$A^k=\underbrace{AA\cdots AA}_{k\text{ 번}}$$

특히, $A^0=I_m$으로 정의한다.

(2) $A^k=O$을 만족하는 자연수 k가 존재할 때, A를 **멱영행렬**(nilpotent matrix)이라 한다.

예제 1.4.16

3×3-행렬

$$A=\begin{pmatrix}0&1&1\\0&0&1\\0&0&0\end{pmatrix}$$

에 대하여, 다음 등식이 성립한다.

$$A^2=AA=\begin{pmatrix}0&0&1\\0&0&0\\0&0&0\end{pmatrix},\ A^3=AAA=O$$

따라서 행렬 A는 멱영행렬이다. 좀 더 일반적으로 다음과 같이 정의된 $m\times m$-행렬 A도 멱영행렬이다.

$$A=\begin{pmatrix}0&1&1&1&\cdots&1\\0&0&1&1&\cdots&1\\0&0&0&1&\cdots&1\\\vdots&\vdots&\vdots&\vdots&\ddots&\vdots\\0&0&0&0&\cdots&0\end{pmatrix},\quad A^m=O$$

□

예제 1.4.17

(1) $A^2=O$을 만족하는 2×2-행렬 A를 모두 찾아보자. 실제로,

$$A=\begin{pmatrix} a & b \\ c & d \end{pmatrix}$$

라 할 때,

$$A^2=\begin{pmatrix} a & b \\ c & d \end{pmatrix}\begin{pmatrix} a & b \\ c & d \end{pmatrix}=\begin{pmatrix} a^2+bc & ab+bd \\ ac+cd & bc+d^2 \end{pmatrix}=O$$

이므로 다음과 같은 네 개의 방정식을 얻는다.

$$a^2+bc=0,\ bc+d^2=0,\ b(a+d)=0,\ c(a+d)=0$$

(i) $b=0$일 때, 첫 번째 방정식과 두 번째 방정식으로부터 $a=0$이고 $d=0$를 얻는다. 이때, c는 자유변수에 해당한다. 따라서 이 경우에 A는 다음과 같이 주어진다.

$$A=\begin{pmatrix} 0 & 0 \\ c & 0 \end{pmatrix}$$

(ii) $b\neq 0$이고 $a=0$일 때, 첫 번째 방정식과 세 번째 방정식으로부터 $c=0$이고 $d=0$를 얻는다. 따라서 이 경우에 A는 다음과 같이 주어진다.

$$A=\begin{pmatrix} 0 & b \\ 0 & 0 \end{pmatrix}$$

(iii) $b\neq 0$이고 $a\neq 0$일 때, 첫 번째 방정식과 세 번째 방정식으로부터 $c=-\dfrac{a^2}{b}$이고 $d=-a$를 얻는다. 따라서 이 경우에 A는 다음과 같이 주어진다.

$$A=\begin{pmatrix} a & b \\ -\dfrac{a^2}{b} & -a \end{pmatrix}$$

(2) $A^2=-I_2$를 만족하는 $2\times 2-$행렬 A를 모두 찾아보자. 실제로,

$$A=\begin{pmatrix} a & b \\ c & d \end{pmatrix}$$

라 할 때,

$$A^2=\begin{pmatrix} a & b \\ c & d \end{pmatrix}\begin{pmatrix} a & b \\ c & d \end{pmatrix}=\begin{pmatrix} a^2+bc & ab+bd \\ ac+cd & bc+d^2 \end{pmatrix}=-I_2$$

이므로 다음과 같은 네 개의 방정식을 얻는다.

$$a^2+bc=-1,\ bc+d^2=-1,\ b(a+d)=0,\ c(a+d)=0$$

(i) $b\neq 0$이고 $c\neq 0$일 때, $d=-a$이고 $a^2=-1-bc\geq 0$이다. 따라서 a와 d가 다음과 같이 주어진다.

$$a = \pm\sqrt{-1-bc},\ d = \mp\sqrt{-1-bc},\ bc \le -1$$

따라서 이 경우에 A는 다음과 같이 주어진다.

$$A = \begin{pmatrix} \pm\sqrt{-1-bc} & b \\ c & \mp\sqrt{-1-bc} \end{pmatrix},\ bc \le -1$$

(ii) $b=0$이거나 $c=0$일 때, $a^2=-1$이고 $d^2=-1$이므로 이 경우에는 모순이 생긴다.

□

주어진 행렬로부터 새로운 행렬을 만드는 여러 가지 방법이 있다. 이 중에서 전치행렬에 대한 정의와 성질을 알아본다.

정의 1.4.18

임의의 행렬

$$A = (a_{ij})_{m\times n} \in M(m, n, \mathbb{R})$$

과 각각의 $i(1 \le i \le m), j(1 \le j \le n)$에 대하여 $b_{ji} = a_{ij}$라 하자. 이때, 행렬

$$(b_{ji})_{n\times m} = \begin{pmatrix} b_{11} & b_{12} & \cdots & b_{1m} \\ b_{21} & b_{22} & \cdots & b_{2m} \\ \vdots & \vdots & \ddots & \vdots \\ b_{n1} & b_{n2} & \cdots & b_{nm} \end{pmatrix}_{n\times m} = \begin{pmatrix} a_{11} & a_{21} & \cdots & a_{m1} \\ a_{12} & a_{22} & \cdots & a_{m2} \\ \vdots & \vdots & \ddots & \vdots \\ a_{1n} & a_{2n} & \cdots & a_{mn} \end{pmatrix}_{n\times m}$$

을 A의 **전치행렬**(transpose)이라 하고 A^T로 나타낸다. 이때, A^T를 "A transpose"라 읽는다.

예제 1.4.19

다음과 같이 주어진 행렬 A, B, C를 고려하자.

$$A = \begin{pmatrix} 4 & 0 & 5 & 9 \\ -1 & 3 & 2 & 6 \end{pmatrix},\ B = \begin{pmatrix} 1 & 1 \\ 3 & 5 \\ 0 & 7 \end{pmatrix},\ C = \begin{pmatrix} a & b \\ c & d \end{pmatrix}$$

이때, 행렬 A, B, C의 전치행렬은 각각 다음과 같다.

$$A^T = \begin{pmatrix} 4 & -1 \\ 0 & 3 \\ 5 & 2 \\ 9 & 6 \end{pmatrix}, \quad B^T = \begin{pmatrix} 1 & 3 & 0 \\ 1 & 5 & 7 \end{pmatrix}, \quad C^T = \begin{pmatrix} a & c \\ b & d \end{pmatrix}$$

□

전치행렬에 관해서 다음 성질이 성립한다.

정리 1.4.20

임의의 실수 r과 임의의 두 행렬

$$A = (a_{ij})_{m \times n}, \quad B = (b_{ij})_{m \times n} \in M(m, n, \mathbb{R})$$

에 대하여, 다음이 성립한다.

(1) $(A^T)^T = A$

(2) $(A+B)^T = A^T + B^T$

(3) $(rA)^T = rA^T$

(4) $(AB)^T = B^T A^T$

[증명]

(1) $(A^T) = (b_{kl})_{n \times m}$이고 $(A^T)^T = (c_{rs})_{m \times n}$이라 할 때, 다음 등식이 성립한다.

$$c_{rs} = b_{sr} = a_{rs}, \quad 1 \le r \le m, \quad 1 \le s \le n$$

따라서 $(A^T)^T = A$이다.

(2) $(A+B)^T = (c_{kl})_{n \times m}$이라 할 때, $A+B = (a_{ij} + b_{ij})_{m \times n}$이므로 다음 등식이 성립한다.

$$c_{kl} = a_{lk} + b_{lk}, \quad 1 \le k \le n, \quad 1 \le l \le m$$

한편 $(a_{lk})_{n \times m} = A^T$이고 $(b_{lk})_{n \times m} = B^T$이므로

$$A^T + B^T = (a_{lk} + b_{lk})_{n \times m} = (c_{kl})_{n \times m} = (A+B)^T$$

이다.

(3) $(rA)^T = (c_{kl})_{n \times m}$이라 할 때, $rA = (ra_{ij})_{m \times n}$이고

$$c_{kl} = ra_{lk}, \ 1 \le k \le n, \ 1 \le l \le m$$

이므로 $rA^T = (ra_{lk})_{n \times m} = (c_{kl})_{n \times m} = (rA)^T$이다.

(4) $A^T = (c_{ij})$, $B^T = (d_{ij})$, 그리고 $(AB)^T = (e_{ij})$라 할 때, 다음 등식이 성립한다.

$$c_{ij} = a_{ji}, \ d_{rs} = b_{sr}, \ e_{pq} = \sum_{k=1}^{n} a_{qk} b_{kp}$$

따라서

$$e_{pq} = \sum_{k=1}^{n} a_{qk} b_{kp} = \sum_{k=1}^{n} c_{kq} d_{pk} = \sum_{k=1}^{n} d_{pk} c_{kq}$$

이다. 즉 $(AB)^T = B^T A^T$가 성립한다.

□

정의 1.4.21

임의의 $m \times m$-행렬 $A = (a_{ij})_{m \times n}$에 대하여, 다음이 성립한다.

(1) $A^T = A$일 때, A를 **대칭행렬**(symmetric matrix)이라 한다.

(2) $A^T = -A$일 때, A를 **반대칭행렬**(anti-symmetric matrix)이라 한다.

(3) $i > j$를 만족하는 모든 i, j에 대하여 $a_{ij} = 0$일 때, A를 **상삼각형행렬**(upper triangular matrix)이라 한다. 특히, 모든 $1 \le i \le m$에 대하여 $a_{ii} = 0$도 함께 성립하면 A를 **순상삼각행렬**(strictly upper triangular matrix)이라 한다.

$$A = \begin{pmatrix} a_{11} & a_{12} & a_{13} & \cdots & a_{1m} \\ & a_{22} & a_{23} & \cdots & a_{2m} \\ & & a_{33} & \cdots & a_{3m} \\ & \bigcirc & & \ddots & \vdots \\ & & & & a_{mm} \end{pmatrix}$$

(4) $i < j$를 만족하는 모든 i, j에 대하여 $a_{ij} = 0$일 때, A를 **하삼각형행렬**(lower triangular matrix)이라 한다. 특히, 모든 $1 \le i \le m$에 대하여 $a_{ii} = 0$도 함께 성립하면 A를 **순하삼각행렬**(strictly lower triangular matrix)이라 한다.

예제 1.4.22

(1) 임의의 $m\times m-$행렬 $A=(a_{ij})$에 대하여, A가 대칭행렬일 필요충분조건은

$$a_{ij}=a_{ji},\ \ 1\le i,j(\ne i)\le m$$

이다. 예를 들어,

$$A=\begin{pmatrix}1&2&-1\\2&0&5\\-1&5&7\end{pmatrix}$$

은 대칭행렬이다.

(2) $2\times 2-$행렬

$$A=\begin{pmatrix}0&1\\-1&0\end{pmatrix}$$

일 때, A는 반대칭행렬이다. 실제로, 다음 등식이 성립한다.

$$A^T=\begin{pmatrix}0&-1\\1&0\end{pmatrix}=-A$$

□

다음 보조정리가 성립한다.

보조정의 1.4.23

임의의 $m\times m-$행렬 $A=(a_{ij})_{m\times n}$에 대하여, 다음이 성립한다.

(1) A가 반대칭행렬일 때, 모든 $1\le i\le m$에 대하여

$$a_{ii}=0$$

이다.

(2) $\frac{1}{2}(A+A^T)$와 $\frac{1}{2}(A-A^T)$는 각각 대칭행렬이고 반대칭행렬이다.

(3) 다음 등식이 성립한다.

$$A=\frac{1}{2}(A+A^T)+\frac{1}{2}(A-A^T)$$

따라서 모든 정사각형행렬은 대칭행렬과 반대칭행렬의 합으로 나타낼 수 있다.

[증명]

(1) A가 반대칭행렬일 필요충분조건은 $A^T = -A$이므로 다음 등식이 성립한다.

$$a_{ii} = -a_{ii}, \quad 1 \le i \le m$$

따라서 A가 반대칭행렬이면

$$a_{ii} = 0, \quad 1 \le i \le m$$

이다.

(2) 다음 등식이 성립한다.

$$\left(\frac{1}{2}(A + A^T)\right)^T = \frac{1}{2}(A^T + (A^T)^T) = \frac{1}{2}(A + A^T),$$

$$\left(\frac{1}{2}(A - A^T)\right)^T = \frac{1}{2}(A^T - (A^T)^T) = \frac{1}{2}(-A + A^T) = -\frac{1}{2}(A - A^T)$$

따라서 보조정리 (2)가 성립한다.

(3) (2)에 의해 정리가 성립한다.

□

정의 1.4.24

임의의 $m \times m$-행렬 A에 대하여, 다음 등식을 만족하는 $m \times m$-행렬 B가 존재할 때, A가 **가역적**(invertible)이라 하고 B를 A의 **역행렬**(inverse matrix)이라 한다.

$$AB = I_m, \quad BA = I_m$$

예제 1.4.25

(1) 임의의 2×2-행렬

$$A = \begin{pmatrix} a & b \\ c & d \end{pmatrix}, \quad ad - bc \neq 0$$

에 대하여, A는 가역적이고 A의 역행렬

$$B = \frac{1}{ad-bc}\begin{pmatrix} d & -b \\ -c & a \end{pmatrix}$$

이다. 실제로, 다음 등식이 성립한다.

$$AB = \begin{pmatrix} a & b \\ c & d \end{pmatrix}\frac{1}{ad-bc}\begin{pmatrix} d & -b \\ -c & a \end{pmatrix} = \frac{1}{ad-bc}\begin{pmatrix} ad-bc & a(-b)+ba \\ cd+d(-c) & c(-b)+da \end{pmatrix} = I_2$$

비슷한 계산에 의해, $BA = I_2$도 쉽게 보일 수 있다.

예를 들어, 2×2-행렬

$$A = \begin{pmatrix} 2 & 5 \\ 1 & 3 \end{pmatrix}$$

은 $2\cdot 3 - 5\cdot 1 = 1 \neq 0$이므로 가역적이고, A의 역행렬

$$B = \frac{1}{2\cdot 3-5\cdot 1}\begin{pmatrix} 3 & -5 \\ -1 & 2 \end{pmatrix} = \begin{pmatrix} 3 & -5 \\ -1 & 2 \end{pmatrix}$$

이다.

(2) 임의의 2×2-행렬

$$A = \begin{pmatrix} a & b \\ c & d \end{pmatrix}, \quad ad-bc \neq 0$$

에 대하여,

$$A^T = \begin{pmatrix} a & c \\ b & d \end{pmatrix}, \quad ad-cb \neq 0$$

이므로 A^T도 가역적이고 A^T의 역행렬

$$B = \frac{1}{ad-bc}\begin{pmatrix} d & -c \\ -b & a \end{pmatrix}$$

이다.

(3) 2×2-행렬

$$A = \begin{pmatrix} \cos\alpha & \cos\beta \\ \sin\alpha & \sin\beta \end{pmatrix}, \quad \cos\alpha\sin\beta - \sin\alpha\cos\beta = \sin(\beta-\alpha) \neq 0$$

는 가역적이고 그 역행렬 B는 다음과 같다.

$$B = \frac{1}{\sin(\beta-\alpha)}\begin{pmatrix} \sin\beta & -\cos\beta \\ -\sin\alpha & \cos\alpha \end{pmatrix}$$

□

다음과 같은 역행렬의 유일성이 성립한다. 이 정리는 [정리 1.4.27]을 증명하는 데 아주 유용하게 이용된다.

정리 1.4.26 역행렬의 유일성, uniqueness of an inverse matrix

임의의 $m\times m-$행렬 A에 대하여, 다음 등식을 만족하는 $m\times m-$행렬 B와 C가 존재한다고 가정하자.

$$AB=I_m,\quad BA=I_m,\qquad AC=I_m,\quad CA=I_m$$

그러면 $B=C$이다.

[증명]

증명을 위해, 다음 등식이 성립함을 보이면 충분하다.

$$B=BI_m=B(AC)=(BA)C=I_mC=C$$

□

[정리 1.4.26]에 의해, 주어진 정사각형행렬 A가 가역적이면 그 역행렬은 유일하다. 따라서 앞으로 A의 역행렬은 간단히 A^{-1}로 나타내고 "A inverse"라 읽는다.

역행렬에 관해 다음 정리가 성립한다.

정리 1.4.27

임의의 두 $m\times m-$행렬 A와 B가 가역적이라 하자. 이때, 다음이 성립한다.

(1) A^{-1}가 가역적이고 $(A^{-1})^{-1}=A$이다.

(2) 임의의 실수 $r\neq 0$에 대하여, rA가 가역적이고 $(rA)^{-1}=\frac{1}{r}A^{-1}$이다.

(3) AB가 가역적이고 $(AB)^{-1}=B^{-1}A^{-1}$이다.

(4) A^T가 가역적이고 $(A^T)^{-1}=(A^{-1})^T$이다.

(5) 임의의 음이 아닌 정수 k에 대하여, A^k가 가역적이고 $(A^k)^{-1}=(A^{-1})^k$이다.

[증명]

(1) 가정에 의해 A가 가역적이므로 다음 등식이 성립한다.

$$AA^{-1} = I_m,\ A^{-1}A = I_m \text{ 즉, } A^{-1}A = I_m,\ AA^{-1} = I_m$$

따라서 A^{-1}가 가역적이고, 역행렬의 유일성에 의해 $(A^{-1})^{-1} = A$이다.

(2) 임의의 실수 $r \neq 0$에 대하여, 다음 등식이 성립한다.

$$(rA)(r^{-1}A^{-1}) = I_m,\ (r^{-1}A^{-1})(rA) = I_m$$

따라서 rA가 가역적이고, 역행렬의 유일성에 의해 $(rA)^{-1} = \frac{1}{r}A^{-1}$이다.

(3) 다음 등식이 성립한다.

$$(AB)(B^{-1}A^{-1}) = A(BB^{-1})A^{-1} = AI_mA^{-1} = AA^{-1} = I_m,$$

$$(B^{-1}A^{-1})(AB) = B^{-1}(A^{-1}A)B = B^{-1}I_mB = BB^{-1} = I_m$$

따라서 AB가 가역적이고, 역행렬의 유일성에 의해 $(AB)^{-1} = B^{-1}A^{-1}$이다.

(4) 가정에 의해 A가 가역적이므로 다음 등식이 성립한다.

$$AA^{-1} = I_m,\ A^{-1}A = I_m \text{ 즉, } (A^{-1})^TA^T = I_m,\ A^T(A^{-1})^T = I_m$$

따라서 A^T가 가역적이고, 역행렬의 유일성에 의해 $(A^T)^{-1} = (A^{-1})^T$이다.

(5) 가정에 의해, A가 가역적이므로 다음 등식이 성립한다.

$$\begin{aligned}(A^{-1})^kA^k &= (\underbrace{A^{-1}A^{-1}\cdots A^{-1}}_{k\text{번}})(\underbrace{AA\cdots A}_{k\text{번}}) \\ &= (\underbrace{A^{-1}A^{-1}\cdots A^{-1}}_{k-1\text{번}})(A^{-1}A)(\underbrace{AA\cdots A}_{k-1\text{번}}) \\ &= (\underbrace{A^{-1}A^{-1}\cdots A^{-1}}_{k-1\text{번}})(I_m)(\underbrace{AA\cdots A}_{k-1\text{번}}) = \cdots \\ &= I_m,\end{aligned}$$

비슷한 방법으로, $A^k(A^{-1})^k = (\underbrace{AA\cdots A}_{k\text{번}})(\underbrace{A^{-1}A^{-1}\cdots A^{-1}}_{k\text{번}}) = I_m$ 임을 보일 수 있다.

따라서 A^k가 가역적이고, 역행렬의 유일성에 의해 $(A^k)^{-1} = (A^{-1})^k$이다.

□

연습문제 1.4

1. 다음 등식을 만족하는 실수 a, b, c, d를 찾아라.

(1)
$$\begin{pmatrix} a-b & a+b \\ c+3d & c-2d \end{pmatrix} = \begin{pmatrix} 1 & 8 \\ 6 & 7 \end{pmatrix}$$

(2)
$$\begin{pmatrix} a+5 & 7 \\ -1 & a+b \end{pmatrix} = \begin{pmatrix} 4 & -2c+d \\ 2c+d & -3 \end{pmatrix}$$

2. 행렬

$$A = \begin{pmatrix} 3 & 0 \\ -1 & 2 \\ 1 & 1 \end{pmatrix},\ B = \begin{pmatrix} 2 & 1 \\ -3 & 6 \\ 0 & 4 \end{pmatrix},\ C = \begin{pmatrix} 1 & -2 \\ 3 & -1 \end{pmatrix},\ D = \begin{pmatrix} 1 & 1 \\ -3 & 3 \end{pmatrix}$$

에 대하여, 다음을 계산하라.

(1) $A+3B$ (2) $A^T - B^T$ (3) $4D^T - 3C$ (4) $D^T - D$

3. 다음 등식을 만족하는 실수 k를 찾아라.

(1)
$$(k\ 1\ 1)\begin{pmatrix} 1 & 1 & 0 \\ 1 & 0 & 2 \\ 0 & 2 & -3 \end{pmatrix}\begin{pmatrix} k \\ 1 \\ 1 \end{pmatrix} = 5$$

(2)
$$(2\ \ 2\ \ k^2)\begin{pmatrix} 1 & 2 & 0 \\ 2 & 0 & 3 \\ 0 & 3 & 1 \end{pmatrix}\begin{pmatrix} 2 \\ 2 \\ k \end{pmatrix} = 20$$

4. $m \times m$-행렬 A가 $A^2 = A$를 만족할 때, 다음 물음에 답하라.

(1) $(I_m - A)^2$를 간단히 하여라.

(2) $(2A - I_m)$가 가역행렬인지 판별하라. 만약 $(2A - I_m)$가 가역행렬이라면 $(2A - I_m)$의 역행렬을 찾아라. 또한 $(2I_m - A)$도 가역행렬인가?

5. 다음과 같이 주어진 2×2-행렬 A에 대하여, 물음에 답하라.

$$A=\begin{pmatrix} a+b & b-a \\ a-b & b+a \end{pmatrix}, \quad a,b\in\mathbb{R}$$

(1) $A=A^T$를 만족하는 a와 b를 모두 찾아라.

(2) $A=-A^T$를 만족하는 a와 b를 모두 찾아라.

(3) $A^2=\begin{pmatrix} 0 & 0 \\ 0 & 0 \end{pmatrix}$을 만족하는 a와 b를 모두 찾아라.

6. 3×3-행렬

$$A=\begin{pmatrix} a & \frac{1}{\sqrt{2}} & -\frac{1}{\sqrt{2}} \\ b & \frac{1}{\sqrt{6}} & \frac{1}{\sqrt{6}} \\ c & \frac{1}{\sqrt{3}} & \frac{1}{\sqrt{3}} \end{pmatrix}, \quad a,b,c\in\mathbb{R}$$

에 대하여, $AA^T=I_3$를 만족하는 a,b,c를 모두 찾아라. 단, 여기서 I_3는 3×3-항등행렬을 나타낸다.

7. 4×4-행렬

$$A=\begin{pmatrix} 1 & \frac{1}{2} & \frac{1}{3} & \frac{1}{4} \\ 0 & 1 & \frac{1}{4} & \frac{1}{5} \\ 0 & 0 & 1 & \frac{1}{6} \\ 0 & 0 & 0 & 1 \end{pmatrix}$$

에 대하여, $(I_4-A)^k=0$을 만족하는 최소의 자연수 k를 찾아라. 단, 여기서 I_4는 4×4-항등행렬을 나타낸다.

제 2 장

연립 일차방정식과 사다리꼴행렬

2.1 연립일차방정식과 사다리꼴행렬

이 절에서는 연립일차방정식의 해집합을 얻기 위해, 주어진 연립일차방정식에 대응하는 첨가행렬의 사다리꼴행렬과 기약사다리꼴행렬을 이용한다. 이를 위해 먼저 기본 개념을 정리하고 연립일차방정식의 해가 존재하지 않거나, 존재할 때 해가 유일하거나, 또는 무한히 많을 조건에 관해 알아본다.

정의 2.1.1

(1) 임의의 실수 $a_1, a_2, ..., a_n$과 b에 대하여, 다음과 같이 주어진 방정식을 **변수**(variable) 또는 **미지수**(unknown) $x_1, x_2, ..., x_n$을 갖는 **일차방정식** 또는 **선형방정식**(linear equation)이라 한다.

$$a_1x_1 + a_2x_2 + \cdots + a_nx_n = b$$

이때, 각각의 $a_i (1 \le i \le n)$를 x_i의 **계수**(coefficient)라 하고 b를 일차방정식의 **상수항**(constant term)이라 한다. 또한

$$a_1c_1 + a_2c_2 + \cdots + a_nc_n = b$$

를 만족하는 순서쌍 $(c_1, c_2, ..., c_n)$을 위 일차방정식의 **해**(solution)라 하고, 해들의 모임을 **해집합**(solution set)이라 한다.

(2) 임의의 실수

$$a_{11}, a_{12}, ..., a_{1n}, a_{21}, a_{22}, ..., a_{2n}, ..., a_{m1}, a_{m2}, ..., a_{mn},\ b_1, b_2, ..., b_m$$

에 대하여, 다음과 같이 주어진 일차방정식의 모임을 변수 $x_1, x_2, ..., x_n$을 갖는 **연립일차방정식** 또는 **선형방정식계**(system of linear equations)라 한다.

$$\begin{cases} a_{11}x_1 + a_{12}x_2 + \cdots + a_{1n}x_n = b_1 \\ a_{21}x_1 + a_{22}x_2 + \cdots + a_{2n}x_n = b_2 \\ \cdots \\ a_{m1}x_1 + a_{m2}x_2 + \cdots + a_{mn}x_n = b_m \end{cases}$$

또한, 위의 (1)과 같이

$$\begin{cases} a_{11}c_1 + a_{12}c_2 + \cdots + a_{1n}c_n &= b_1 \\ a_{21}c_1 + a_{22}c_2 + \cdots + a_{2n}c_n &= b_2 \\ \cdots \\ a_{m1}c_1 + a_{m2}c_2 + \cdots + a_{mn}c_n &= b_m \end{cases}$$

을 만족하는 순서쌍 $(c_1, c_2, \ldots, c_n)$을 위 일차방정식의 **해**(solution)라 하고, 해들의 모임을 **해집합**(solution set)이라 한다.

(3) 두 연립일차방정식의 해집합이 같을 때, 두 연립방정식이 서로 **동치**(equivalent)라고 말한다.

정의 2.1.2

미지수 $x_1, x_2, \ldots, x_n$을 갖는 연립일차방정식

$$\begin{cases} a_{11}x_1 + a_{12}x_2 + \cdots + a_{1n}x_n &= b_1 \\ a_{21}x_1 + a_{22}x_2 + \cdots + a_{2n}x_n &= b_2 \\ \cdots \\ a_{m1}x_1 + a_{m2}x_2 + \cdots + a_{mn}x_n &= b_m \end{cases}$$

에 대하여,

$$A = \begin{pmatrix} a_{11} & a_{12} & \cdots & a_{1n} \\ a_{21} & a_{22} & \cdots & a_{2n} \\ \vdots & \vdots & \vdots & \vdots \\ a_{m1} & a_{m2} & \cdots & a_{mn} \end{pmatrix}_{m \times n}, \quad \mathrm{x} = \begin{pmatrix} x_1 \\ x_2 \\ \vdots \\ x_n \end{pmatrix}, \quad \mathrm{b} = \begin{pmatrix} b_1 \\ b_2 \\ \vdots \\ b_m \end{pmatrix}$$

을 각각 위의 연립일차방정식의 **계수행렬**(coefficient matrix), **변수벡터**(vector of variables), 그리고 **상수벡터**(constant vector)라 하고 다음과 같이 간단히 나타낸다.

$$A\mathrm{x} = \mathrm{b}$$

(2) 위 (1)의 연립일차방정식의 계수행렬 A에 상수벡터 b를 마지막 열로 첨가하여 만든 $m \times (n+1)$-행렬

$$(A \mid \mathrm{b}) = \left(\begin{array}{cccc|c} a_{11} & a_{12} & \cdots & a_{1n} & b_1 \\ a_{21} & a_{22} & \cdots & a_{2n} & b_2 \\ \vdots & \vdots & \vdots & \vdots & \vdots \\ a_{m1} & a_{m2} & \cdots & a_{mn} & b_m \end{array}\right)$$

을 **첨가행렬**(또는 **붙임행렬**, 또는 **확대행렬**, 또는 **덧붙인행렬**, augumented matrix)이라 한다.

(3) 선형방정식계 $A\mathrm{x} = \mathrm{b}$에 대하여 $\mathrm{b} = 0$일 때, $A\mathrm{x} = 0$를 **동차선형방정식계**(homogeneous system of linear equations), 또는 **동차연립일차방정식**(homogeneous system of linear equations)이라 하고, $\mathrm{b} \neq 0$일 때, $A\mathrm{x} = \mathrm{b}$를 **비동차선형방정식계**(inhomogeneous system of linear equations), 또는 **비동차연립일차방정식**(inhomogeneous system of linear equations)이라 한다.

예제 2.1.3

다음은 주어진 연립일차방정식을 계수행렬 A와 상수벡터 b를 찾아 $A\mathrm{x} = \mathrm{b}$의 형태로 나타낸 것이다.

(1) $\begin{cases} x_1 + 2x_2 = 1 \\ \quad\quad x_2 = 3 \end{cases} \Leftrightarrow \begin{pmatrix} 1 & 2 \\ 0 & 1 \end{pmatrix}\mathrm{x} = \begin{pmatrix} 1 \\ 3 \end{pmatrix}$

(2) $\begin{cases} x_1 + 2x_2 - x_3 = 1 \\ \quad\quad x_2 + 5x_3 = -1 \\ x_1 + x_2 + x_3 = 10 \end{cases} \Leftrightarrow \begin{pmatrix} 1 & 2 & -1 \\ 0 & 1 & 5 \\ 1 & 1 & 1 \end{pmatrix}\mathrm{x} = \begin{pmatrix} 1 \\ -1 \\ 10 \end{pmatrix}$

□

예제 2.1.4

다음과 같이 주어진 연립일차방정식의 해가 있으면 해를 찾아보자.

(1) $\begin{cases} x_1 + 2x_2 = 1 \\ -x_1 - 2x_2 = 3 \end{cases}$일 때, 첫 번째 방정식과 두 번째 방정식을 서로 더하면 $0 = 4$를 얻는다. 따라서 위의 연립일차방정식의 해는 존재하지 않는다.

(2) $\begin{cases} x_1 + 2x_2 = 1 \\ -x_1 + 2x_2 = 3 \end{cases}$일 때, 첫 번째 방정식과 두 번째 방정식을 서로 더하면 $4x_2 = 4$를 얻는다. 따라서 $x_2 = 1$이고 $x_1 = -1$이다. 즉 위의 연립일차방정식의 해는 유일하게 존재한다.

(3) $\begin{cases} x_1 + 2x_2 &= 1 \\ 3x_1 + 6x_2 = 3 \end{cases}$일 때, 두 번째 방정식을 3으로 나누면 첫 번째 방정식을 얻는다. 따라서 $x_1 = 1 - 2x_2$이고 x_2는 자유변수(또는 독립변수)가 된다. 즉 위의 연립일차방정식의 해는 무수히 많이 존재하고 그 해집합은 다음과 같다.

$$\left\{ \begin{pmatrix} 1-2x_2 \\ x_2 \end{pmatrix} \middle| \ x_2 \in \mathbb{R} \right\} = \left\{ \begin{pmatrix} 1 \\ 0 \end{pmatrix} + x_2 \begin{pmatrix} -2 \\ 1 \end{pmatrix} \middle| \ x_2 \in \mathbb{R} \right\} = \left\{ \begin{pmatrix} 1 \\ 0 \end{pmatrix} + t \begin{pmatrix} -2 \\ 1 \end{pmatrix} \middle| \ t \in \mathbb{R} \right\}$$

□

연립일차방정식의 해집합에 관해 다음 정리가 성립한다.

정의 2.1.5

실수 계수의 연립일차방정식 $A\mathrm{x} = \mathrm{b}$ 의 해에 관하여 다음 세 가지 중의 하나가 성립한다.

(1) $A\mathrm{x} = \mathrm{b}$가 유일한 해를 갖는다.

(2) $A\mathrm{x} = \mathrm{b}$가 무수히 많은 해를 갖는다.

(3) $A\mathrm{x} = \mathrm{b}$의 해가 존재하지 않는다.

연립일차방정식이 적어도 하나의 해를 가지면 서로 모순이 없어 연립일차방정식이 **가능**(consistent)이라고 말하고, 해를 가지지 않으면 모순이 존재하여 연립일차방정식이 **불가능**(inconsistent)이라고 말한다.

연립일차방정식의 해집합을 구하기 위해 기본행연산을 통해 주어진 연립방정식과 동치인 간단한 연립일차방정식으로 변형하면 여러 가지로 편리하다. 예를 들어, [예제 2.1.4]의 (2)에서 주어진 연립일차방정식과 동치인 연립일차방정식을 나열하면 다음과 같다.

$$\begin{cases} x_1 + 2x_2 = 1 \\ -x_1 + 2x_2 = 3 \end{cases} \Leftrightarrow \begin{cases} x_1 + 2x_2 = 1 \\ 0x_1 + 4x_2 = 4 \end{cases} \Leftrightarrow \begin{cases} x_1 + 2x_2 = 1 \\ x_2 = 1 \end{cases} \Leftrightarrow \begin{cases} x_1 = -1 \\ x_2 = 1 \end{cases}$$

위의 예에서 주어진 연립일차방정식과 동치인 연립일차방정식을 얻기 위해, 서로 다른 두 일차방정식을 더하거나 빼거나 또는 영이 아닌 상수를 곱하는 등과 같은 기본행연산을 실행했다. 좀 더 정확한 설명을 위해, 먼저 다음과 같은 정의가 필요하다.

정의 2.1.6

임의의 $m \times n$-행렬

$$A = (a_{ij})_{m \times n} = \begin{pmatrix} A_1 \\ A_2 \\ \vdots \\ A_m \end{pmatrix}$$

과 각각의 i-행 $A_i = (a_{i1}\, a_{i2} \cdots a_{in})$에 대하여 다음 조건을 만족하는 $k(1 \le k \le n)$가 존재할 때, a_{ik}를 A_i의 **선행성분**(leading entry) 또는 **추축**(pivot)이라 한다.

$$a_{ik} \neq 0, \quad a_{ij} = 0, \;\; 1 \le j \le k-1$$

수학적인 관례에 의해, $k=1$인 경우에는 두 번째 조건 $a_{ij} = 0(1 \le j \le k-1)$를 무시하는 것으로 한다.

예제 2.1.7

3×3-행렬

$$A = \begin{pmatrix} A_1 \\ A_2 \\ A_3 \end{pmatrix} = \begin{pmatrix} 0 & -1 & -1 \\ -1 & 1 & 2 \\ 3 & -1 & 2 \end{pmatrix}$$

에 대하여, A_1, A_2, A_3의 선행성분은 각각 -1, -1, 3이다.

□

정의 2.1.8

임의의 $m \times n$-행렬

$$A = (a_{ij})_{m \times n} = \begin{pmatrix} A_1 \\ A_2 \\ \vdots \\ A_m \end{pmatrix}$$

에 대하여 다음 조건을 만족할 때, A를 **사다리꼴**(echelon form), 또는 **행사다리꼴**(row echelon form), 또는 **사다리꼴행렬**(echelon matrix), 또는 **행사다리꼴행렬**(row echelon matrix)이라 한다.

(1) 영이 아닌 행은 모든 성분이 영인 그 어떤 행보다 위에 있다.
(2) 행의 선행성분은 그 행보다 위에 있는 행의 선행성분보다 항상 오늘쪽 열에 위치한다.
(3) 열의 성분 중에 선행성분보다 아래에 있는 성분은 모두 영이다.

예제 2.1.9

위의 [정의 2.1.8]의 각 항목에 해당하는 예을 제시하면 다음과 같다.

(1) $3\times3-$행렬

$$\begin{pmatrix} -1 & -1 & -1 \\ 1 & 2 & 3 \\ 0 & 0 & 0 \end{pmatrix}$$

은 위의 [정리 2.1.8]의 조건 (1)을 만족하지만, 다음 행렬은 조건 (1)을 만족하지 못한다.

$$\begin{pmatrix} -1 & -1 & -1 \\ 0 & 0 & 0 \\ 1 & 2 & 3 \end{pmatrix}$$

(2) $3\times4-$행렬

$$\begin{pmatrix} 2 & -3 & -2 & 1 \\ 0 & 1 & -4 & 1 \\ 0 & 0 & 1 & 5 \end{pmatrix}\text{와 } \begin{pmatrix} 2 & -3 & 2 & 1 \\ 0 & 1 & -4 & 1 \\ 0 & 0 & 0 & 6 \end{pmatrix}$$

은 위의 [정리 2.1.8]의 조건 (2)을 만족하지만, 다음 행렬은 조건 (2)을 만족하지 못한다.

$$\begin{pmatrix} 2 & -3 & 2 & 1 \\ 0 & 0 & 1 & 5 \\ 0 & 0 & 1 & -4 \end{pmatrix}, \qquad \begin{pmatrix} 2 & -3 & 2 & 1 \\ 0 & 0 & 1 & 5 \\ 0 & 1 & 4 & 1 \end{pmatrix}$$

(3) 마지막으로, $3\times4-$행렬

$$\begin{pmatrix} 2 & -3 & -2 & 1 \\ 0 & 1 & -4 & 1 \\ 0 & 0 & 1 & 5 \end{pmatrix}$$

은 위의 [정리 2.1.8]의 조건 (2)을 만족하지만, 다음 행렬은 조건 (2)을 만족하지 못한다.

$$\begin{pmatrix} 2 & -3 & 2 & 1 \\ 0 & 1 & -4 & 1 \\ 0 & 2 & 5 & 6 \end{pmatrix}$$

□

정의 2.1.10

임의의 $m \times n$-행렬

$$A = (a_{ij})_{m \times n} = \begin{pmatrix} A_1 \\ A_2 \\ \vdots \\ A_m \end{pmatrix}$$

에 대하여 [정리 2.1.8]의 조건 (1), (2), (3)과 더불어 다음 조건을 만족할 때, A를 **기약사다리꼴**(reduced echelon form), 또는 **기약행사다리꼴**(reduced row echelon form), 또는 **기약사다리꼴행렬**(reduced echelon matrix), 또는 **기약행사다리꼴행렬**(reduced row echelon matrix)이라 한다.

(4) 영이 아닌 행의 선행성분은 항상 1이다.

(5) 선행성분 1은 항상 그 열에서 유일한 영이 아닌 성분이다.

주어진 행렬의 기약사다리꼴은 항상 존재하고 그 정의에 의해 유일하다.

예제 2.1.11

3×4-행렬

$$\begin{pmatrix} 2 & -3 & -2 & 1 \\ 0 & 1 & -4 & 1 \\ 0 & 0 & 1 & 5 \end{pmatrix} \text{와} \begin{pmatrix} 2 & -3 & 2 & 1 \\ 0 & 1 & -4 & 1 \\ 0 & 0 & 0 & 6 \end{pmatrix}$$

은 사다리꼴행렬이지만 기약사다리꼴행렬은 아니다. 다음 행렬은 모든 기약사다리꼴행렬이다.

$$\begin{pmatrix} 1 & 0 & 3 & 0 & 4 \\ 0 & 1 & 2 & 0 & 3 \\ 0 & 0 & 0 & 1 & 2 \\ 0 & 0 & 0 & 0 & 0 \end{pmatrix}, \qquad \begin{pmatrix} 1 & 0 & 0 & 29 \\ 0 & 1 & 0 & 16 \\ 0 & 0 & 1 & 3 \end{pmatrix}$$

□

다음은 기본행연산을 기호로 정리한 것으로, 사다리꼴행렬이나 기약사다리꼴행렬을 구하기 위해 적용되는 기본행연산을 나타내는 데 편리하게 이용된다.

정의 2.1.12 기본행연산, elementary row operation

(1) **행교환**(row interchange): 주어진 행렬의 i-행과 j-행을 교환하는 작용을 $OP(i,j)$로 나타낸다.

(2) **상수배**(scalar multiplication): i-행의 모든 성분에 영이 아닌 상수 k를 곱하는 작용을 $OQ(i;k)$로 나타낸다.

(3) **행교체**(row replacement): j-행의 모든 성분에 영이 아닌 상수 k를 곱한 후, i-행에 더하여 i-행을 교체하는 작용을 $OR(i,j;k)$로 나타낸다.

연립일차방정식 $A\mathrm{x} = \mathrm{b}$의 첨가행렬 $(A\,|\,\mathrm{b})$에 대하여, $(A'\,|\,\mathrm{b}')$을 $(A\,|\,\mathrm{b})$에 기본행연산을 여러 번 작용하여 얻은 첨가행렬이라 하자. 이때, $(A'\,|\,\mathrm{b}')$에 대응하는 연립일차방정식 $A'\mathrm{x} = \mathrm{b}'$과 $A\mathrm{x} = \mathrm{b}$는 서로 동치관계에 있다. 따라서 두 연립일차방정식 $A\mathrm{x} = \mathrm{b}$와 $A'\mathrm{x} = \mathrm{b}'$의 해집합은 서로 일치한다. 일반적으로 기본행연산을 통해 주어진 첨가행렬을 사다리꼴이나 기약사다리꼴로 변형하면 원래 주어진 첨가행렬보다 더 간단한 형태가 된다. 따라서 원래 형태의 연립일차방정식의 해를 구하는 것보다 사다리꼴이나 기약사다리꼴로 변형된 연립일차방정식을 통해 연립일차방정식의 해를 더 쉽게 구할 수 있다. 이것이 바로 기본행연산을 선형대수학에서 중요하게 여기는 이유 중의 하나이다.

기본행연산과 비슷하게 기본열연산도 다음과 같이 정의할 수 있다.

정의 2.1.13 **기본열연산, elementary column operation**

(1) **열교환**(row interchange): 주어진 행렬의 $i-$열과 $j-$열을 교환하는 작용을 $OP'(i,j)$로 나타낸다.

(2) **상수배**(scalar multiplication): $i-$열의 모든 성분에 영이 아닌 상수 k를 곱하는 작용을 $OQ'(i;k)$로 나타낸다.

(3) **열교체**(row replacement): $j-$열의 모든 성분에 영이 아닌 상수 k를 곱한 후, $i-$열에 더하여 $i-$열을 교체하는 작용을 $OR'(i,j;k)$로 나타낸다.

예제 2.1.14

(1) $3\times 4-$행렬

$$\begin{pmatrix} 1 & 2 & 3 & 1 \\ 2 & 1 & 1 & 1 \\ 1 & -1 & 1 & 0 \end{pmatrix}$$

에 대하여, 기본행연산의 기호를 이용하여 기약사다리꼴행렬을 구해보자.

$$\begin{pmatrix} 1 & 2 & 3 & 1 \\ 2 & 1 & 1 & 1 \\ 1 & -1 & 1 & 0 \end{pmatrix} \xrightarrow{OR(2,1;-2)} \begin{pmatrix} 1 & 2 & 3 & 1 \\ 0 & -3 & -5 & -1 \\ 1 & -1 & 1 & 0 \end{pmatrix} \xrightarrow{OR(3,1;-1)} \begin{pmatrix} 1 & 2 & 3 & 0 \\ 0 & -3 & -5 & -1 \\ 0 & -3 & -2 & -1 \end{pmatrix}$$

$$\xrightarrow{OR(3,2;-1)} \begin{pmatrix} 1 & 2 & 3 & 0 \\ 0 & -3 & -5 & -1 \\ 0 & 0 & 3 & 0 \end{pmatrix} \xrightarrow[OQ(3;\frac{1}{3})]{OQ(2;-\frac{1}{3})} \begin{pmatrix} 1 & 2 & 3 & 0 \\ 0 & 1 & \frac{5}{3} & \frac{1}{3} \\ 0 & 0 & 1 & 0 \end{pmatrix} \xrightarrow[OR(1,3;-3)]{OR(2,3;-\frac{5}{3})} \begin{pmatrix} 1 & 2 & 0 & 1 \\ 0 & 1 & 0 & \frac{1}{3} \\ 0 & 0 & 1 & 0 \end{pmatrix}$$

$$\xrightarrow{OR(1,2;-2)} \begin{pmatrix} 1 & 0 & 0 & \frac{1}{3} \\ 0 & 1 & 0 & \frac{1}{3} \\ 0 & 0 & 1 & 0 \end{pmatrix}$$

(2) 다음과 같이 주어진 연립일차방정식의 해를 첨가행렬의 기약사다리꼴행렬을 이용하여 구해보자.

$$\begin{cases} x_1 + 2x_2 + 3x_3 + x_4 = 1 \\ 2x_1 + x_2 + x_3 + x_4 = 2 \\ x_1 - x_2 + x_3 = 3 \end{cases} \Leftrightarrow \begin{pmatrix} 1 & 2 & 3 & 1 \\ 2 & 1 & 1 & 1 \\ 1 & -1 & 1 & 0 \end{pmatrix} \mathbf{x} = \begin{pmatrix} 1 \\ 2 \\ 3 \end{pmatrix}$$

이 경우에 주어진 연립일차방정식에 대응하는 첨가행렬과 기본행연산을 통해 기약사다리꼴행렬을 구하는 과정은 다음과 같다.

$$(A\,|\,\mathrm{b})=\left(\begin{array}{cccc|c}1&2&3&1&1\\2&1&1&1&2\\1&-1&1&0&3\end{array}\right)$$

$$\xrightarrow{OR(2,1;-2)}\left(\begin{array}{cccc|c}1&2&3&1&1\\0&-3&-5&-1&0\\1&-1&1&0&3\end{array}\right)\xrightarrow{OR(3,1;-1)}\left(\begin{array}{cccc|c}1&2&3&1&1\\0&-3&-5&-1&0\\0&-3&-2&-1&2\end{array}\right)$$

$$\xrightarrow{OR(3,2;-1)}\left(\begin{array}{cccc|c}1&2&3&1&1\\0&-3&-5&-1&0\\0&0&3&0&2\end{array}\right)\xrightarrow[OQ(3;\frac{1}{3})]{OQ(2;-\frac{1}{3})}\left(\begin{array}{cccc|c}1&2&3&1&1\\0&1&\frac{5}{3}&\frac{1}{3}&0\\0&0&1&0&\frac{2}{3}\end{array}\right)$$

$$\xrightarrow[OR(2,3;-\frac{5}{3})]{OR(1,3;-3)}\left(\begin{array}{cccc|c}1&2&0&1&-1\\0&1&0&\frac{1}{3}&-\frac{10}{9}\\0&0&1&0&\frac{2}{3}\end{array}\right)\xrightarrow{OR(1,2;-2)}\left(\begin{array}{cccc|c}1&0&0&\frac{1}{3}&\frac{11}{9}\\0&1&0&\frac{1}{3}&-\frac{10}{9}\\0&0&1&0&\frac{2}{3}\end{array}\right)$$

따라서 주어진 연립일차방정식의 해는 다음과 같다.

$$x_3=\frac{2}{3},\ x_2+\frac{1}{3}x_4=-\frac{10}{9},\ x_1+\frac{1}{3}x_4=\frac{11}{9},\ x_4=x_4$$

즉 연립일차방정식의 해집합은

$$\left\{\left.\begin{pmatrix}\frac{11}{9}-\frac{1}{3}x_4\\-\frac{10}{9}-\frac{1}{3}x_4\\\frac{2}{3}\\x_4\end{pmatrix}\ \right|\ x_4\in\mathbb{R}\right\}=\left\{\left.\begin{pmatrix}\frac{11}{9}\\-\frac{10}{9}\\\frac{2}{3}\\0\end{pmatrix}+x_4\begin{pmatrix}-\frac{1}{3}\\-\frac{1}{3}\\0\\1\end{pmatrix}\ \right|\ x_4\in\mathbb{R}\right\}$$

이다.

□

[예제 2.1.14]의 (2)에서 보는 바와 같이, 연립일차방정식의 해가 존재하는 경우에는 계수행렬의 사다리꼴행렬 또는 기약사다리꼴행렬에서 추축를 갖지 않는 열의 변수가 **자유변수**(free variable) 또는 **독립변수**(independent variable)가 되고, 무한히 많은 해가 존재한다. 물론, 해가 존재하지 않는 경우에는 추축을 갖지 않는 열이 자유변수를 주지 않는다.

일반적으로 다음 정리가 성립한다. 자세한 증명은 생략한다.

정리 2.1.15

임의의 연립일차방정식 $A\mathbf{x} = \mathbf{b}$ 의 첨가행렬 $(A \mid \mathbf{b})$에 대하여, $(A' \mid \mathbf{b}')$을 $(A \mid \mathbf{b})$의 사다리꼴행렬이라 하자. 이때, 다음이 성립한다.

(1) 연립일차방정식 $A\mathbf{x} = \mathbf{b}$ 의 해가 존재할 필요충분조건은 $(A' \mid \mathbf{b}')$이 다음과 같은 추축행(pivotal row)을 갖지 않는 것이다.

$$(0\,0 \cdots 0 \mid b_i'),\ \ b_i \neq 0$$

즉 $\mathbf{b}'$이 추축열(pivotal column)이 아니다.

(2) 다음과 같은 두 조건 (i)과 (ii)는 연립일차방정식 $A\mathbf{x} = \mathbf{b}$ 의 해가 유일하게 존재할 조건과 동치이다.

(i) $\mathbf{b}'$이 추축열(pivotal column)이 아니다.

(ii) A'의 모든 열이 추축열이다.

(3) 다음과 같은 두 조건 (i)과 (ii)는 연립일차방정식 $A\mathbf{x} = \mathbf{b}$ 의 해가 무한히 많이 존재할 조건과 동치이다.

(i) $\mathbf{b}'$이 추축열(pivotal column)이 아니다.

(ii) A'에 추축열이 아닌 열이 적어도 하나 존재한다.

예제 2.1.16

(1) 첨가행렬

$$(A \mid \mathbf{b}) = \left(\begin{array}{ccc|c} 1 & 0 & -2 & 3 \\ 0 & 2 & 5 & 1 \\ 0 & 0 & 0 & 3 \end{array}\right)$$

은 추축행 $(0\,0\,0 \mid 3)$을 갖는다. 따라서 첨가행렬 $(A \mid \mathbf{b})$에 대응하는 연립일차방정식 $A\mathbf{x} = \mathbf{b}$ 는 해를 갖지 않는다.

(2) 첨가행렬

$$(A \mid \mathrm{b}) = \left(\begin{array}{cccc|c} 1&0&0&0 & 1 \\ 0&1&0&0 & 2 \\ 0&0&1&0 & 3 \\ 0&0&0&1 & 4 \end{array}\right)$$

에서 b가 추축열이 아니고 A의 모든 열이 추축열이다. 따라서 첨가행렬 $(A \mid \mathrm{b})$에 대응하는 연립일차방정식 $A\mathrm{x} = \mathrm{b}$는 유일한 해를 갖는다.

(3) 첨가행렬

$$(A \mid \mathrm{b}) = \left(\begin{array}{cccc|c} 1&0&0&0 & 3 \\ 0&1&0&0 & 1 \\ 0&0&1&0 & 3 \end{array}\right)$$

에서 b가 추축열이 아니고 A의 열 중에는 추축열이 아닌 열이 하나 존재한다. 따라서 첨가행렬 $(A \mid \mathrm{b})$에 대응하는 연립일차방정식 $A\mathrm{x} = \mathrm{b}$는 무한히 많은 해를 갖는다.

□

예제 2.1.17

다음과 같이 주어진 연립일차방정식의 해의 존재성과 유일성에 관해 알아보자.

$$\begin{cases} x_1 - x_2 + 3x_3 = a \\ 2x_1 - x_2 + x_3 = b, \quad a,b,c \in \mathbb{R} \\ -3x_1 + 2x_2 - 4x_3 = c \end{cases}$$

이 경우에 주어진 연립일차방정식에 대응하는 첨가행렬과 기본행연산을 통해 사다리꼴 행렬을 구하면 다음과 같다.

$$\begin{aligned} (A \mid \mathrm{b}) &= \left(\begin{array}{ccc|c} 1 & -1 & 3 & a \\ 2 & -1 & 1 & b \\ -3 & 2 & -4 & c \end{array}\right) \\ &\xrightarrow{OR(2,1;-2)} \left(\begin{array}{ccc|c} 1 & -1 & 3 & a \\ 0 & 1 & -5 & -2a+b \\ -3 & 2 & -4 & c \end{array}\right) \xrightarrow{OR(3,1;3)} \left(\begin{array}{ccc|c} 1 & -1 & 3 & a \\ 0 & 1 & -5 & -2a+b \\ 0 & -1 & 5 & 3a+c \end{array}\right) \\ &\xrightarrow{OR(3,2;1)} \left(\begin{array}{ccc|c} 1 & -1 & 3 & a \\ 0 & 1 & -5 & -2a+b \\ 0 & 0 & 0 & a+b+c \end{array}\right) = (A' \mid \mathrm{b}') \end{aligned}$$

따라서 주어진 연립일차방정식이 해를 가질 조건은 다음과 같다.

$$a+b+c=0$$

하지만, A'의 모든 열이 추축열이 아니다. 따라서 주어진 연립일차방정식이 유일한 해를 가질 수는 없고 항상 무한히 많은 해를 가진다. 실제로, 연립일차방정식의 해집합은 다음과 같다.

$$\left\{\begin{pmatrix} -a+b+2x_3 \\ -2a+b+5x_3 \\ x_3 \end{pmatrix} \middle| \; x_3 \in \mathbb{R}\right\} = \left\{\begin{pmatrix} -a+b \\ -2a+b \\ 0 \end{pmatrix} + x_3\begin{pmatrix} 2 \\ 5 \\ 1 \end{pmatrix} \middle| \; x_3 \in \mathbb{R}\right\}$$

□

연습문제 2.1

1. 다음 등식이 성립한다고 가정하자.

$$\begin{pmatrix} 3 & -4 & 2 \\ 6 & -3 & 4 \\ -8 & 9 & -5 \end{pmatrix}\begin{pmatrix} -4 \\ -1 \\ -3 \end{pmatrix} = \begin{pmatrix} -2 \\ -9 \\ 8 \end{pmatrix}$$

이때, 다음 등식을 만족하는 x, y, z를 구하라.

$$\begin{pmatrix} -2 \\ -9 \\ 8 \end{pmatrix} = x\begin{pmatrix} 3 \\ 6 \\ -8 \end{pmatrix} + y\begin{pmatrix} -4 \\ -3 \\ 9 \end{pmatrix} + z\begin{pmatrix} 2 \\ 4 \\ -5 \end{pmatrix}$$

2. 다음 연립일차방정식을 고려하자.

$$\begin{cases} \quad\quad -x_2 + x_3 = -1 \\ -x_1 + 2x_2 + x_3 = 0 \\ 3x_1 - x_2 + 2x_3 = 5 \end{cases}$$

(1) 위의 연립일차방정식에 대응하는 첨가행렬 $(A \mid \mathrm{b})$를 구하고, 그 첨가행렬의 기약사다리꼴행렬을 구하라.

(2) 위의 연립일차방정식의 해집합을 첨가행렬 $(A \mid \mathrm{b})$의 기약사다리꼴행렬을 이용하여 구하라.

3. 다음 연립일차방정식을 고려하자.

$$\begin{cases} x_1 + 2x_2 + 3x_3 = 1 \\ 2x_1 + 5x_2 + 3x_3 = 0 \\ x_1 + 8x_3 = 1 \end{cases}$$

(1) 위의 연립일차방정식에 대응하는 첨가행렬 $(A \mid \mathrm{b})$를 구하고, 그 첨가행렬의 기약사다리꼴행렬을 구하라.

(2) 위의 연립일차방정식의 해집합을 첨가행렬 $(A \mid \mathrm{b})$의 기약사다리꼴행렬을 이용하여 구하라.

4. 두 1×3-행렬

$$\mathrm{u} = (u_1\, u_2\, u_3),\quad \mathrm{v} = (v_1\, v_2\, v_3)$$

가 $u_1u_2u_3 \neq 0$와 $v_1v_2v_3 \neq 0$를 만족할 때, 3×3-행렬 $A = \mathrm{u}^T\mathrm{v}$의 기약사다리꼴행렬을 구하라.

5. 다음은 선형방정식계 $A\mathrm{x} = \mathrm{b}$에 대응하는 첨가행렬이다.

$$(A\,|\,\mathrm{b}) = \left(\begin{array}{ccc|c} 1 & 3 & 4 & b_1 \\ -4 & 2 & -6 & b_2 \\ -3 & -2 & -7 & b_3 \end{array}\right)$$

이때, 다음 물음에 답하라.

(1) $A\mathrm{x} = \mathrm{b}$의 해가 존재할 때, b_1, b_2, b_3가 만족하는 조건을 찾아라.

(2) $A\mathrm{x} = \mathrm{b}$의 해가 존재할 때, 위 첨가행렬 $(A\,|\,\mathrm{b})$의 기약사다리꼴을 이용하여 선형방정식계 $A\mathrm{x} = \mathrm{b}$의 해집합을 구하라.

6. 다음과 같이 주어진 연립일차방정식의 해가 존재하지 않을 조건, 정확하게 한 개의 해가 존재할 조건, 무수히 많은 해가 존재할 조건을 실수 a를 이용하여 각각 찾아라.

(1)
$$\begin{cases} x_1 + 2x_2 + 3x_3 = 4 \\ 3x_1 - x_2 + 5x_3 = 2 \\ 4x_1 + x_2 - 14x_3 = 2a + 1 \end{cases}$$

(2)
$$\begin{cases} x_1 + 2x_2 = 1 \\ 2x_1 + (a^2 + 3)x_2 = a + 1 \end{cases}$$

(3)
$$\begin{cases} x_1 + x_2 + 7x_3 = -7 \\ 2x_1 + 3x_2 + 17x_3 = -16 \\ x_1 + 2x_2 + (-a^2 + 5)x_3 = 3a - 1 \end{cases}$$

7. 실수 a, b, c, d에 대하여 $ad - bc \neq 0$일 때, 2×2-행렬

$$A = \begin{pmatrix} a & b \\ c & d \end{pmatrix}$$

의 기약사다리꼴행렬이 I_2임을 보여라. 단, 여기서 I_2는 2×2-항등행렬을 나타낸다.

2.2 동차연립일차방정식

이 절에서는 동차연립일차방정식(homogeneous system of linear equations)과 비동차연립일차방정식(inhomogeneous system of linear equations)의 일반해를 구하는 방법에 대해 알아본다.

정의 2.2.1

미지수 $x_1, x_2, \ldots, x_n$을 갖는 연립일차방정식

$$\begin{cases} a_{11}x_1 + a_{12}x_2 + \cdots + a_{1n}x_n &= b_1 \\ a_{21}x_1 + a_{22}x_2 + \cdots + a_{2n}x_n &= b_2 \\ \qquad\cdots \\ a_{m1}x_1 + a_{m2}x_2 + \cdots + a_{mn}x_n &= b_m \end{cases}$$

에 대하여,

$$A = \begin{pmatrix} a_{11} & a_{12} & \cdots & a_{1n} \\ a_{21} & a_{22} & \cdots & a_{2n} \\ \vdots & \vdots & \vdots & \vdots \\ a_{m1} & a_{m2} & \cdots & a_{mn} \end{pmatrix}_{m \times n}, \quad \mathrm{x} = \begin{pmatrix} x_1 \\ x_2 \\ \vdots \\ x_n \end{pmatrix}, \quad \mathrm{b} = \begin{pmatrix} b_1 \\ b_2 \\ \vdots \\ b_m \end{pmatrix}$$

이라 하자. 이때, 다음이 성립한다.

(1) $\mathrm{b} = 0$일 때, $A\mathrm{x} = \mathrm{b} = 0$를 **동차연립일차방정식**(system of homogeneous equations of degree one)이라 한다.

(2) $\mathrm{b} \neq 0$일 때, $A\mathrm{x} = \mathrm{b}$를 **비동차연립일차방정식**(system of inhomogeneous equations of degree one)이라 한다.

동차연립일차방정식은 항상 $\mathrm{x} = 0$를 해로 가지고 있고, 이때 $\mathrm{x} = 0$을 동차연립일차방정식 $A\mathrm{x} = 0$의 **자명한 해**(trivial solution)라 부른다.

동차연립일차방정식의 해에 관해 다음 정리가 성립한다. 증명은 사다리꼴행렬의 정의에 의해 자명하므로 생략한다.

정리 2.2.2

임의의 $m \times n$-행렬 A에 대하여, 다음 두 명제는 서로 동치이다.

(1) $A\mathbf{x} = 0$가 자명하지 않은 해를 가진다. 즉 $A\mathbf{x} = 0$가 무수히 많은 해를 가진다.

(2) A의 추축열의 개수가 A의 열의 총 개수인 n보다 작다. 즉 A의 사다리꼴행렬 A'에서 열의 개수가 영이 아닌 행의 개수보다 많다.

[정리 2.2.2]에 의해 다음 따름정리가 성립함을 쉽게 알 수 있다.

따름정리 2.2.3

임의의 $m \times n$-행렬 A에 대하여 $n > m$일 때, $A\mathbf{x} = 0$가 자명하지 않은 해를 가진다. 즉 $A\mathbf{x} = 0$가 무수히 많은 해를 가진다.

예제 2.2.4

(1) A의 기약사다리꼴행렬 A'에서 다음과 같이 열의 개수인 n이 A의 행의 개수인 m보다 큰 경우에는 $A\mathbf{x} = 0$는 항상 무한히 많은 해를 가진다. 특히, 이 경우에는 $n-m$개의 자유변수가 존재한다.

$$A' = \begin{pmatrix} 1 & 0 & \cdots & 0 & 0 & \cdots & 0 \\ 0 & 1 & \cdots & 0 & 0 & \cdots & 0 \\ \vdots & \vdots & \vdots & \vdots & \vdots & \vdots & \vdots \\ 0 & 0 & \cdots & 1 & 0 & \cdots & 0 \end{pmatrix}_{m \times n}$$

(2) A의 기약사다리꼴행렬 A'에서 다음과 같이 추축의 개수 r이 A의 열의 개수인 n보다 작은 경우에는 $A\mathbf{x} = 0$는 항상 무한히 많은 해를 가진다. 특히, 이 경우에는 $n-r$개의 자유변수가 존재한다.

$$A' = \begin{pmatrix} 1 & 0 & \cdots & 0 & 0 & \cdots & 0 \\ 0 & 1 & \cdots & 0 & 0 & \cdots & 0 \\ \vdots & \vdots & \vdots & \vdots & \vdots & \vdots & \vdots \\ 0 & 0 & \cdots & 1 & 0 & \cdots & 0 \\ 0 & 0 & \cdots & 0 & 0 & \cdots & 0 \\ 0 & 0 & \cdots & 0 & 0 & \cdots & 0 \\ \vdots & \vdots & \vdots & \vdots & \vdots & \vdots & \vdots \\ 0 & 0 & \cdots & 0 & 0 & \cdots & 0 \end{pmatrix}_{m \times n}$$

□

예제 2.2.5

(1) 다음과 같이 주어진 5×4-행렬 A에 대하여, $A\mathbf{x} = 0$의 해를 구해보자.

$$A = \begin{pmatrix} 1 & 0 & 0 & 0 \\ 0 & 1 & 0 & 0 \\ 0 & 0 & 1 & 0 \\ 0 & 0 & 0 & 0 \\ 0 & 0 & 0 & 0 \end{pmatrix}_{5 \times 4}$$

이때, 위의 동차연립일차방정식은 다음 등식과 동치이고, 자유변수의 개수는 $4-3=1$이다.

$$x_1 = 0, \ x_2 = 0, \ x_3 = 0, \ x_4 = x_4$$

따라서 $A\mathbf{x} = 0$의 해집합은 다음과 같고, 자명하게 무한히 많은 해가 존재한다.

$$\left\{ \begin{pmatrix} 0 \\ 0 \\ 0 \\ x_4 \end{pmatrix} \middle| \ x_4 \in \mathbb{R} \right\} = \left\{ x_4 \begin{pmatrix} 0 \\ 0 \\ 0 \\ 1 \end{pmatrix} \middle| \ x_4 \in \mathbb{R} \right\}$$

(2) 다음과 같이 주어진 3×5-행렬 A에 대하여, $A\mathbf{x} = 0$의 해를 구해보자.

$$A = \begin{pmatrix} 1 & 0 & 0 & 0 & 0 \\ 0 & 1 & 0 & 0 & 0 \\ 0 & 0 & 1 & 0 & 0 \end{pmatrix}_{3 \times 5}$$

이때, 위의 동차연립일차방정식은 다음 등식과 동치이고, 자유변수의 개수는 $5-3=2$이다.

$$x_1 = 0, \ x_2 = 0, \ x_3 = 0, \ x_4 = x_4, \ x_5 = x_5$$

따라서 $A\mathbf{x} = 0$의 해집합은 다음과 같고, 자명하게 무한히 많은 해가 존재한다.

$$\left\{\begin{pmatrix}0\\0\\0\\x_4\\x_5\end{pmatrix} \middle|\ x_4, x_5 \in \mathbb{R}\right\} = \left\{x_4\begin{pmatrix}0\\0\\0\\1\\0\end{pmatrix} + x_5\begin{pmatrix}0\\0\\0\\0\\1\end{pmatrix} \middle|\ x_4, x_5 \in \mathbb{R}\right\}$$

(3) 다음과 같이 주어진 연립일차방정식의 해를 계수행렬의 기약사다리꼴행렬을 이용하여 구해보자.

$$\begin{cases}2x_1 - x_2 + x_3 \ = 0\\ 4x_1 + 2x_2 + x_3 = 0\end{cases} \quad \Leftrightarrow \quad \begin{pmatrix}2 & -1 & 1\\ 4 & 2 & 1\end{pmatrix}\mathrm{x} = \begin{pmatrix}0\\0\end{pmatrix}$$

이 경우에 주어진 동차연립일차방정식에 대응하는 첨가행렬과 기본행연산을 통해 기약사다리꼴행렬을 구하는 과정은 다음과 같다.

$$(A\,|\,\mathrm{b}) = \left(\begin{array}{ccc|c}2 & -1 & 1 & 0\\ 4 & 2 & 1 & 0\end{array}\right) \xrightarrow{OR(2,1;-2)} \left(\begin{array}{ccc|c}2 & -1 & 1 & 0\\ 0 & 4 & -1 & 0\end{array}\right) \xrightarrow[OQ(2;\frac{1}{4})]{OQ(1;\frac{1}{2})} \left(\begin{array}{ccc|c}1 & -\frac{1}{2} & \frac{1}{2} & 0\\ 0 & 1 & -\frac{1}{4} & 0\end{array}\right)$$

$$\xrightarrow{OR(1,2;\frac{1}{2})} \left(\begin{array}{ccc|c}1 & 0 & \frac{3}{8} & 0\\ 0 & 1 & -\frac{1}{4} & 0\end{array}\right)$$

따라서 위의 동차연립일차방정식은 다음 등식과 동치이고, 자유변수의 개수는 $3-2=1$ 이다.

$$x_1 + \frac{3}{8}x_3 = 0,\ \ x_2 - \frac{1}{4}x_3 = 0,\ \ x_3 = x_3$$

따라서 $A\mathrm{x} = 0$의 해집합은 다음과 같고, 자명하게 무한히 많은 해가 존재한다.

$$\left\{\begin{pmatrix}-\frac{3}{8}x_3\\ \frac{1}{4}x_3\\ x_3\end{pmatrix} \middle|\ x_3 \in \mathbb{R}\right\} = \left\{x_3\begin{pmatrix}-\frac{3}{8}\\ \frac{1}{4}\\ 1\end{pmatrix} \middle|\ x_3 \in \mathbb{R}\right\}$$

□

이제, 비동차연립일차방정식 $A\mathrm{x} = \mathrm{b},\ \mathrm{b} \neq 0$의 일반해를 구하는 과정을 알아보자. 이에 관해 일반적으로 다음 정리가 성립한다.

정리 2.2.6

임의의 $m \times n$-행렬 A와 연립일차방정식 $A\mathrm{x} = \mathrm{b}$에 대하여, 다음 조건 (1)과 (2)가 성립한다고 가정하자.

(1) $A\mathrm{x} = \mathrm{b}$의 한 해(solution)를 x_p라 하자. 이때, $A\mathrm{x}_p = \mathrm{b}$이고 x_p를 $A\mathrm{x} = \mathrm{b}$의 **특수해**(particular solution)라 한다.

(2) $A\mathrm{x} = 0$의 임의의 해를 x_h라 하자. 이때, $A\mathrm{x}_h = 0$이고 x_h를 $A\mathrm{x} = 0$의 **일반해**(general solution)라 한다.

그러면, $A\mathrm{x} = \mathrm{b}$의 모든 해 x는 다음과 같이 주어진다.

$$\mathrm{x} = \mathrm{x}_h + \mathrm{x}_p$$

[증명]

x가 $A\mathrm{x} = \mathrm{b}$의 임의의 해일 때, 조건 (1)에 의해 $A(\mathrm{x} - \mathrm{x}_p) = 0$이다. 한편 x_h가 $A\mathrm{x} = 0$의 임의의 해이므로 $\mathrm{x}_h = \mathrm{x} - \mathrm{x}_p$가 성립한다. 즉 $\mathrm{x} = \mathrm{x}_p + \mathrm{x}_h$이다.

□

예제 2.2.7

다음과 같이 주어진 연립일차방정식의 해를 구해보자.

$$\begin{cases} 2x_1 - x_2 + x_3 = 1 \\ 4x_1 + 2x_2 + x_3 = 2 \end{cases} \quad \Leftrightarrow \quad \begin{pmatrix} 2 & -1 & 1 \\ 4 & 2 & 1 \end{pmatrix} \mathrm{x} = \begin{pmatrix} 1 \\ 2 \end{pmatrix}$$

이 경우에 [예제 2.2.5]의 (3)에 의해 동차연립일차방정식

$$\begin{cases} 2x_1 - x_2 + x_3 = 0 \\ 4x_1 + 2x_2 + x_3 = 0 \end{cases} \quad \Leftrightarrow \quad \begin{pmatrix} 2 & -1 & 1 \\ 4 & 2 & 1 \end{pmatrix} \mathrm{x} = \begin{pmatrix} 0 \\ 0 \end{pmatrix}$$

의 일반해는 다음과 같이 주어진다.

$$\left\{ \begin{pmatrix} -\frac{3}{8}x_3 \\ \frac{1}{4}x_3 \\ x_3 \end{pmatrix} \middle| \; x_3 \in \mathbb{R} \right\} = \left\{ t \begin{pmatrix} -\frac{3}{8} \\ \frac{1}{4} \\ 1 \end{pmatrix} \middle| \; t \in \mathbb{R} \right\}$$

한편 열벡터 $\begin{pmatrix} \frac{1}{2} \\ 0 \\ 0 \end{pmatrix}$는 다음 등식을 만족한다.

$$\begin{pmatrix} 2 & -1 & 1 \\ 4 & 2 & 1 \end{pmatrix} \mathrm{x} = \begin{pmatrix} 1 \\ 2 \end{pmatrix}$$

따라서 [정리 2.2.6]에 의해 연립일차방정식

$$\begin{cases} 2x_1 - x_2 + x_3 = 1 \\ 4x_1 + 2x_2 + x_3 = 2 \end{cases}$$

의 임의의 해는 다음과 같다.

$$\begin{pmatrix} x_1 \\ x_2 \\ x_3 \end{pmatrix} = \begin{pmatrix} \frac{1}{2} \\ 0 \\ 0 \end{pmatrix} + t \begin{pmatrix} -\frac{3}{8} \\ \frac{1}{4} \\ 1 \end{pmatrix}, \quad t \in \mathbb{R}$$

실제로, 주어진 연립일차방정식에 대응하는 첨가행렬과 기본행연산을 통해 기약사다리꼴행렬을 구해보면 다음과 같다.

$$(A \mid \mathrm{b}) = \left(\begin{array}{ccc|c} 2 & -1 & 1 & 1 \\ 4 & 2 & 1 & 2 \end{array}\right) \xrightarrow{OR(2,1;-2)} \left(\begin{array}{ccc|c} 2 & -1 & 1 & 1 \\ 0 & 4 & -1 & 0 \end{array}\right) \xrightarrow[OQ(2;\frac{1}{4})]{OQ(1;\frac{1}{2})} \left(\begin{array}{ccc|c} 1 & -\frac{1}{2} & \frac{1}{2} & \frac{1}{2} \\ 0 & 1 & -\frac{1}{4} & 0 \end{array}\right)$$

$$\xrightarrow{OR(1,2;\frac{1}{2})} \left(\begin{array}{ccc|c} 1 & 0 & \frac{3}{8} & \frac{1}{2} \\ 0 & 1 & -\frac{1}{4} & 0 \end{array}\right)$$

따라서 위의 동차연립일차방정식은 다음 등식과 동치이고, 자유변수의 개수는 $3-2=1$이다.

$$x_1 + \frac{3}{8}x_3 = \frac{1}{2}, \quad x_2 - \frac{1}{4}x_3 = 0, \quad x_3 = x_3$$

따라서 $A\mathrm{x} = \mathrm{b}$의 해집합은 다음과 같고, 자명하게 무한히 많은 해가 존재한다.

$$\left\{ \begin{pmatrix} \frac{1}{2} - \frac{3}{8}x_3 \\ \frac{1}{4}x_3 \\ x_3 \end{pmatrix} \middle| \; x_3 \in \mathbb{R} \right\} = \left\{ \begin{pmatrix} \frac{1}{2} \\ 0 \\ 0 \end{pmatrix} + x_3 \begin{pmatrix} -\frac{3}{8} \\ \frac{1}{4} \\ 1 \end{pmatrix} \middle| \; x_3 \in \mathbb{R} \right\}$$

□

연습문제 2.2

1. 다음과 같이 주어진 동차연립일차방정식의 일반해를 구하라.

(1)

$$\begin{cases} 2x_1 + x_2 + 3x_3 = 0 \\ x_1 + 2x_2 \qquad = 0 \\ x_2 + x_3 \qquad = 0 \end{cases}$$

(2)

$$\begin{cases} 2x_1 - x_2 - 3x_3 \quad = 0 \\ -x_1 + 2x_2 - 3x_3 = 0 \\ x_1 + x_2 + 4x_3 \quad = 0 \end{cases}$$

(3)

$$\begin{cases} 2x_1 + 2x_2 + 4x_3 \qquad = 0 \\ -x_2 - 3x_3 + x_4 \qquad = 0 \\ x_1 + 3x_2 - 2x_3 + 2x_4 = 0 \end{cases}$$

2. 다음과 같이 주어진 연립일차방정식의 모든 해를 구하라.

(1)

$$\begin{cases} 2x_1 - 3x_3 = -2 \\ 2x_1 + x_2 \ = 1 \\ 3x_1 + 2x_2 = 1 \end{cases}$$

(2)

$$\begin{cases} 3x_1 + 2x_2 - x_3 \ = -15 \\ 5x_1 + 3x_2 + 2x_3 = 0 \\ 3x_1 + x_2 + 3x_3 \ = 11 \\ 6x_1 - 4x_2 + 2x_3 = 30 \end{cases}$$

(3)

$$\begin{cases} x_1 + 2x_2 + 2x_3 \quad = 0 \\ -x_1 + 5x_2 + 2x_3 = 1 \\ 4x_1 + x_2 + 4x_3 \quad = -1 \end{cases}$$

3. 다음 물음에 답하라. 단, 여기서 x는 복소수 범위에서 정의된 것으로 가정한다.

(1) 다음과 같이 주어진 연립방정식을 고려하자.

$$\begin{cases} ax^2+bx+c=0 \\ dx^2+ex+f=0 \end{cases}, \quad a,b,c,d,e,f\in\mathbb{R},\ cf\neq 0$$

(i) 위의 연립방정식과 다음 연립방정식이 서로 동치임을 보여라.

$$\begin{cases} ax^3+bx^2+cx=0, \\ ax^2+bx+c=0, \\ dx^3+ex^2+fx=0, \\ dx^2+ex+f=0 \end{cases}, \quad a,b,c,d,e,f\in\mathbb{R},\ cf\neq 0$$

(ii) $a=1, b=2, c=3$이고 $d=4, e=5, f=6$일 때, 위의 연립방정식의 해가 존재하는지 판별하라.

(2) 다음과 같이 주어진 연립방정식을 고려하자.

$$\begin{cases} x^3=1, \\ ax^2+bx+c=0, \end{cases} \quad a,b,c\in\mathbb{R},\ a+b+c\neq 0$$

(i) 위의 연립방정식과 다음 연립방정식이 서로 동치임을 보여라.

$$\begin{cases} ax^2+bx+c=0, \\ bx^2+cx+a=0, \\ cx^2+ax+b=0, \end{cases} \quad a,b,c\in\mathbb{R},\ a+b+c\neq 0$$

(ii) $a=1, b=-1, c=1$일 때, 위의 연립방정식의 해가 존재하는지 판별하라.

2.3 기본행연산과 기본행렬

이 절에서는 2.1절에서 정의한 기본행연산과 그와 관련된 기본행렬에 대한 기본적인 성질을 정리한다. 기본열연산도 기본행연산과 비슷한 성질을 가지고 있으나, 본 교재에서는 기본행연산만을 주로 다루기 때문에 기본행연산에 집중하여 논의를 전개한다.

2.1절에서 정의한 바와 같이, 기본행연산은 다음과 같이 주어진다.

정의 2.3.1 기본행연산, elementary row operation

(1) **행교환**(row interchange): 주어진 행렬의 i-행과 j-행을 교환하는 작용을 $OP(i,j)$로 나타낸다.

(2) **상수배**(scalar multiplication): i-행의 모든 성분에 영이 아닌 상수 k를 곱하는 작용을 $OQ(i;k)$로 나타낸다.

(3) **행교체**(row replacement): j-행의 모든 성분에 영이 아닌 상수 k를 곱한 후, i-행에 더하여 i-행을 교체하는 작용을 $OR(i,j;k)$로 나타낸다.

기본행연산과 비슷하게 기본열연산도 다음과 같이 정의된다.

정의 2.3.2 기본열연산, elementary column operation

(1) **열교환**(row interchange): 주어진 행렬의 i-열과 j-열을 교환하는 작용을 $OP'(i,j)$로 나타낸다.

(2) **상수배**(scalar multiplication): i-열의 모든 성분에 영이 아닌 상수 k를 곱하는 작용을 $OQ'(i;k)$로 나타낸다.

(3) **열교체**(row replacement): j-열의 모든 성분에 영이 아닌 상수 k를 곱한 후, i-열에 더하여 i-열을 교체하는 작용을 $OR'(i,j;k)$로 나타낸다.

다음 정의가 성립한다.

정의 2.3.3 기본행렬, elementary matrix

$m \times m$-단위행렬 I_m에 기본행연산(또는 기본열연산)을 정확히 한 번 작용하여 얻은 행렬을 **기본행렬**(elementary matrix)이라 하고, 기본행렬을 다음과 같은 기호를 이용하여 나타낸다.

(1) I_m의 i-행과 j-행을 교환하여 얻은 행렬을 $P_m(i,j)$로 나타낸다.

(2) I_m의 i-행에 영이 아닌 상수 k를 곱하여 얻은 행렬을 $Q_m(i;k)$로 나타낸다.

(3) I_m의 j-행에 영이 아닌 상수 k를 곱한 후, i-행에 더하여 i-행을 교체하여 얻은 행렬을 $R_m(i,j;k)$로 나타낸다.

비슷하게, 기본열연산을 적용하여 다음 정의가 성립한다.

(4) I_m의 i-열과 j-열을 교환하여 얻은 행렬을 $P_m'(i,j)$로 나타낸다.

(5) I_m의 i-열에 영이 아닌 상수 k를 곱하여 얻은 행렬을 $Q_m'(i;k)$로 나타낸다.

(6) I_m의 j-열에 영이 아닌 상수 k를 곱한 후, i-열에 더하여 i-열을 교체하여 얻은 행렬을 $R_m'(i,j;k)$로 나타낸다.

예제 2.3.4

(1) $m=3$인 경우에 나타나는 기본행렬의 몇 가지 예를 나열하면 다음과 같다.

$$P_3(1,3)=\begin{pmatrix}0&0&1\\0&1&0\\1&0&0\end{pmatrix},\quad Q_3(2;k)=\begin{pmatrix}1&0&0\\0&k&0\\0&0&1\end{pmatrix},\quad R_3(1,3;k)=\begin{pmatrix}1&0&k\\0&1&0\\0&0&1\end{pmatrix},\quad R_3(3,2;k)=\begin{pmatrix}1&0&0\\0&1&0\\0&k&1\end{pmatrix}$$

(2) 기본행연산과 기본열연산을 통해 얻은 기본행렬들 사이에 다음과 같은 관계가 성립한다.

$$P_m'(i,j)=P_m(i,j),\ \ Q_m'(i;k)=Q_m(i;k),\ \ R_m'(i,j;k)=R_m(j,i;k)$$

(3) $m \times n$-행렬 A에 기본행연산을 한 번 적용하는 것과 A의 왼쪽에 기본행렬 $P_m(i,j)$, $Q_m(i;k)$, 또는 $R_m(i,j;k)$ 중 한 행렬을 곱하는 것은 동치이다. 예를 들어, 다음이 성립한다.

$$\begin{pmatrix} 2&4&6&8 \\ 2&4&3&2 \\ 0&1&2&3 \end{pmatrix} \xrightarrow{OQ(1;\frac{1}{2})} \begin{pmatrix} 1&2&3&4 \\ 2&4&3&2 \\ 0&1&2&3 \end{pmatrix} = \begin{pmatrix} \frac{1}{2}&0&0 \\ 0&1&0 \\ 0&0&1 \end{pmatrix}\begin{pmatrix} 2&4&6&8 \\ 2&4&3&2 \\ 0&1&2&3 \end{pmatrix} = Q_3(1;\frac{1}{2})\begin{pmatrix} 2&4&6&8 \\ 2&4&3&2 \\ 0&1&2&3 \end{pmatrix}$$

$$\xrightarrow{OR(2,1;-2)} \begin{pmatrix} 1&2&3&4 \\ 0&0&-3&-6 \\ 0&1&2&3 \end{pmatrix} = \begin{pmatrix} 1&0&0 \\ -2&1&0 \\ 0&0&1 \end{pmatrix}\begin{pmatrix} 1&2&3&4 \\ 2&4&3&2 \\ 0&1&2&3 \end{pmatrix} = R_3(2,1;-2)\begin{pmatrix} 1&2&3&4 \\ 2&4&3&2 \\ 0&1&2&3 \end{pmatrix}$$

$$\xrightarrow{OP(2,3)} \begin{pmatrix} 1&2&3&4 \\ 0&1&2&3 \\ 0&0&-3&-6 \end{pmatrix} = \begin{pmatrix} 1&0&0 \\ 0&0&1 \\ 0&1&0 \end{pmatrix}\begin{pmatrix} 1&2&3&4 \\ 0&0&-3&-6 \\ 0&1&2&3 \end{pmatrix} = P_3(2,3)\begin{pmatrix} 1&2&3&4 \\ 0&0&-3&-6 \\ 0&1&2&3 \end{pmatrix} = A'$$

따라서

$$A' = P_3(2,3)R_3(2,1,;-2)Q_3(1;\frac{1}{2})\begin{pmatrix} 2&4&6&8 \\ 2&4&3&2 \\ 0&1&2&3 \end{pmatrix}$$

이다.

비슷하게, $m \times n$-행렬 A에 기본열연산을 한 번 적용하는 것과 A의 오른쪽에 기본행렬 $P_m{}'(i,j)$, $Q_m{}'(i;k)$, 또는 $R_m{}'(i,j;k)$ 중 한 행렬을 곱하는 것은 동치이다.

□

기본행렬에 관하여 다음 성질이 성립한다.

보조정리 2.3.5

기본행렬은 모두 가역행렬이다. 실제로, 기본행렬의 역행렬은 다음과 같이 주어진다.

(1) $P_m(i,j)^{-1} = P_m(i,j)$

(2) $Q_m(i;k)^{-1} = Q_m\left(i;\frac{1}{k}\right)$

(3) $R_m(i,j;k)^{-1} = R_m(i,j;-k)$

[증명]

(1) $P_m(i,j)P_m(i,j) = I_m$ 이므로 $P_m(i,j)^{-1} = P_m(i,j)$ 이다.

(2) $Q_m(i;k)Q_m\left(i;\dfrac{1}{k}\right) = Q_m(i;\dfrac{1}{k})Q_m(i;k) = I_m$ 이므로 $Q_m(i;k)^{-1} = Q_m\left(i;\dfrac{1}{k}\right)$ 이다.

(3) $R_m(i,j;k)R_m(i,j;-k) = R_m(i,j;-k)R_m(i,j;k) = I_m$ 이므로

$$R_m(i,j;k)^{-1} = R_m(i,j;-k)$$

이다.

□

다음 정리가 성립한다.

정리 2.3.6

연립일차방정식 $A\mathrm{x} = \mathrm{b}$ 의 참가행렬이 $(A\,|\,\mathrm{b})$일 때, $(A'\,|\,\mathrm{b}')$이 $(A\,|\,\mathrm{b})$에 기본행 연산을 여러 번 적용하여 얻은 행렬이라 하자. 이때, 두 연립일차방정식 $A\mathrm{x} = \mathrm{b}$ 와 $A'\mathrm{x} = \mathrm{b}'$는 서로 동치관계에 있다.

[증명]

$E_i(1 \le i \le k)$를 기본행렬 $P_m(i,j)$, $Q_m(i;k)$, 또는 $R_m(i,j;k)$ 중 한 행렬이라 하자. 그러면, 가정에 의해 다음 등식이 성립한다.

$$(A'\,|\,\mathrm{b}') = E_kE_{k-1}\cdots E_2E_1(A\,|\,\mathrm{b}) = \left(E_kE_{k-1}\cdots E_2E_1A\,|\,E_kE_{k-1}\cdots E_2E_1\mathrm{b}\right)$$

[보조정리 2.3.5]에 의해, 모든 기본행렬은 가역이므로 $B = E_kE_{k-1}\cdots E_2E_1$도 가역이다. 또한 자명하게 연립일차방정식 $A'\mathrm{x} = \mathrm{b}'$은 $BA\mathrm{x} = B\mathrm{b}$와 동치이다. 따라서 연립일차방정식 $A'\mathrm{x} = \mathrm{b}'$은

$$A\mathrm{x} = B^{-1}(BA\mathrm{x}) = B^{-1}(B\mathrm{b}) = \mathrm{b}$$

와 동치이다.

□

연습문제 2.3

1. 3×3-행렬

$$A = \begin{pmatrix} 1 & a & b \\ 0 & 1 & 0 \\ 0 & 0 & 1 \end{pmatrix}, \quad a, b \in \mathbb{R}$$

에 대하여 A가 기본행렬일 때, $ab = 0$임을 보여라.

2. 다음과 같이 주어진 행렬 A, B, C, D, E를 고려하자.

$$A = \begin{pmatrix} 3 & 4 & 9 \\ 2 & -7 & 1 \\ 8 & 1 & 5 \end{pmatrix}, \quad B = \begin{pmatrix} 8 & 1 & 5 \\ 2 & -7 & -1 \\ 3 & 4 & 9 \end{pmatrix}, \quad C = \begin{pmatrix} 3 & 4 & 9 \\ 2 & -7 & -1 \\ -1 & -11 & -22 \end{pmatrix}$$

$$D = \begin{pmatrix} 8 & 1 & 5 \\ -8 & 28 & 8 \\ 3 & 4 & 9 \end{pmatrix}, \quad F = \begin{pmatrix} 8 & 1 & 5 \\ 8 & 1 & 17 \\ 3 & 4 & 9 \end{pmatrix}$$

이때, 다음 등식을 만족하는 기본행렬 E를 구하라.

(1) $EA = B$ (2) $EB = A$ (3) $EA = C$

(4) $EC = A$ (5) $EB = D$ (6) $EB = F$

3. 2×2-행렬

$$A = \begin{pmatrix} -5 & 2 \\ 1 & 0 \end{pmatrix}$$

에 대하여, 다음 등식을 만족하는 기본행렬 E_1, E_2, E_3를 찾아라.

$$E_3 E_2 E_1 A = I_2$$

4. 3×3-행렬

$$A=\begin{pmatrix}0&0&2\\1&0&-2\\0&1&0\end{pmatrix}$$

에 대하여, 다음 등식을 만족하는 기본행렬 $E_1, E_2, \ldots, E_k$를 찾아라.

$$E_kE_{k-1}\cdots E_2E_1A=I_3$$

5. 3×4-행렬

$$A=\begin{pmatrix}0&1&7&8\\1&3&3&8\\-2&-5&1&-8\end{pmatrix}$$

에 대하여, 다음 등식을 만족하는 3×3-기본행렬 E_1, E_2, E_3와 사다리꼴행렬 R을 찾아라.

$$A=E_3E_2E_1R$$

6. 다음과 같이 주어진 $m\times m$-행렬 A의 사다리꼴행렬이 B일 때, $PA=B$를 만족하는 $m\times m$-행렬 P를 구하라.

(1)

$$A=\begin{pmatrix}2&3\\1&3\end{pmatrix},\qquad B=\begin{pmatrix}1&0\\0&-3\end{pmatrix}$$

(2)

$$A=\begin{pmatrix}2&1&-4\\-4&-1&6\\-2&2&-2\end{pmatrix},\qquad B=\begin{pmatrix}2&1&-4\\0&1&-2\\0&0&0\end{pmatrix}$$

2.4 행렬의 계수와 역행렬

이 절에서는 먼저 행렬의 계수(rank)를 정의하고, 행렬의 계수를 이용하여 주어진 행렬의 역행렬이 존재할 필요충분조건을 찾는다. 그런 다음, 행렬의 역행렬을 기본행연산을 통해 구하는 방법에 대해 알아본다.

정의 2.4.1

임의의 $m \times n-$행렬 A에 대하여, A의 사다리꼴행렬이나 기약사다리꼴행렬의 추축열(pivotal column) 또는 추축행(pivotal row)의 개수를 A의 **계수**(rank)라 하고, $\text{rank}(A)$로 나타낸다. 단, 여기서 **추축열**이나 **추축행**은 추축을 포함하고 있는 열이나 행을 밀한다.

예제 2.4.2

$3 \times 4-$행렬

$$A = \begin{pmatrix} 0 & 2 & 4 & 2 \\ 1 & 2 & 3 & 1 \\ -2 & -1 & 0 & 1 \end{pmatrix}$$

의 계수 $\text{rank}(A)$를 구하기 위해, 먼저 행렬 A의 사다리꼴행렬을 구하는 과정을 설명하면 다음과 같다.

$$\begin{pmatrix} 0 & 2 & 4 & 2 \\ 1 & 2 & 3 & 1 \\ -2 & -1 & 0 & 1 \end{pmatrix} \xrightarrow{OP(1,2)} \begin{pmatrix} 1 & 2 & 3 & 1 \\ 0 & 2 & 4 & 2 \\ -2 & -1 & 0 & 1 \end{pmatrix} \xrightarrow{OR(3,1;2)} \begin{pmatrix} 1 & 2 & 3 & 1 \\ 0 & 2 & 4 & 2 \\ 0 & 3 & 6 & 3 \end{pmatrix}$$

$$\xrightarrow{OQ(2;\frac{1}{2})} \begin{pmatrix} 1 & 2 & 3 & 1 \\ 0 & 1 & 2 & 1 \\ 0 & 3 & 6 & 3 \end{pmatrix} \xrightarrow{OR(3,2;-3)} \begin{pmatrix} 1 & 2 & 3 & 1 \\ 0 & 1 & 2 & 1 \\ 0 & 0 & 0 & 0 \end{pmatrix}$$

위의 계산에 의해, A의 사다리꼴행렬의 추축의 개수가 2이므로 $\text{rank}(A) = 2$이다.

□

두 행렬의 곱의 계수에 관해 다음과 같은 성질이 성립한다([S. Friedberg, A. Insel,

and L, Spence, Linear Algebra, Pearson, 4th edition, 2002, Theorem 3.7] 참고).

정리 2.4.2

임의의 두 $m \times m$-행렬 A와 B에 대하여, 다음 부등식이 성립한다.

$$\mathrm{rank}(AB) \le \min\{\mathrm{rank}(A), \mathrm{rank}(B)\}$$

따라서 $\mathrm{rank}(AB) \le \mathrm{rank}(A)$이고 $\mathrm{rank}(AB) \le \mathrm{rank}(B)$이다.

[증명]

아주 엄밀한 증명은 생략하고 독자의 이해를 돕기 위해 특별한 경우에 대해서만 증명과정을 설명하도록 한다. 이를 위해, 먼저 E_i를 항등행렬에 기본행연산을 정확히 한번 적용하여 얻은 기본행렬이라 하고, 비슷하게 E^i를 항등행렬에 기본열연산을 정확히 한번 적용하여 얻은 기본행렬이라 하자. 이때, A'과 B'를 각각 A와 B에 기본행연산과 기본열연산을 적용하여 얻은 기약사다리꼴행렬이라 하자. 그러면 다음 등식이 성립한다.

$$A' = E_k E_{k-1} \cdots E_2 E_1 A, \quad B' = BE^1 E^2 \cdots E^{l-1} E^l, \quad k, l \in \mathbb{N}$$

$r = \mathrm{rank}(A)$이고 $s = \mathrm{rank}(B)$일 때, 편의상 $r \le s$라 하자. 이때, 증명을 간단히 하기 위해 다음과 같은 특별한 경우에 대해서만 증명을 고려해 보자.

$$\begin{aligned} A'B' &= \begin{pmatrix} I_r & *_{r \times (m-r)} \\ 0_{(m-r)\times r} & 0_{(m-r)\times(m-r)} \end{pmatrix}_{m \times m} \begin{pmatrix} I_s & *_{s \times (m-s)} \\ 0_{(m-s)\times s} & 0_{(m-s)\times(m-s)} \end{pmatrix}_{m \times m} \\ &= \begin{pmatrix} I_r & *_{r \times (m-r)} \\ 0_{(m-r)\times r} & 0_{(m-r)\times(m-r)} \end{pmatrix}_{m \times m} \end{aligned}$$

예를 들어, $m = 4$, $r = 2$, $s = 3$인 경우에 다음이 성립한다.

$$A'B' = \begin{pmatrix} I_2 & * \\ 0 & 0 \end{pmatrix}\begin{pmatrix} I_3 & * \\ 0 & 0 \end{pmatrix} = \begin{pmatrix} 1 & 0 & a & b \\ 0 & 1 & c & d \\ 0 & 0 & 0 & 0 \\ 0 & 0 & 0 & 0 \end{pmatrix}\begin{pmatrix} 1 & 0 & 0 & e \\ 0 & 1 & 0 & f \\ 0 & 0 & 1 & g \\ 0 & 0 & 0 & 0 \end{pmatrix} = \begin{pmatrix} 1 & 0 & a & * \\ 0 & 1 & c & * \\ 0 & 0 & 0 & 0 \\ 0 & 0 & 0 & 0 \end{pmatrix} = \begin{pmatrix} I_2 & * \\ 0 & 0 \end{pmatrix}$$

따라서

$$\mathrm{rank}(AB) = \mathrm{rank}(A'B') = r \le r = \min\{r, s\} = \min\{\mathrm{rank}(A), \mathrm{rank}(B)\}$$

이다. 하지만, 일반적으로 $\mathrm{rank}(AB) < r = \min\{r, s\} = \min\{\mathrm{rank}(A), \mathrm{rank}(B)\}$인 경우도 생길 수 있다. 예를 들어, 다음 경우를 고려해 보자.

$$A'B' = \begin{pmatrix} 1 & a & 0 & b \\ 0 & 0 & 1 & c \\ 0 & 0 & 0 & 0 \\ 0 & 0 & 0 & 0 \end{pmatrix}\begin{pmatrix} 1 & 0 & 0 & e \\ 0 & 0 & 1 & f \\ 0 & 0 & 0 & 0 \\ 0 & 0 & 0 & 0 \end{pmatrix} = \begin{pmatrix} 1 & 0 & a & e+af \\ 0 & 0 & 0 & 0 \\ 0 & 0 & 0 & 0 \\ 0 & 0 & 0 & 0 \end{pmatrix}$$

그러면

$$\text{rank}(AB) = \text{rank}(A'B') = 1 < 2 = \min\{2, 2\} = \min\{\text{rank}(A), \text{rank}(B)\}$$

가 성립한다.

□

다음 정리가 성립한다.

정리 2.4.3

임의의 $m \times m-$행렬 A에 대하여 A'을 A의 사다리꼴행렬이나 기약사다리꼴행렬이라 할 때, A가 가역행렬일 필요충분조건은 A'이 가역행렬인 것이다.

[증명]

가정에 의해, 기본행렬 $E_i (1 \le i \le k)$를 이용하여 A'를 다음과 같이 나타낼 수 있다.

$$A' = E_k E_{k-1} \cdots E_2 E_1 A$$

한편, 모든 기본행렬은 가역행렬이다. 따라서 A가 가역행렬이면 자명하게 A'도 가역행렬이다. 또한 그 역도 성립함을 쉽게 알 수 있다.

□

[정리 2.4.3]을 이용하여 다음 사실을 쉽게 보일 수 있다.

따름정리 2.4.4

임의의 $m \times m-$행렬 A에 대하여, A가 가역행렬일 필요충분조건은 $\text{rank}(A) = m$이다.

[증명]

증명을 위해, A'을 A의 기약사다리꼴행렬이라 하자. 그러면 기본행렬 $E_i(1 \le i \le k)$를 이용하여 A'를 다음과 같이 나타낼 수 있다.

$$A' = E_k E_{k-1} \cdots E_2 E_1 A$$

이때, 편의상 $C = E_k E_{k-1} \cdots E_2 E_1$이라 하면 C가 가역행렬이므로 A'이 가역행렬일 필요충분조건은 A가 가역행렬인 것이다([정리 2.4.3]).

($\Rightarrow$) A'이 기약사다리꼴행렬이고 가역행렬이므로 A'의 추축열의 개수는 m이 되어야 한다. 따라서 $A' = I_m$이고 A의 계수는 정의에 의해 $\text{rank}(A) = m$이다.

($\Leftarrow$) A의 계수 $\text{rank}(A) = m$이므로 $A' = I_m$이고 자명하게 A'이 가역행렬이다. 따라서 A도 가역행렬이다.

□

[따름정리 2.4.4]에 의해, $\text{rank}(A) < m$이면 A의 기약사다리꼴행렬에는 최소한 한 개의 영행(zero row)이 반드시 존재한다.

예제 2.4.5

(1) 2×2-행렬

$$A = \begin{pmatrix} 1 & 0 \\ 3 & 1 \end{pmatrix}$$

이 가역행렬임을 A의 계수 $\text{rank}(A)$를 구하여 보여보자. 실제로, 행렬 A의 기약사다리꼴행렬은 다음과 같다.

$$\begin{pmatrix} 1 & 0 \\ 3 & 1 \end{pmatrix} \xrightarrow{OR(2,1;-3)} \begin{pmatrix} 1 & 0 \\ 0 & 1 \end{pmatrix}$$

위의 계산에 의해, A의 기약사다리꼴행렬의 추축의 개수가 2이므로 $\text{rank}(A) = 2$이다. 따라서 A는 가역행렬이다.

(2) 3×3-행렬

$$A = \begin{pmatrix} 1 & 0 & -2 \\ 3 & 1 & -2 \\ -5 & -1 & 9 \end{pmatrix}$$

가 가역행렬임을 A의 계수 $\mathrm{rank}(A)$를 구하여 보여보자. 실제로, 행렬 A의 기약사다리꼴행렬은 다음과 같다.

$$\begin{pmatrix} 1 & 0 & -2 \\ 3 & 1 & -2 \\ -5 & -1 & 9 \end{pmatrix} \xrightarrow[OR(3,1;5)]{OR(2,1;-3)} \begin{pmatrix} 1 & 0 & -2 \\ 0 & 1 & 4 \\ 0 & -1 & -1 \end{pmatrix} \xrightarrow{OR(3,2;1)} \begin{pmatrix} 1 & 0 & -2 \\ 0 & 1 & 4 \\ 0 & 0 & 3 \end{pmatrix}$$

$$\xrightarrow{OQ(3;\frac{1}{3})} \begin{pmatrix} 1 & 0 & -2 \\ 0 & 1 & 4 \\ 0 & 0 & 1 \end{pmatrix} \xrightarrow[OR(1,3;2)]{OR(2,3;-4)} \begin{pmatrix} 1 & 0 & 0 \\ 0 & 1 & 0 \\ 0 & 0 & 1 \end{pmatrix}$$

위의 계산에 의해, A의 기약사다리꼴행렬의 추축의 개수가 3이므로 $\mathrm{rank}(A)=3$이다. 따라서 A는 가역행렬이다.

□

[따름정리 2.4.4]와 그 증명에 의해, 다음 정리가 성립함을 쉽게 알 수 있다.

정리 2.4.6

임의의 $m \times m-$행렬 A에 대하여, 다음 세 명제가 서로 동치이다.

(1) A가 가역행렬이다.

(2) A의 기약사다리꼴행렬이 항등행렬 I_m이다.

(3) 다음 등식을 만족하는 적당한 기본행렬 $E_i(1 \le i \le k)$가 존재한다.

$$E_k E_{k-1} \cdots E_2 E_1 A = I_m$$

이때, A의 역행렬 A^{-1}는 다음과 같이 주어진다.

$$A^{-1} = E_k E_{k-1} \cdots E_2 E_1$$

[정리 2.4.6]의 (3)에 의해, A가 가역행렬이면 기본행연산을 적용하여 A의 기약사다리꼴행렬을 구하는 과정을 통해 A의 역행렬을 구할 수 있다. 즉 다음이 성립한다.

$$(A \mid I_m) \xrightarrow{\text{기본행연산}} (E_1 A \mid E_1 I_m) \xrightarrow{\text{기본행연산}} (E_2 E_1 A \mid E_2 E_1 I_m) \xrightarrow{\text{기본행연산}} \cdots$$

$$\cdots \xrightarrow{\text{기본행연산}} (E_k E_{k-1} \cdots E_2 E_1 A \mid E_k E_{k-1} \cdots E_2 E_1) = (I_m \mid A^{-1})$$

예제 2.4.7

(1) $2\times 2-$행렬

$$A=\begin{pmatrix} 3 & 1 \\ -5 & -1 \end{pmatrix}$$

의 역행렬을 [정리 2.4.6]의 (3)을 이용하여 구해보자.

$$\left(\begin{array}{cc|cc} 3 & 1 & 1 & 0 \\ -5 & -1 & 0 & 1 \end{array}\right) \xrightarrow{OQ(1;\frac{1}{3})} \left(\begin{array}{cc|cc} 1 & \frac{1}{3} & \frac{1}{3} & 0 \\ -5 & -1 & 0 & 1 \end{array}\right) \xrightarrow{OR(2,1;5)} \left(\begin{array}{cc|cc} 1 & \frac{1}{3} & \frac{1}{3} & 0 \\ 0 & \frac{2}{3} & \frac{5}{3} & 1 \end{array}\right)$$

$$\xrightarrow{OQ(2;\frac{3}{2})} \left(\begin{array}{cc|cc} 1 & \frac{1}{3} & \frac{1}{3} & 0 \\ 0 & 1 & \frac{5}{2} & \frac{3}{2} \end{array}\right) \xrightarrow{OR(1,2;-\frac{1}{3})} \left(\begin{array}{cc|cc} 1 & 0 & -\frac{1}{2} & -\frac{1}{2} \\ 0 & 1 & \frac{5}{2} & \frac{3}{2} \end{array}\right)$$

위의 계산에 의해, A의 역행렬 A^{-1}은 다음과 같이 주어진다.

$$A^{-1}=\begin{pmatrix} -\frac{1}{2} & -\frac{1}{2} \\ \frac{5}{2} & \frac{3}{2} \end{pmatrix}=\frac{1}{-3+5}\begin{pmatrix} -1 & -1 \\ 5 & 3 \end{pmatrix}$$

(2) $3\times 3-$행렬

$$A=\begin{pmatrix} 1 & 0 & -2 \\ 3 & 1 & -2 \\ -5 & -1 & 9 \end{pmatrix}$$

의 역행렬을 [정리 2.4.6]의 (3)을 이용하여 구해보자.

$$\left(\begin{array}{ccc|ccc} 1 & 0 & -2 & 1 & 0 & 0 \\ 3 & 1 & -2 & 0 & 1 & 0 \\ -5 & -1 & 9 & 0 & 0 & 1 \end{array}\right) \xrightarrow[OR(3,1;5)]{OR(2,1;-3)} \left(\begin{array}{ccc|ccc} 1 & 0 & -2 & 1 & 0 & 0 \\ 0 & 1 & 4 & -3 & 1 & 0 \\ 0 & -1 & -1 & 5 & 0 & 1 \end{array}\right) \xrightarrow{OR(3,2;1)} \left(\begin{array}{ccc|ccc} 1 & 0 & -2 & 1 & 0 & 0 \\ 0 & 1 & 4 & -3 & 1 & 0 \\ 0 & 0 & 3 & 2 & 1 & 1 \end{array}\right)$$

$$\xrightarrow{OQ(3;\frac{1}{3})} \left(\begin{array}{ccc|ccc} 1 & 0 & -2 & 1 & 0 & 0 \\ 0 & 1 & 4 & -3 & 1 & 0 \\ 0 & 0 & 1 & \frac{2}{3} & \frac{1}{3} & \frac{1}{3} \end{array}\right) \xrightarrow[OR(1,3;2)]{OR(2,3;-4)} \left(\begin{array}{ccc|ccc} 1 & 0 & 0 & \frac{7}{3} & \frac{2}{3} & \frac{2}{3} \\ 0 & 1 & 0 & -\frac{17}{3} & -\frac{1}{3} & -\frac{4}{3} \\ 0 & 0 & 1 & \frac{2}{3} & \frac{1}{3} & \frac{1}{3} \end{array}\right)$$

위의 계산에 의해, A의 역행렬 A^{-1}은 다음과 같이 주어진다.

$$A^{-1} = \begin{pmatrix} \frac{7}{3} & \frac{2}{3} & \frac{2}{3} \\ -\frac{17}{3} & -\frac{1}{3} & -\frac{4}{3} \\ \frac{2}{3} & \frac{1}{3} & \frac{1}{3} \end{pmatrix}$$

□

연습문제 2.4

1. 다음과 같이 주어진 행렬 A의 역행렬 A^{-1}를 기본행연산을 이용하여 구하라.

(1) $A=\begin{pmatrix} 1 & 2 & -1 \\ 2 & 2 & 4 \\ 1 & 3 & -3 \end{pmatrix}$

(2) $A=\begin{pmatrix} a & 0 & 0 \\ 1 & a & 0 \\ 0 & 1 & a \end{pmatrix}, \quad a \neq 0$

(3) $A=\begin{pmatrix} 3 & 1 & 1 \\ 1 & 3 & 1 \\ 1 & 1 & 3 \end{pmatrix}$

(4) $A=\begin{pmatrix} 2 & 2 & 0 \\ 2 & 2 & 2 \\ 0 & 2 & 2 \end{pmatrix}$

2. 다음과 같이 주어진 $m \times m-$행렬 A의 계수가 m일 조건을 실수 c, c_1, c_2, c_3, c_4를 이용하여 찾아라.

(1) $A=\begin{pmatrix} 1 & 1 & c \\ 1 & c & c \\ c & c & c \end{pmatrix}$

(2) $A=\begin{pmatrix} 0 & 1 & c \\ c & 1 & 0 \\ 1 & c & 1 \end{pmatrix}$

(3) $A=\begin{pmatrix} 0 & 0 & 0 & c_1 \\ 0 & 0 & c_2 & 0 \\ 0 & c_3 & 0 & 0 \\ c_4 & 0 & 0 & 0 \end{pmatrix}$

(4) $A=\begin{pmatrix} c & 1 & 0 & 0 \\ 0 & c & 1 & 0 \\ 0 & 0 & c & 1 \\ 0 & 0 & 0 & c \end{pmatrix}$

3. 다음과 같이 주어진 연립일차방정식의 해집합을 계수행렬 A의 역행렬 A^{-1}를 이용하여 구하라.

(1) $\begin{cases} x_1 + 2x_2 + x_3 = -1 \\ x_1 + 3x_2 + 2x_3 = 3 \\ x_2 + 2x_3 = 4 \end{cases}$

(2) $\begin{cases} x_1 + 2x_2 + 5x_3 = -1 \\ x_2 - 3x_3 = -1 \\ x_3 = 3 \end{cases}$

4. 다음과 같이 주어진 연립일차방정식의 해집합이 존재할 필요충분조건을 b_1, b_2, b_3, b_4를 이용하여 찾아라.

$$\begin{cases} x_1 - x_2 + 3x_2 + 2x_3 & = b_1 + b_3 \\ 4x_1 - 3x_2 + x_3 + 3x_4 & = b_2 - b_4 \\ -2x_1 + x_2 + 5x_3 + x_4 & = b_2 + b_3 \\ -3x_1 + 2x_2 + 2x_3 - x_4 & = b_1 - b_4 \end{cases}$$

5. 두 1×3-행렬

$$\mathrm{u} = (u_1\, u_2\, u_3), \quad \mathrm{v} = (v_1\, v_2\, v_3)$$

가 $u_1u_2u_3 \neq 0$와 $v_1v_2v_3 \neq 0$를 만족할 때, 3×3-행렬 $A = \mathrm{u}^T\mathrm{v}$의 계수를 구하라.

제 3 장

행렬식

3.1 행렬식

이 절에서는 $m \times m$-행렬의 행렬식을 정의하고 관련된 중요한 성질을 알아본다.

정의 3.1.1

$M(m, \mathbb{R})$을 실수의 성분을 갖는 모든 $m \times m$-행렬들의 모임이라 할 때, 함수

$$D : M(m, \mathbb{R}) \to \mathbb{R},\ A \mapsto D(A) = D(A^1, A^2, \dots, A^m)$$

이 다음 세 가지 조건 (1), (2), (3)을 만족한다고 하자.

(1) $$D(A^1, A^2, \dots, A^i, \dots, A^j, \dots, A^m) = -D(A^1, A^2, \dots, A^j, \dots, A^i, \dots, A^m),\quad 1 \le i, j \le m$$

(2) 임의의 $r \in \mathbb{R}$에 대하여,

$$D(A^1, \dots, rA^i + B^i, \dots, A^m)$$
$$= rD(A^1, \dots, A^i, \dots, A^m) + D(A^1, A^2, \dots, A^{i-1}, B^i, A^{i+1}, \dots, A^m)$$

(3) I_m이 $m \times m$-항등행렬을 나타낼 때, $D(I_m) = 1$

이때, D를 $M(m, \mathbb{R})$상에서 정의된 **행렬식**(determinant)이라 하고, 보통 $D(A)$를 $\det(A)$로 나타낸다.

[정의 3.1.1]에 의해, 다음 성질이 성립함을 쉽게 보일 수 있다.

보조정리 3.1.2

D를 $M(m, \mathbb{R})$상에서 정의된 행렬식일 때, 임의의 실수 r에 대하여 다음이 성립한다.

(1) $$D(A^1, A^2, \dots, A^i, \dots, A^i, \dots, A^m) = 0,\ 1 \le i \le m$$

(2) $$D(A^1, A^2, \dots, A^{i-1}, \underbrace{O}_{i\text{번째 열}}, A^{i+1}, \dots, A^m) = 0,\ 1 \le i \le m$$

(3) $$D(A^1, A^2, \dots, A^{i-1}, \underbrace{A^i + rA^j}_{i\text{번째 열}}, A^{i+1}, \dots, A^m) = D(A),\ 1 \le i, j \le m$$

[증명]

(1) [정의 3.1.1]의 (1)에 의해, 다음 등식이 성립한다.

$$D(A^1, A^2, \ldots, A^i, \ldots, A^i, \ldots, A^m) = -D(A^1, A^2, \ldots, A^i, \ldots, A^i, \ldots, A^m),\ 1 \le i \le m$$

따라서, 임의의 $1 \le i \le m$에 대하여

$$D(A^1, A^2, \ldots, A^i, \ldots, A^i, \ldots, A^m) = 0$$

이 성립한다.

(2) [정의 3.1.1]의 (2)에 의해, 다음 등식이 성립한다.

$$D(A^1, A^2, \ldots, rA^i, \ldots, A^m) = rD(A^1, A^2, \ldots, A^i, \ldots, A^m),\ 1 \le i \le m$$

따라서, 만약 $r = 0$이면 다음이 성립한다.

$$\begin{aligned} D(A^1, A^2, \ldots, O, \ldots, A^m) &= D(A^1, A^2, \ldots, 0A^i, \ldots, A^m) \\ &= 0D(A^1, A^2, \ldots, A^i, \ldots, A^m) = 0,\ 1 \le i \le m \end{aligned}$$

(3) [정의 3.1.1]의 (3)과 (1)에 의해, 다음 등식이 성립한다.

$$\begin{aligned} & D(A^1, A^2, \ldots, A^i + rA^j, \ldots, A^m) = D(A^1, A^2, \ldots, A^i, \ldots, A^m) \\ & + rD(A^1, \ldots, , A^i, \ldots, A^{i-1}, \underbrace{A^j}_{i\text{번째 열}}, A^{i+1}, \ldots, \underbrace{A^j}_{j\text{번째 열}}, \ldots, A^m),\ 1 \le i, j \le m \\ & = D(A^1, \ldots, A^i, \ldots, A^m) + 0 = D(A^1, \ldots, A^i, \ldots, A^m) \end{aligned}$$

□

다음 정리는 이 절에서 가장 기본적인 사실 중의 하나이다. 자세한 증명은 생략한다.

정리 3.1.3

[정의 3.1.1]의 세 조건 (1), (2), (3)을 만족하는 함수 $D: M(m, \mathbb{R}) \to \mathbb{R}$은 존재하고 유일하다.

예제 3.1.4

(1) $M(1, \mathbb{R})$상에서 다음과 같이 정의된 함수 D를 고려하자.

$$D: M(1, \mathbb{R}) \to \mathbb{R},\ \ (a) \mapsto D((a)) = a$$

그러면 D가 [정의 3.1.1]의 세 조건 (1), (2), (3)을 만족함을 쉽게 보일 수 있다. 실제로, 예를 들어, 다음이 성립한다.

$$D((ra+b)) = ra+b = rD((a)) + D((b)),\ \ r \in \mathbb{R}$$

$$D((1)) = 1$$

따라서 위의 함수 D가 $M(1, \mathbb{R})$상에서 정의된 유일한 행렬식이다. 앞으로 편의상 $D((a))$를 간단히 $D(a)$로 나타낸다.

(2) $m=2$인 경우에는 $M(2, \mathbb{R})$상에서 다음과 같이 정의된 함수 D를 고려하자.

$$D: M(2, \mathbb{R}) \to \mathbb{R},\ \ \begin{pmatrix} a & b \\ c & d \end{pmatrix} \mapsto D\begin{pmatrix} a & b \\ c & d \end{pmatrix} = ad - bc$$

그러면 D가 [정의 3.1.1]의 세 조건 (1), (2), (3)을 만족함을 쉽게 보일 수 있다. 예를 들어, 다음이 성립한다.

(i) $A = (A^1\ A^2) = \begin{pmatrix} a & b \\ c & d \end{pmatrix}$일 때, 다음 등식이 성립한다.

$$D(A^1, A^2) = D\begin{pmatrix} a & b \\ c & d \end{pmatrix} = ad - bc = -(bc - ad) = -D\begin{pmatrix} b & a \\ d & c \end{pmatrix} = -D(A^2, A^1)$$

(ii) $A = (A^1\ A^2) = \begin{pmatrix} a & b \\ c & d \end{pmatrix}$이고 $B^2 = \begin{pmatrix} b' \\ d' \end{pmatrix}$일 때, 다음 등식이 성립한다.

$$\begin{aligned} D(A^1, rA^2 + B^2) &= D\begin{pmatrix} a & rb+b' \\ c & rd+d' \end{pmatrix} = a(rd+d') - c(rb+b') = r(ad-bc) + ad' - b'c \\ &= rD(A^1, A^2) + D(A^1, B^2) \end{aligned}$$

(iii) $D(I_2) = 1$

따라서 위의 함수 D가 $M(2, \mathbb{R})$상에서 정의된 유일한 행렬식이다. 종종 편의상 $D\begin{pmatrix} a & b \\ c & d \end{pmatrix} = \det\begin{pmatrix} a & b \\ c & d \end{pmatrix}$를 간단히 $\begin{vmatrix} a & b \\ c & d \end{vmatrix}$로 나타내기도 한다.

(3) $m=3$인 경우에는 $M(3, \mathbb{R})$상에서 다음과 같이 정의된 함수 D를 고려하자.

$$D: M(3, \mathbb{R}) \to \mathbb{R},$$
$$A = \begin{pmatrix} a_{11} & a_{12} & a_{13} \\ a_{21} & a_{22} & a_{23} \\ a_{31} & a_{32} & a_{33} \end{pmatrix} \mapsto D(A) = a_{11}\begin{vmatrix} a_{22} & a_{23} \\ a_{32} & a_{33} \end{vmatrix} - a_{12}\begin{vmatrix} a_{21} & a_{23} \\ a_{31} & a_{33} \end{vmatrix} + a_{13}\begin{vmatrix} a_{21} & a_{22} \\ a_{31} & a_{32} \end{vmatrix}$$

그러면 D가 [정의 3.1.1]의 세 조건 (1), (2), (3)을 만족한다. 자세한 증명은 독자에게 맡긴다. 따라서 위의 함수 D가 $M(3,\mathbb{R})$상에서 정의된 유일한 행렬식이다.

사실, 다음과 같이 정의된 함수 D'도 [정의 3.1.1]의 세 조건 (1), (2), (3)을 만족한다.

$$D' : M(3,\mathbb{R}) \to \mathbb{R},$$

$$A = \begin{pmatrix} a_{11} & a_{12} & a_{13} \\ a_{21} & a_{22} & a_{23} \\ a_{31} & a_{32} & a_{33} \end{pmatrix} \mapsto D'(A) = a_{11}\begin{vmatrix} a_{22} & a_{23} \\ a_{32} & a_{33} \end{vmatrix} - a_{21}\begin{vmatrix} a_{12} & a_{13} \\ a_{32} & a_{33} \end{vmatrix} + a_{31}\begin{vmatrix} a_{12} & a_{13} \\ a_{22} & a_{23} \end{vmatrix}$$

따라서 [정리 3.1.3]에 의해, 임의의 $A \in M(3,\mathbb{R})$에 대하여 $D(A) = D'(A)$이다. 즉 다음 등식이 성립한다.

$$a_{11}\begin{vmatrix} a_{22} & a_{23} \\ a_{32} & a_{33} \end{vmatrix} - a_{12}\begin{vmatrix} a_{21} & a_{23} \\ a_{31} & a_{33} \end{vmatrix} + a_{13}\begin{vmatrix} a_{21} & a_{22} \\ a_{31} & a_{32} \end{vmatrix} = a_{11}\begin{vmatrix} a_{22} & a_{23} \\ a_{32} & a_{33} \end{vmatrix} - a_{21}\begin{vmatrix} a_{12} & a_{13} \\ a_{32} & a_{33} \end{vmatrix} + a_{31}\begin{vmatrix} a_{12} & a_{13} \\ a_{22} & a_{23} \end{vmatrix}$$

종종 편의상 $D(A) = \det(A)$를 간단히 $|A|$로 나타내기도 한다.

□

[정리 3.1.3]에 의해, 다음 정리가 성립한다. 자세한 증명은 생략한다.

정리 3.1.5

임의의 $m \times m$-행렬

$$A = \begin{pmatrix} a_{11} & a_{12} & \cdots & a_{1m} \\ a_{21} & a_{22} & \cdots & a_{2m} \\ \vdots & \vdots & \vdots & \vdots \\ a_{m1} & a_{m2} & \cdots & a_{mm} \end{pmatrix}_{m \times m}$$

과 임의의 $1 \le i, j \le m$에 대하여, 다음 등식이 성립한다.

$$\begin{aligned} \det(A) &= a_{i1}(-1)^{i+1}\det(A_{i1}) + a_{i2}(-1)^{i+2}\det(A_{i2}) + \cdots + a_{im}(-1)^{i+m}\det(A_{im}) \\ &= a_{1j}(-1)^{1+j}\det(A_{1j}) + a_{2j}(-1)^{2+j}\det(A_{2j}) + \cdots + a_{mj}(-1)^{m+j}\det(A_{mj}) \end{aligned}$$

단, 여기서 A_{ij}는 행렬 A에서 A의 i-행과 j-열을 제거하고 남은 $(m-1) \times (m-1)$-행렬을 나타낸다. 이때, A_{ij}를 A의 **소행렬**(minor matrix)이라 부른다.

정의 3.1.6

임의의 $m \times m$-행렬

$$A = \begin{pmatrix} a_{11} & a_{12} & \cdots & a_{1m} \\ a_{21} & a_{22} & \cdots & a_{2m} \\ \vdots & \vdots & \vdots & \vdots \\ a_{m1} & a_{m2} & \cdots & a_{mm} \end{pmatrix}_{m \times m}$$

과 임의의 $1 \le i,j \le m$에 대하여, 다음과 같이 정의된 C_{ij}를 (i,j)**-성분에 관한 A의 여인자** 또는 **여인수**(co-factor)라 부른다.

$$C_{ij} = (-1)^{i+j}\det(A_{ij}) = (-1)^{i+j}|A_{ij}|$$

단, 여기서 A_{ij}는 A의 소행렬을 나타내고, $|A_{ij}|$는 $\det(A_{ij})$를 나타낸다.

[정의 3.1.6]을 이용하여, $m \times m$-행렬 A의 행렬식을 다음 정리와 같이 간단히 나타낼 수 있다.

정리 3.1.7

임의의 $m \times m$-행렬

$$A = \begin{pmatrix} a_{11} & a_{12} & \cdots & a_{1m} \\ a_{21} & a_{22} & \cdots & a_{2m} \\ \vdots & \vdots & \vdots & \vdots \\ a_{m1} & a_{m2} & \cdots & a_{mm} \end{pmatrix}_{m \times m}$$

과 각각의 $1 \le i,j \le m$에 대하여, 다음 등식이 성립한다.

$$\det(A) = \sum_{k=1}^{m} a_{ik}C_{ik} = \sum_{l=1}^{m} a_{lj}C_{lj}$$

위의 식을 행렬식 $\det(A)$의 i**-행에 관한 여인수전개**(cofactor expansion along i-th row) 또는 j**-열에 관한 여인수전개**(cofactor expansion along j-th column)라 부른다.

예제 3.1.8

3×3-행렬

$$A = \begin{pmatrix} 3 & 0 & 4 \\ 2 & 3 & 2 \\ 0 & 5 & 0 \end{pmatrix}$$

의 행렬식 $\det(A)$를 1-행에 관한 여인수전개를 이용하여 구하면 다음과 같다.

$$\det(A) = 3 \cdot (-1)^{1+1} \begin{vmatrix} 3 & 2 \\ 5 & 0 \end{vmatrix} + 0 \cdot (-1)^{1+2} \begin{vmatrix} 2 & 2 \\ 0 & 0 \end{vmatrix} + 4 \cdot (-1)^{1+3} \begin{vmatrix} 2 & 3 \\ 0 & 5 \end{vmatrix} = 10$$

□

$m \times m$-행렬 A의 행렬식 $\det(A)$를 집합 $\{1,2,\ldots,m\}$상에서 정의된 전단사함수인 **치환**(permutation)

$$\sigma : \{1,2,\ldots,m\} \to \{1,2,\ldots,m\}$$

과 σ의 부호 $\mathrm{sign}(\sigma)$를 이용하여 구할 수도 있다. 치환 σ가 집합 $\{1,2,\ldots,m\}$의 m개의 원소 중에서 $i_1, i_2, \ldots, i_r$ 원소만을 순환적으로 변환시키고 나머지 원소를 고정시킬 때, σ를 r**차의 순환치환**(cyclic permutation of order r)이라 한다. 이때, σ를 다음과 같이 나타내면 편리하다.

$$\sigma = (i_1 i_2 \cdots i_{r-1} i_r)$$

즉

$$\sigma(i_1) = i_2,\ \sigma(i_2) = i_3,\ \ldots, \sigma(i_{r-1}) = i_r,\ \sigma(i_r) = i_1,\ \sigma(l) = l,\ l \notin \{i_1, i_2, \ldots, i_r\}$$

특히 $r=2$인 순환치환을 **호환**(transposition)이라 부른다. 모든 순환치환은 호환들의 합성으로 표현할 수 있다. 예를 들어, 함수의 합성을 왼쪽부터 계산할 때

$$\sigma = (i_1 i_2 \cdots i_{r-1} i_r) = (i_1 i_2) \circ (i_1 i_3) \circ \cdots \circ (i_1 i_{r-1}) \circ (i_1 i_r)$$

이고, 위의 식을 함수의 합성을 나타내는 기호 $\circ$을 생략하고 간단히

$$\sigma = (i_1 i_2 \cdots i_{r-1} i_r) = (i_1 i_2)(i_1 i_3) \cdots (i_1 i_{r-1})(i_1 i_r)$$

로 나타낸다. 따라서 모든 치환은 호환의 합성으로 표현된다. 또한 이때 사용되는 호환의 개수는 일정하지 않으나 항상 홀수의 개수이거나 짝수의 개수가 사용된다. 따라서 치환 σ의 부호를 다음과 같이 정의할 수 있다.

$$\text{sign}(\sigma) = \begin{cases} 1, & \text{사용되는 호환의 개수가 짝수인 경우} \\ -1, & \text{사용되는 호환의 개수가 홀수인 경우} \end{cases}$$

따라서 $\sigma = (i_1 i_2 \cdots i_{r-1} i_r)$일 때, 다음 등식이 성립한다.

$$\text{sign}(\sigma) = \begin{cases} 1, & r = \text{홀수}, \\ -1, & r = \text{짝수} \end{cases}$$

다음 정리가 성립한다. 자세한 증명은 생략한다.

정리 3.1.9

임의의 $m \times m$-행렬

$$A = \begin{pmatrix} a_{11} & a_{12} & \cdots & a_{1m} \\ a_{21} & a_{22} & \cdots & a_{2m} \\ \vdots & \vdots & \vdots & \vdots \\ a_{m1} & a_{m2} & \cdots & a_{mm} \end{pmatrix}_{m \times m}$$

에 대하여, A의 행렬식은 다음과 같이 주어진다.

$$\det(A) = \sum_{\sigma \in S_m} \text{sign}(\sigma) a_{1\sigma(1)} a_{2\sigma(2)} \cdots a_{m\sigma(m)}$$

단, 여기서 S_m은 집합 $\{1, 2, \ldots, m\}$상에서 정의된 모든 치환들의 모임을 나타낸다.

예제 3.1.10

(1) $m = 2$인 경우에는 $S_2 = \{\text{Id}, (12)\}$이다. 따라서

$$\det\begin{pmatrix} a_{11} & a_{12} \\ a_{21} & a_{22} \end{pmatrix} = \text{sign}(\text{Id}) a_{11} a_{22} + \text{sign}(12) a_{12} a_{21} = a_{11} a_{22} - a_{12} a_{21} = \begin{vmatrix} a_{11} & a_{12} \\ a_{21} & a_{22} \end{vmatrix}$$

이다.

(2) $m = 3$인 경우에는

$$S_3 = \{\text{Id}, (123) = (12)(13), (132) = (13)(12), (12), (13), (23)\}$$

이다. 따라서

$$
\begin{aligned}
&\det\begin{pmatrix} a_{11} & a_{12} & a_{13} \\ a_{21} & a_{22} & a_{23} \\ a_{31} & a_{32} & a_{33} \end{pmatrix} \\
&= \mathrm{sign}(\mathrm{Id})a_{11}a_{22}a_{33} + \mathrm{sign}(123)a_{12}a_{23}a_{31} + \mathrm{sign}(132)a_{13}a_{21}a_{32} \\
&\quad + \mathrm{sign}(12)a_{12}a_{21}a_{33} ++ \mathrm{sign}(13)a_{13}a_{22}a_{31} + \mathrm{sign}(23)a_{11}a_{23}a_{32} \\
&= a_{11}a_{22}a_{33} + a_{12}a_{23}a_{31} + a_{13}a_{21}a_{32} - a_{12}a_{21}a_{33} - a_{13}a_{22}a_{31} - a_{11}a_{23}a_{32} \\
&= a_{11}\begin{vmatrix} a_{22} & a_{23} \\ a_{32} & a_{33} \end{vmatrix} - a_{12}\begin{vmatrix} a_{21} & a_{23} \\ a_{31} & a_{33} \end{vmatrix} + a_{13}\begin{vmatrix} a_{21} & a_{22} \\ a_{31} & a_{32} \end{vmatrix}
\end{aligned}
$$

이다.

□

행렬식을 여인수전개를 통해 구할 때 필요한 부호는 항상 교대적으로 나타난다. 예를 들어, m이 홀수인 경우에 $m \times m$-행렬의 행렬식을 구하기 위해 필요한 여인수 C_{ij}의 부호 부분인 $(-1)^{i+j}$만을 나타내면 다음과 같다.

$$
\begin{pmatrix} + & - & + \\ - & + & - \\ + & - & + \end{pmatrix}_{3\times 3}, \qquad \begin{pmatrix} + & - & \cdots & - & + \\ - & + & \cdots & + & - \\ \vdots & \vdots & \vdots & \vdots & \vdots \\ - & + & \cdots & + & - \\ + & - & \cdots & - & + \end{pmatrix}_{m\times m}
$$

[정리 3.1.7]을 이용하여 다음 사실을 쉽게 보일 수 있다.

따름정리 3.1.11

임의의 $m \times m$-행렬

$$
A = \begin{pmatrix} a_{11} & a_{12} & \cdots & a_{1m} \\ a_{21} & a_{22} & \cdots & a_{2m} \\ \vdots & \vdots & \vdots & \vdots \\ a_{m1} & a_{m2} & \cdots & a_{mm} \end{pmatrix}_{m\times m} = (A^1\, A^2 \cdots A^m) = \begin{pmatrix} A_1 \\ A_2 \\ \vdots \\ A_m \end{pmatrix}
$$

에 대하여 $A_i = O(1 \le i \le m)$이거나 $A^j = O(1 \le j \le m)$일 때, 다음 등식이 성립한다.

$$
\det(A) = 0
$$

[증명]

증명을 위해 먼저 A의 i-행 $A_i = (a_{i1}\, a_{i2} \ldots a_{im}) = (0\,0 \ldots 0) = O$이라 하자. 그러면, [정리 3.1.7]에 의해 행렬식 $\det(A)$의 i-행에 관한 여인수전개는 다음과 같다.

$$\det(A) = \sum_{k=1}^{m} a_{ik} C_{ik} = \sum_{k=1}^{m} 0\, C_{ik} = 0$$

비슷한 방법으로, A의 j-열 $A^j = O$인 경우에도 $\det(A) = 0$임을 알 수 있다.

□

[정리 3.1.7]과 수학적 귀납법에 의해, 다음 정리가 성립함을 보일 수 있다.

정리 3.1.12

임의의 $m \times m$-행렬

$$A = \begin{pmatrix} a_{11} & a_{12} & \cdots & a_{1m} \\ a_{21} & a_{22} & \cdots & a_{2m} \\ \vdots & \vdots & \vdots & \vdots \\ a_{m1} & a_{m2} & \cdots & a_{mm} \end{pmatrix}_{m \times m} = (A^1\, A^2 \cdots A^m) = \begin{pmatrix} A_1 \\ A_2 \\ \vdots \\ A_m \end{pmatrix}$$

에 대하여, 다음 등식이 성립한다.

$$\det(A) = \det(A^T)$$

[증명]

$m = 1$인 경우에는 자명하게 정리가 성립한다. 따라서 $m \geq 2$인 경우에 대해서만 m에 관해 수학적 귀납법을 이용하여 증명을 완료한다.

(i) $m = 2$일 때, $A = \begin{pmatrix} a & b \\ c & d \end{pmatrix}$라 하자. 그러면 $A^T = \begin{pmatrix} a & c \\ b & d \end{pmatrix}$이다. 따라서 다음 등식이 성립한다.

$$\det(A) = ad - bc = \det(A^T)$$

즉 $m = 2$인 경우에 정리의 결론이 성립한다.

(ii) $m \geq 2$일 때, 정리의 결론이 성립한다고 가정하자. 그런 다음, $(m+1) \times (m+1)$-행렬 A를 고려하자. 그러면 [정리 3.1.7]에 의해, 다음 등식이 성립한다.

$$\det(A) = \sum_{k=1}^{m+1} a_{1k} C_{1k}, \quad C_{1k} = (-1)^{1+k} \det(A_{ik})$$

단, 여기서 A_{ik}는 A의 $m \times m$-소행렬이다. 따라서 수학적 귀납법의 가정에 의해

$$\det(A_{1k}) = \det((A_{1k})^T), \ 1 \le k \le m+1$$

이 성립한다. 한편 $B = A^T$라 할 때, 다음 등식이 성립함을 알 수 있다.

$$B^k = (A^T)^k = (A_k)^T, \quad (A^T)_{k1} = (A_{1k})^T, \quad 1 \le k \le m+1$$

예를 들어,

$$B^1 = \begin{pmatrix} b_{11} \\ b_{21} \\ \vdots \\ b_{(m+1)1} \end{pmatrix} = \begin{pmatrix} a_{11} \\ a_{12} \\ \vdots \\ a_{1(m+1)} \end{pmatrix} = (A_1)^T$$

이다. 따라서

$$\begin{aligned} \det(A^T) &= \det(B) = \sum_{k=1}^{m+1} a_{1k}(-1)^{k+1} \det(B_{k1}) = \sum_{k=1}^{m+1} a_{1k}(-1)^{k+1} \det((A^T)_{k1}) \\ &= \sum_{k=1}^{m+1} a_{1k}(-1)^{k+1} \det((A_{1k})^T) = \sum_{k=1}^{m+1} a_{1k}(-1)^{k+1} \det(A_{1k}) \\ &= \det(A) \end{aligned}$$

이다. 즉 $m+1$인 경우에도 정리의 결론이 성립한다.

위의 (i)과 (ii) 및 수학적 귀납법에 의해, 모든 $m \ge 1$에 대하여 정리가 성립한다.

□

예제 3.1.13

(1) 3×3-행렬

$$A = \begin{pmatrix} 1 & 2 & 3 \\ 4 & 5 & 6 \\ 7 & 8 & 9 \end{pmatrix}$$

의 행렬식 $\det(A)$를 1-행에 관한 여인수전개를 이용하여 구하면 다음과 같다.

$$\det(A) = 1 \cdot (-1)^{1+1} \begin{vmatrix} 5 & 6 \\ 8 & 9 \end{vmatrix} + 2 \cdot (-1)^{1+2} \begin{vmatrix} 4 & 6 \\ 7 & 9 \end{vmatrix} + 3 \cdot (-1)^{1+3} \begin{vmatrix} 4 & 5 \\ 7 & 8 \end{vmatrix} = 0$$

한편

$$A^T=\begin{pmatrix}1&4&7\\2&5&8\\3&6&9\end{pmatrix}$$

의 행렬식 det(A)를 1-열에 관한 여인수전개를 이용하여 구하면 다음과 같다.

$$\det(A)=1\cdot(-1)^{1+1}\begin{vmatrix}5&8\\6&9\end{vmatrix}+2\cdot(-1)^{1+2}\begin{vmatrix}4&7\\6&9\end{vmatrix}+3\cdot(-1)^{1+3}\begin{vmatrix}4&7\\5&8\end{vmatrix}=0$$

따라서 $\det(A)=0=\det(A^T)$이다.

실제로, A의 사다리꼴행렬을 다음과 같이 구해보면 A의 계수가 2임을 알 수 있다. 따라서 A의 행렬식 det(A)가 0이 되어야 한다.

$$\begin{pmatrix}1&2&3\\4&5&6\\7&8&9\end{pmatrix}\xrightarrow[OR(3,1;-7)]{OR(2,1;-4)}\begin{pmatrix}1&2&3\\0&-3&-6\\0&-6&-12\end{pmatrix}\xrightarrow{OR(3,2;-2)}\begin{pmatrix}1&2&3\\0&-3&-6\\0&0&0\end{pmatrix}\xrightarrow{OQ(2;-\frac{1}{3})}\begin{pmatrix}1&2&3\\0&1&2\\0&0&0\end{pmatrix}$$

(2) 3×3-행렬

$$A=\begin{pmatrix}1&a^2&(b+c)^2\\1&b^2&(a+c)^2\\1&c^2&(a+b)^2\end{pmatrix}$$

의 행렬식 det(A)를 구하면 다음과 같다.

$$\det(A)=\begin{vmatrix}1&a^2&(b+c)^2\\1&b^2&(a+c)^2\\1&c^2&(a+b)^2\end{vmatrix}\begin{matrix}OR(2,1;-1)\\=\\OR(3,1;-1)\end{matrix}\begin{vmatrix}1&a^2&(b+c)^2\\0&b^2-a^2&(a+c)^2-(b+c)^2\\0&c^2-a^2&(a+b)^2-(b+c)^2\end{vmatrix}$$

$$=\begin{vmatrix}b^2-a^2&(a+b+2c)(a-b)\\c^2-a^2&(a+2b+c)(a-c)\end{vmatrix}$$

$$=2(a-b)(c-a)(b-c)(a+b+c)$$

(3) 3×3-행렬

$$A=\begin{pmatrix}1&a&a^2\\1&b&b^2\\1&c&c^2\end{pmatrix}$$

의 행렬식 det(A)를 구하면 다음과 같다.

$$\det(A)=\begin{vmatrix}1 & a & a^2\\1 & b & b^2\\1 & c & c^2\end{vmatrix}\overset{OR(2,1;-1)}{\underset{OR(3,1;-1)}{=}}\begin{vmatrix}1 & a & a^2\\0 & b-a & b^2-a^2\\0 & c-a & c^2-a^2\end{vmatrix}$$

$$=\begin{vmatrix}b-a & b^2-a^2\\c-a & c^2-a^2\end{vmatrix}$$

$$=(b-a)(c-a)(c-b)$$

일반적으로 다음과 같은 형태의 행렬을 **방데르몽드행렬**(Vandermonde matrix)이라 한다.

$$B=\begin{pmatrix}1 & a_0 & a_0^2 & \cdots & a_0^n\\1 & a_1 & a_1^2 & \cdots & a_1^n\\\vdots & \vdots & \vdots & \vdots & \vdots\\1 & a_n & a_n^2 & \cdots & a_n^n\end{pmatrix}$$

이때, 행렬식 $\det(B)$는 다음과 같이 주어진다.

$$\det(B)=\prod_{0\le i<j\le n}(a_j-a_i)$$

(4) 4×4-행렬

$$A=\begin{pmatrix}1+a & 1 & 1 & 1\\1 & 1+b & 1 & 1\\1 & 1 & 1+c & 1\\1 & 1 & 1 & 1+d\end{pmatrix}$$

의 행렬식 $\det(A)$를 구하면 다음과 같다.

$$\det(A)=\begin{vmatrix}1+a & 1 & 1 & 1\\1 & 1+b & 1 & 1\\1 & 1 & 1+c & 1\\1 & 1 & 1 & 1+d\end{vmatrix}\overset{OR(1,2;-1)}{\underset{OR(2,3;-1)}{=}}\begin{vmatrix}a-b & 0 & 0 & \\0 & b & -c & 0\\1 & 1 & 1+c & 1\\1 & 1 & 1 & 1+d\end{vmatrix}$$

$$\overset{OR(3,4;-1)}{=}\begin{vmatrix}a-b & 0 & 0 & \\0 & b & -c & 0\\0 & 0 & c & -d\\1 & 1 & 1 & 1+d\end{vmatrix}=a\begin{vmatrix}b-c & 0\\0 & c & -d\\1 & 1 & 1+d\end{vmatrix}-\begin{vmatrix}-b & 0 & 0\\b & -c & 0\\0 & c & -d\end{vmatrix}$$

$$=a\left(b\begin{vmatrix}c & -d\\1 & 1+d\end{vmatrix}+\begin{vmatrix}-c & 0\\c & -d\end{vmatrix}\right)+b\begin{vmatrix}-c & 0\\c & -d\end{vmatrix}$$

$$=bcd+acd+abd+abc+abcd$$

$$=abcd\left(\frac{1}{a}+\frac{1}{b}+\frac{1}{c}+\frac{1}{d}+1\right)\quad(abcd\neq 0\text{일 때})$$

□

상삼각행렬이나 하삼각행렬의 경우에는 대각선에 나타나는 모든 성분의 곱으로 행렬식이 간단히 주어진다.

정리 3.1.14

임의의 상삼각행렬(upper triangular matrix) 또는 하삼각행렬(lower triangular matrix)

$$A = \begin{pmatrix} a_{11} & a_{12} & \cdots & a_{1m} \\ 0 & a_{22} & \cdots & a_{2m} \\ \vdots & \vdots & \ddots & \vdots \\ 0 & 0 & \cdots & a_{mm} \end{pmatrix}_{m \times m} \quad \text{또는} \quad A = \begin{pmatrix} a_{11} & 0 & \cdots & 0 \\ a_{21} & a_{22} & \cdots & 0 \\ \vdots & \vdots & \ddots & \vdots \\ a_{m1} & a_{m2} & \cdots & a_{mm} \end{pmatrix}_{m \times m}$$

에 대하여, 다음 등식이 성립한다.

$$\det(A) = a_{11}a_{22} \cdots a_{mm}$$

[증명]

하삼각행렬의 증명은 상삼각행렬의 경우와 비슷하므로 상삼각행렬의 경우만 자세히 증명한다. 실제로, [정리 3.1.7]에 의해 A의 행렬식 $\det(A)$는 다음과 같다.

$$\det(A) = a_{11}C_{11} + \sum_{k=2}^{m} a_{k1}C_{k1} = a_{11}C_{11}$$

단, 여기서

$$C_{11} = \begin{pmatrix} a_{22} & a_{23} & \cdots & a_{2m} \\ 0 & a_{33} & \cdots & a_{3m} \\ \vdots & \vdots & \vdots & \vdots \\ 0 & 0 & \cdots & a_{mm} \end{pmatrix}_{m \times m}$$

이다. 따라서 수학적 귀납법을 적용하면 다음 등식을 얻을 수 있다.

$$\det(A) = a_{11}C_{11} = a_{11}(a_{22}(C_{11})_{11}) = \cdots = a_{11}a_{22} \cdots a_{mm}$$

단, 여기서 $(C_{11})_{11}$은 C_{11}의 (1,1)−성분에 관한 여인수를 나타낸다.

□

연습문제 3.1

1. 다음 정사각형행렬의 행렬식을 계산하라.

(1) $A=\begin{pmatrix}-2&3\\-1&4\end{pmatrix}$

(2) $A=\begin{pmatrix}3&6&-6\\0&0&-2\\-2&1&5\end{pmatrix}$

(3) $A=\begin{pmatrix}1&-2&3&1\\5&-9&6&3\\-1&2&-6&-2\\2&8&6&1\end{pmatrix}$

(4) $A=\begin{pmatrix}1&3&1&5&3\\0&0&0&1&1\\0&0&1&0&1\\-2&-7&0&-4&2\\0&0&2&1&1\end{pmatrix}$

2. 3×3-행렬

$$A=\begin{pmatrix}a&b&c\\d&e&f\\g&h&i\end{pmatrix}$$

의 $|A|=5$일 때, 다음 행렬식을 계산하라.

(1) $\begin{vmatrix}a+b&a-b&c\\d+e&d-e&f\\g+h&g-h&i\end{vmatrix}$

(2) $\begin{vmatrix}a+td&b+te&c+tf\\ta+d&tb+e&ct+f\\g&h&i\end{vmatrix},\quad t\in\mathbb{R}$

3. 다음과 같이 주어진 등식이 성립하는지 판별하라.

(1) $\begin{vmatrix}a&b&b&b\\b&a&b&b\\b&b&a&b\\b&b&b&a\end{vmatrix}=(a+3b)(a-b)^3$

(2) $\begin{vmatrix}-4&1&1&1&1\\1&-4&1&1&1\\1&1&-4&1&1\\1&1&1&-4&1\\1&1&1&1&-4\end{vmatrix}=0$

(3) $\begin{vmatrix}a&b&c&d\\-b&a&d&-c\\-c&-d&a&b\\-d&c&-b&a\end{vmatrix}=(a^2+b^2+c^2+d^2)^2$

(4) $\begin{vmatrix}x&2+2x&2&0\\2&x+4&2&0\\2&6&x&2-x\\2&6&2&x-2\end{vmatrix}=(x-2)^3(x+6)$

3.2 행렬식의 성질

이 절에서는 먼저 $m\times m$-행렬의 행렬식과 그와 관련된 여러 가지 성질을 알아보고, 두 행렬의 곱의 행렬식이 두 행렬식의 곱으로 주어진다는 사실을 증명한다.

먼저 기본행렬의 행렬식에 관해 다음 보조정리가 성립한다.

보조정리 3.2.1

크기가 $m\times m$인 기본행렬

$$P_m(i,j),\ Q_m(i;k),\ R_m(i,j;k),\ P'_m(i,j),\ Q'_m(i;k),\ R'_m(i,j;k),\ k\neq 0$$

의 행렬식에 대하여, 다음이 성립한다.

(1) $P_m(i,j)=P'_m(i,j)$이고 $\det(P_m(i,j))=\det(P'_m(i,j))=-1$

(2) $Q_m(i;k)=Q'_m(i;k)$이고 $\det(Q_m(i;k))=\det(Q'_m(i;k))=k$

(3) $R_m(i,j;k)=R'_m(j,i;k)$이고 $\det(R_m(i,j;k))=\det(R'_m(j,i;k))=1$

[증명]

(1), (2), (3)의 증명은 기본행렬과 행렬식의 정의에 의해 자명하다. 특히, 각각의 $1\le i\le m$에 대하여 기본열벡터

$$e^i=(0,0,\dots,0,\underbrace{1}_{i\text{번째}},0,\dots,0)^T$$

이고 $1\le i\le j\le m$일 때, (3)의 증명은 다음과 같다.

$$\begin{aligned}
&\det(R_m(i,j;k))=\det\left(e^1\,e^2\cdots e^{i-1}\,e^i+ke^j\,e^{i+1}\cdots e^m\right)\\
&=\det\left(e^1\,e^2\cdots e^{i-1}\,e^i\,e^{i+1}\cdots e^m\right)+k\det\left(e^1\,e^2\cdots e^{i-1}\,e^j\,e^{i+1}\cdots e^{j-1}\,e^j\,e^{j+1}\cdots e^m\right)\\
&=\det(I_m)+k\cdot 0\\
&=1
\end{aligned}$$

□

[보조정리 3.2.1]에 의해, 다음 정리가 성립한다.

정리 3.2.2

임의의 $m \times m-$행렬 A에 대하여 A'을 기본행연산

$$OP(i_1, j_1),\ OP(i_2, j_2),\ \ldots, OP(i_p, j_p),\ p \in \mathbb{Z},\ p \geq 0$$

와

$$OQ(l_1 ; k_1),\ OQ(l_2 ; k_2), \ldots, OQ(l_q ; k_q),\ q \in \mathbb{Z},\ q \geq 0$$

를 적용하여 얻은 사다리꼴행렬이라 할 때, 다음 등식이 성립한다.

$$\det(A') = (-1)^p k_1 k_2 \cdots k_q \det(A)$$

즉

$$\det(A) = \frac{(-1)^p}{k_1 k_2 \cdots k_q} \det(A')$$

[증명]

$p=1$이고 $q=1$인 경우만 자세히 증명한다. 일반적인 경우의 증명은 귀납적인 방법에 의해 증명을 쉽게 완료할 수 있으므로 독자에게 맡긴다. 실제로

$$A = \begin{pmatrix} A_1 \\ A_2 \\ \vdots \\ A_m \end{pmatrix}_{m \times m}$$

이라 할 때,

$$A = \begin{pmatrix} A_1 \\ A_2 \\ \vdots \\ A_i \\ \vdots \\ A_j \\ \vdots \\ A_m \end{pmatrix} \xrightarrow{OP(i,\,j)} A' = \begin{pmatrix} A_1 \\ A_2 \\ \vdots \\ A_j \\ \vdots \\ A_i \\ \vdots \\ A_m \end{pmatrix}$$

이다. 따라서 [정의 3.1.1]의 (1)과 [정리 3.1.12]에 의해, 다음 등식이 성립한다.

$$\begin{aligned} \det(A) &= \det(A^T) = \det(A^1 A^2 \cdots A^i \cdots A^j \cdots A^m) \\ &= -\det(A^1 A^2 \cdots A^j \cdots A^i \cdots A^m) \\ &= -\det((A')^T) = -\det(A') \\ &= (-1)^1 \det(A') \end{aligned}$$

비슷한 방법으로, [정의 3.1.1]의 (2)와 [정리 3.1.12]에 의해 다음 등식이 성립한다.

$$\begin{aligned}\det(A) &= \det(A^T) = \det(A^1 A^2 \cdots A^i \cdots A^j \cdots A^m) \\ &= \frac{1}{k}\det(A^1 A^2 \cdots kA^i \cdots A^j \cdots A^m) \\ &= \frac{1}{k}\det((A')^T) \\ &= \frac{1}{k}\det(A')\end{aligned}$$

따라서

$$A = \begin{pmatrix} A_1 \\ A_2 \\ \vdots \\ A_i \\ \vdots \\ A_l \\ \vdots \\ A_j \\ \vdots \\ A_m \end{pmatrix} \xrightarrow{OP(i,j)} A' = \begin{pmatrix} A_1 \\ A_2 \\ \vdots \\ A_j \\ \vdots \\ A_l \\ \vdots \\ A_i \\ \vdots \\ A_m \end{pmatrix} \xrightarrow{OQ(l;k)} A'' = \begin{pmatrix} A_1 \\ A_2 \\ \vdots \\ A_j \\ \vdots \\ kA_l \\ \vdots \\ A_i \\ \vdots \\ A_m \end{pmatrix}$$

일 때, 다음 등식이 성립한다.

$$\det(A'') = k\det(A') = k(-1)^1\det(A) \text{ 즉, } \det(A) = \frac{(-1)^1}{k}\det(A'')$$

□

[정리 3.2.2]를 이용하여 다음 정리를 증명할 수 있다.

정리 3.2.3

임의의 $m \times m$-행렬 A에 대하여, 다음 두 명제는 서로 동치이다.

(1) A가 가역행렬이다.

(2) $\det(A) \neq 0$

[증명]

(1) ⇒ (2) 가정의 의해, A가 가역행렬이므로 A의 기약사다리꼴행렬 A'이 항등행렬 I_m이다. 편의상 A'을 기본행연산

$$OP(i_1, j_1),\ OP(i_2, j_2),\ \ldots, OP(i_p, j_p),\ p\in\mathbb{Z},\ p \geq 0$$

와

$$OQ(l_1 ; k_1), OQ(l_2 ; k_2), \ldots, OQ(l_q ; k_q),\ q\in\mathbb{Z},\ q \geq 0$$

그리고

$$OR(s_1, t_1 ; m_1), OR(s_2, t_2 ; m_2), \ldots, OR(s_r, t_r ; m_r),\ r\in\mathbb{Z},\ r \geq 0$$

를 적용하여 얻은 사다리꼴행렬이라 하자. 그러면 [보조정리 3.2.1]의 (3)과 [정리 3.2.2]에 의해, 다음 식이 성립한다.

$$\det(A) = \frac{(-1)^p}{k_1 k_2 \cdots k_q} \det(I_m) = \frac{(-1)^p}{k_1 k_2 \cdots k_q} \neq 0$$

(2) ⇒ (1) 가정의 의해, $\det(A) \neq 0$이므로 A의 기약사다리꼴행렬 A'의 행렬식

$$\det(A') \neq 0$$

이다. 사실, 기약사다리꼴행렬은 상삼각행렬이고 $\det(A') \neq 0$이므로 A'이 항등행렬 I_m이 되어야 한다. 따라서 $E_i (1 \leq i \leq k)$가 기본행렬을 나타낼 때, 다음 등식이 성립한다.

$$I_m = E_k E_{k-1} \cdots E_2 E_1 A$$

따라서 A가 가역행렬이고 $A^{-1} = E_k E_{k-1} \cdots E_2 E_1$으로 주어진다.

□

다음 보조정리가 성립한다.

예제 3.2.4

(1) 3×3-행렬

$$A = \begin{pmatrix} k & k & 0 \\ k^2 & 2 & k \\ 0 & k & k \end{pmatrix},\ k\in\mathbb{R}$$

에 대하여, A가 가역행렬일 필요충분조건을 k를 이용하여 찾아보자. 실제로, A가 가역행렬일 필요충분조건은 $\det(A) \neq 0$이다. 한편

$$\det(A) = k\begin{vmatrix} 2 & k \\ k & k \end{vmatrix} - k^2 \begin{vmatrix} k & 0 \\ k & k \end{vmatrix} = k(2k - k^2) - k^2(k^2 - 0) = -k^2(k-1)(k+2)$$

이므로 A가 가역행렬일 필요충분조건은 $k \neq 0, -2, 1$이다.

(2) 위의 (1) 비슷한 방법으로, $3\times 3-$행렬

$$A = \begin{pmatrix} k & -k & 3 \\ 0 & k+1 & 1 \\ k & -8 & k-1 \end{pmatrix},\ k \in \mathbb{R}$$

에 대하여 A가 가역행렬일 필요충분조건을 k를 이용하여 찾아보자. 실제로,

$$\det(A) = \det\begin{pmatrix} k & 0 & 3 \\ 0 & k+1 & 1 \\ k & k-8 & k-1 \end{pmatrix} = k\begin{vmatrix} k+1 & 1 \\ k-8 & k-1 \end{vmatrix} + k\begin{vmatrix} 0 & 3 \\ k+1 & 1 \end{vmatrix} = k(k-2)^2$$

이므로 A가 가역행렬일 필요충분조건은 $k \neq 0, 2$이다.

□

보조정리 3.2.5

임의의 $m\times m-$행렬 A에 대하여, E가 다음과 같은 기본행렬 중의 하나를 나타낸다고 하자.

$$P_m(i,j),\ Q_m(i;k),\ R_m(i,j;k),\ k \neq 0$$

이때, 다음 등식이 성립한다.

$$\det(EA) = \det(E)\det(A) = \pm k\det(A)$$

[증명]

먼저, 다음 식이 성립한다.

$$A = \begin{pmatrix} A_1 \\ A_2 \\ \vdots \\ A_i \\ \vdots \\ A_j \\ \vdots \\ A_m \end{pmatrix} \xrightarrow{OP(i,j)} A' = \begin{pmatrix} A_1 \\ A_2 \\ \vdots \\ A_j \\ \vdots \\ A_i \\ \vdots \\ A_m \end{pmatrix} = P_m(i,j)A$$

따라서 [보조정리 3.2.1]의 (1)에 의해, 다음 등식이 성립한다.

$$\det(P_m(i,j)A) = \det(P_m(i,j))\det(A) = -\det(A)$$

비슷한 방법으로, [보조정리 3.2.1]의 (2)와 (3)에 의해 다음 등식이 성립함을 알 수 있다.

$$\det(R_m(i,j;k)A) = \det(R_m(i,j;k))\det(A) = \det(A),$$

$$\det(Q_m(i;k)A) = \det(Q_m(i;k))\det(A) = k\det(A)$$

따라서 정리의 결론이 성립한다.

□

[보조정리 3.2.5]에 의해, 다음 정리가 성립한다.

정리 3.2.6

임의의 두 $m \times m$-행렬 A와 B에 대하여, 다음 등식이 성립한다.

$$\det(AB) = \det(A)\det(B)$$

[증명]

다음 두 가지 경우로 나누어 증명을 완료한다.

(i) A가 가역행렬이 아닌 경우;

A가 가역행렬이 아니므로 A의 계수 $\mathrm{rank}(A)$가 $\mathrm{rank}(A) < m$을 만족한다. 따라서 [정리 2.4.2]에 의해

$$\mathrm{rank}(AB) \le \mathrm{rank}(A) < m$$

이다. 따라서 AB도 가역행렬이 아니다. 즉 다음 등식이 성립한다.

$$\det(AB) = 0 = 0 \cdot \det(B) = \det(A)\det(B)$$

(ii) A가 가역행렬인 경우;

$E_i(1 \le i \le k)$가 기본행렬을 나타낼 때, A가 가역행렬이므로

$$I_m = E_k E_{k-1} \cdots E_2 E_1 A \quad \text{즉, } A = (E_k E_{k-1} \cdots E_2 E_1)^{-1} = E_1^{-1} E_2^{-1} \cdots E_{k-1}^{-1} E_k^{-1}$$

이고 각각의 $E_i^{-1}(1 \le i \le k)$도 기본행렬이다. 따라서 [보조정리 3.2.5]에 의해, 다음 등식이 성립한다.

$$
\begin{aligned}
\det(AB) &= \det(E_1^{-1}E_2^{-1}\cdots E_{k-1}^{-1}E_k^{-1}B)\\
&= \det(E_1^{-1})\det(E_2^{-1}\cdots E_{k-1}^{-1}E_k^{-1}B)\\
&= \det(E_1^{-1})\det(E_2^{-1})\det(E_3^{-1}\cdots E_{k-1}^{-1}E_k^{-1}B)\\
&\cdots\\
&= \det(E_1^{-1})\det(E_2^{-1})\cdots\det(E_k^{-1})\det(B)\\
&= \det(E_1^{-1}E_2^{-1})\det(E_3^{-1})\cdots\det(E_k^{-1})\det(B)\\
&\cdots\\
&= \det(E_1^{-1}E_2^{-1}\cdots E_k^{-1})\det(B)\\
&= \det(A)\det(B)
\end{aligned}
$$

□

따름정리 3.2.7

임의의 가역인 $m\times m$-행렬 A에 대하여, 다음 등식이 성립한다.

$$\det(A^{-1}) = \frac{1}{\det(A)}$$

[증명]

가정에 의해, A가 가역행렬이므로 A의 역행렬 A^{-1}가 존재하고 다음 등식이 성립한다.

$$A^{-1}A = AA^{-1} = I_m$$

따라서 [정리 3.2.6]에 의해

$$1 = \det(I_m) = \det(A^{-1}A) = \det(A^{-1})\det(A) \text{ 즉, } \det(A^{-1}) = \frac{1}{\det(A)}$$

이다.

□

예제 3.2.7

(1) 다음과 같이 주어진 두 행렬 A와 B에 대하여, $\det(AB)$, $\det(A)$, $\det(B)$를 구해 보자.

$$A = \begin{pmatrix} 6 & 1 \\ 3 & 2 \end{pmatrix},\quad B = \begin{pmatrix} 4 & 3 \\ 1 & 2 \end{pmatrix}$$

실제로, 다음이 성립한다.

$$\det(AB) = \det\begin{pmatrix} 25 & 20 \\ 14 & 13 \end{pmatrix} = 25 \cdot 13 - 20 \cdot 14 = 45 = 9 \cdot 5 = \det(A)\det(B)$$

(2) 임의의 두 행렬

$$A = \begin{pmatrix} u_1 \\ u_2 \\ \vdots \\ u_m \end{pmatrix}_{m \times 1}, \quad B = (v_1\ v_2 \cdots v_m)_{1 \times m}$$

에 대하여, $\det(AB)$를 구해보자. 실제로,

$$AB = \begin{pmatrix} u_1 B \\ u_2 B \\ \vdots \\ u_m B \end{pmatrix}_{m \times m}$$

이므로 다음 등식이 성립한다.

$$\begin{aligned} \det(AB) &= u_1 \det\begin{pmatrix} B \\ u_2 B \\ \vdots \\ u_m B \end{pmatrix} = u_1 u_2 \det\begin{pmatrix} B \\ B \\ u_3 B \\ \vdots \\ u_m B \end{pmatrix} = \cdots = u_1 u_2 \cdots u_m \det\begin{pmatrix} B \\ B \\ \vdots \\ B \end{pmatrix} \\ &= u_1 u_2 \cdots u_m \cdot 0 = 0 \end{aligned}$$

□

연습문제 3.2

1. 임의의 $m \times m$-행렬 A에 대하여, 다음 물음에 답하라.

(1) 다음 등식이 성립함을 보여라.

$$\det(AA^T) = \det(A^T A)$$

(2) $AA^T = I_m$일 때, $\det(A)$를 계산하라.

(3) A가 가역행렬일 필요충분조건이 AA^T가 가역행렬임을 보여라.

2. 다음 물음에 답하라.

(1) 임의의 $m \times m$-행렬 A에 대하여 $A^3 = 7A$일 때, $\det(A)$의 모든 가능한 값을 구하라.

(2) 임의의 두 $m \times m$-행렬 A와 B에 대하여 $\det(A) = -2$이고 $\det(B) = 3$일 때, $\det(5B^{-1}A)$를 구하라.

3. 임의의 두 $m \times m$-행렬 A와 B에 대하여 A가 가역행렬일 때, 다음 등식이 성립하는지 판별하라.

$$\det(A^{-1}BA) = \det(B)$$

4. 다음과 같이 주어진 행렬 A의 행렬식 $\det(A)$를 계산하고, A가 가역행렬이 될 필요충분조건을 실수 k를 이용하여 찾아라.

(1)

$$A = \begin{pmatrix} 3 & 1 & k-1 \\ k & 0 & k \\ -k & k+1 & -8 \end{pmatrix}$$

(2)

$$A = \begin{pmatrix} k & k & 5k \\ k^2 & 2 & 5k^2 + k \\ 0 & k & k \end{pmatrix}$$

5. 임의의 두 벡터 $\mathrm{u} = (u_1, u_2, u_3)$와 $\mathrm{v} = (v_1, v_2, v_3)$에 대하여, 다음 물음에 답하라.

(1) 다음 등식이 성립함을 보여라.

$$\|\mathrm{u}\times\mathrm{v}\|^2 = \|\mathrm{u}\|^2\|\mathrm{v}\|^2 - (\mathrm{u}\cdot\mathrm{v})^2 = \begin{vmatrix} \mathbf{i} & \mathbf{j} & \mathbf{k} \\ u_1 & u_2 & u_3 \\ v_1 & v_2 & v_3 \end{vmatrix}^2 = \begin{vmatrix} u_2 & u_3 \\ v_2 & v_3 \end{vmatrix}^2 + \begin{vmatrix} u_1 & u_3 \\ v_1 & v_3 \end{vmatrix}^2 + \begin{vmatrix} u_1 & u_2 \\ v_1 & v_2 \end{vmatrix}^2$$

(2)

$$\begin{vmatrix} u_2 & u_3 \\ v_2 & v_3 \end{vmatrix} = -3, \quad \begin{vmatrix} u_1 & u_3 \\ v_1 & v_3 \end{vmatrix} = -6, \quad \begin{vmatrix} u_1 & u_2 \\ v_1 & v_2 \end{vmatrix} = -3$$

일 때, $\|\mathrm{u}\times\mathrm{v}\|$를 계산하라.

6. 3×3-행렬

$$A = \begin{pmatrix} \tan\theta & -1+\tan\theta & 0 \\ 1 & 1+\tan\theta & 0 \\ 0 & 0 & \cos^2\theta \end{pmatrix}$$

이 가역행렬이 될 필요충분조건이 $\theta \neq \dfrac{\pi}{2} + n\pi, n\in\mathbb{Z}$임을 보여라.

7. 다음 물음에 답하라. 단, 여기서 x는 복소수 범위에서 정의된 것으로 가정한다.

(1) 다음과 같이 주어진 연립방정식을 고려하자.

$$\begin{cases} ax^2 + bx + c = 0 \\ dx^2 + ex + f = 0 \end{cases}, \quad a, b, c, d, e, f \in \mathbb{R}, \;\; cf \neq 0$$

이때, 위의 연립방정식의 해가 존재할 필요충분조건을 찾아라.

(2) 다음과 같이 주어진 연립방정식을 고려하자.

$$\begin{cases} x^3 = 1, \\ ax^2 + bx + c = 0, \end{cases} \quad a, b, c \in \mathbb{R}, \;\; a+b+c \neq 0$$

이때, 위의 연립방정식의 해가 존재할 필요충분조건을 찾아라.

3.3 크래머의 공식

이 절에서는 행렬식의 응용으로 연립일차방정식을 해를 쉽게 찾게 해주는 크래머의 공식(Cramer's formula)에 대해 알아본다. 크래머의 공식으로 연립일차방정식의 해를 구하기 위해서는 기본적으로 많은 계산이 필요하다. 하지만 필요한 계산이 대부분 덧셈과 곱셈으로만 이루어져 있어 컴퓨터 프로그램의 알고리즘에 적합한 수학적 구조를 제공해 준다는 장점이 있다.

다음 정의는 크래머의 공식을 서술하는 데 여러 가지로 유용하다.

정의 3.3.1

임의의 $m \times m$−행렬

$$A = (A^1\ A^2 \cdots\ A^m)$$

과 임의의 열벡터

$$\mathrm{b} = \begin{pmatrix} b_1 \\ b_2 \\ \vdots \\ b_m \end{pmatrix} \in \mathbb{R}^m$$

에 대하여, $A_i(\mathrm{b})$를 다음과 같이 정의한다.

$$A_i(\mathrm{b}) = (A^1\ A^2 \cdots\ A^{i-1}\ \mathrm{b}\ A^{i+1} \cdots\ A^m)$$

즉, $A_i(\mathrm{b})$는 행렬 A에서 A의 i−열 A^i를 제거하고 그 대신에 열벡터 b로 교체하여 얻은 $m \times m$−행렬이다.

다음 정리가 성립한다.

정리 3.3.2 **크래머의 공식, Cramer's formula**

임의의 가역인 $m \times m$−행렬 A와 연립일차방정식 $A\mathrm{x} = \mathrm{b}$에 대하여, 다음 명제가

성립한다.

(1) $A\mathbf{x} = \mathbf{b}$는 유일한 해 $\mathbf{x} = A^{-1}\mathbf{b}$를 갖는다.

(2) $\mathbf{x} = (x_1, x_2, \ldots, x_m)^T$일 때, $x_i(1 \le i \le m)$가 다음과 같이 주어진다.

$$x_i = \frac{\det(A_i(\mathbf{b}))}{\det(A)}$$

[증명]

정의에 의해, 다음 등식이 성립한다.

$$(I_m)_i(\mathbf{x}) = \left(e^1\, e^2 \cdots e^{i-1}\, \mathbf{x}\, e^{i+1} \cdots e^m\right)$$

단, 여기서 $e^i(1 \le i \le m)$는 기본열벡터를 나타낸다. 따라서

$$\begin{aligned} A(I_m)_i(\mathbf{x}) &= A\left(e^1\, e^2 \cdots e^{i-1}\, \mathbf{x}\, e^{i+1} \cdots e^m\right) = \left(Ae^1\, Ae^2 \cdots Ae^{i-1}\, A\mathbf{x}\, Ae^{i+1} \cdots Ae^m\right) \\ &= \left(A^1\, A^2 \cdots A^{i-1}\, \mathbf{b}\, A^{i+1} \cdots A^m\right) = A_i(\mathbf{b}) \end{aligned}$$

이고,

$$\det(A(I_m)_i(\mathbf{x})) = \det(A)\det((I_m)_i(\mathbf{x})) = \det(A_i(\mathbf{b}))$$

이다. 한편,

$$\begin{aligned} \det((I_m)_i(\mathbf{x})) &= \det\begin{pmatrix} 1 & 0 & 0 & \cdots & 0 & x_1 & 0 & \cdots & 0 \\ 0 & 1 & 0 & \cdots & 0 & x_2 & 0 & \cdots & 0 \\ \vdots & \vdots & \vdots & \vdots & \vdots & \vdots & \vdots & \vdots & \vdots \\ 0 & 0 & 0 & \cdots & 0 & x_i & 0 & \cdots & 0 \\ \vdots & \vdots & \vdots & \vdots & \vdots & \vdots & \vdots & \vdots & \vdots \\ 0 & 0 & 0 & \cdots & 0 & x_m & 0 & \cdots & 1 \end{pmatrix}_{m \times m} \\ &= \det\begin{pmatrix} 1 & 0 & 0 & \cdots & 0 & x_2 & 0 & \cdots & 0 \\ 0 & 1 & 0 & \cdots & 0 & x_3 & 0 & \cdots & 0 \\ \vdots & \vdots & \vdots & \vdots & \vdots & \vdots & \vdots & \vdots & \vdots \\ 0 & 0 & 0 & \cdots & 0 & x_i & 0 & \cdots & 0 \\ \vdots & \vdots & \vdots & \vdots & \vdots & \vdots & \vdots & \vdots & \vdots \\ 0 & 0 & 0 & \cdots & 0 & x_m & 0 & \cdots & 1 \end{pmatrix}_{(m-1) \times (m-1)} \\ &= \cdots \\ &= \det\begin{pmatrix} x_i & 0 & \cdots & 0 \\ 0 & 1 & \cdots & 0 \\ \vdots & \vdots & \vdots & \vdots \\ 0 & \cdots & 0 & 1 \end{pmatrix}_{(m-i+1) \times (m-i+1)} = x_i \det\begin{pmatrix} 1 & 0 & \cdots & 0 \\ 0 & 1 & \cdots & 0 \\ \vdots & \vdots & \vdots & \vdots \\ 0 & \cdots & 0 & 1 \end{pmatrix}_{(m-i) \times (m-i)} \\ &= x_i \end{aligned}$$

이므로 다음이 성립한다.

$$\det(A_i(\mathbf{b})) = \det(A)\det((I_m)_i(\mathbf{x})) = \det(A)x_i \quad \text{즉,}\ x_i = \frac{\det(A_i(\mathbf{b}))}{\det(A)}$$

□

예제 3.3.3

다음 연립일차방정식의 해를 크래머의 공식을 이용하여 구해보자.

$$\begin{cases} x_1 + 2x_2 \quad = 2 \\ -x_1 + 4x_2 = 1 \end{cases} \quad \Leftrightarrow \quad A\mathbf{x} = \begin{pmatrix} 1 & 2 \\ -1 & 4 \end{pmatrix}\mathbf{x} = \begin{pmatrix} 2 \\ 1 \end{pmatrix} = \mathbf{b}$$

실제로, 다음 등식이 성립한다.

$$\det(A) = 1 \cdot 4 - (-1) \cdot 2 = 4 + 2 = 6,$$

$$\det(A_1(\mathbf{b})) = \det\begin{pmatrix} 2 & 2 \\ 1 & 4 \end{pmatrix} = 6, \quad \det(A_2(\mathbf{b})) = \det\begin{pmatrix} 1 & 2 \\ -1 & 1 \end{pmatrix} = 3$$

따라서 위의 연립일차방정식의 해는 다음과 같다.

$$x_1 = \frac{\det(A_1(\mathbf{b}))}{\det(A)} = \frac{6}{6} = 1, \quad x_2 = \frac{\det(A_2(\mathbf{b}))}{\det(A)} = \frac{3}{6} = \frac{1}{2}$$

□

임의의 가역인 $m \times m$-행렬의 역행렬을 크래머의 공식을 이용하여 다음과 같이 구할 수 있다.

정리 3.3.4

임의의 가역인 $m \times m$-행렬 A에 대하여, A의 역행렬 A^{-1}는 다음과 같이 주어진다.

$$A^{-1} = \frac{1}{\det(A)}\operatorname{adj}(A)$$

단, 여기서 $\operatorname{adj}(A)$는 다음과 같고, A의 **수반행렬**(adjoint)이라 한다.

$$\operatorname{adj}(A) = (C_{ij})^T = (C_{ji}) = \begin{pmatrix} C_{11} & C_{21} & \cdots & C_{m1} \\ C_{12} & C_{22} & \cdots & C_{m2} \\ \vdots & \vdots & \ddots & \vdots \\ C_{1m} & C_{2m} & \cdots & C_{mm} \end{pmatrix}$$

[증명]

A가 가역행렬이므로 다음 등식을 만족하는 $m\times m$-행렬 X가 존재한다.

$$AX=I_m=(e^1\,e^2\cdots e^m),\ \ X=(x_{ij})=(X^1\,X^2\cdots X^m),\ \ X^j=\begin{pmatrix}x_{1j}\\x_{2j}\\\vdots\\x_{mj}\end{pmatrix},\ 1\le j\le m$$

따라서, 각각의 $j(1\le j\le m)$에 대하여

$$AX^j=e^j$$

이다. 한편, 크래머의 공식에 의해 다음 등식이 성립한다.

$$x_{ij}=\frac{\det(A_i(e^j))}{\det(A)},\ \ 1\le i\le m$$

이때,

$$\det(A_i(e^j))=\det(A^1\,A^2\cdots A^{i-1}\,e^j\,A^{i+1}\cdots A^m)=(-1)^{i+j}\det(A_{ji})=C_{ji}$$

이다. 여기서 C_{ji}는 행렬 A의 (j,i)-성분에 관한 여인자이다. 결론적으로 다음 등식이 성립한다.

$$x_{ij}=\frac{\det(A_i(e^j))}{\det(A)}=\frac{C_{ji}}{\det(A)},\ \ 1\le i,j\le m$$

$$A^{-1}=X=\frac{1}{\det(A)}(C_{ji})=\frac{1}{\det(A)}(C_{ij})^T$$

□

[정리 3.3.4]에 의해, 다음과 같은 따름정리가 성립한다.

따름정리 3.3.5

임의의 가역인 $m\times m$-행렬 A에 대하여, 다음이 성립한다.

(1)

$$\mathrm{adj}(A)=\det(A)A^{-1},\ \ \mathrm{adj}(A^T)=(\mathrm{adj}(A))^T$$

(2) 임의의 정수 n에 대하여,

$$\mathrm{adj}(A^n) = (\mathrm{adj}(A))^n$$

(3)

$$(\det(A))^{m-1} = \det(\mathrm{adj}(A))$$

[증명]

(1) [정리 3.3.4]에 의해, 임의의 가역인 $m \times m$-행렬 A에 대하여

$$\mathrm{adj}(A) = \det(A)A^{-1}$$

이고, 따라서

$$\mathrm{adj}(A^T) = \det(A^T)(A^T)^{-1}$$

가 성립한다. 한편 $\det(A) = \det(A^T)$이고 $(A^T)^{-1} = (A^{-1})^T$이므로 다음 등식이 성립한다.

$$\mathrm{adj}(A^T) = \det(A^T)(A^T)^{-1} = \det(A)(A^{-1})^T = (\mathrm{adj}(A))^T$$

(2) 수학적 귀납법을 이용하여 증명한다. 먼저 $n = 0$인 경우는 자명하게 (2)의 결론이 성립한다. 따라서 $n \geq 0$인 경우에 (2)의 결론이 성립한다고 가정하자. 그러면, 위의 (1)에 의해, 다음 등식이 성립한다.

$$\begin{aligned}\mathrm{adj}(A^{n+1}) &= \det(A^{n+1})(A^{n+1})^{-1} = \det(A^n)\det(A)A^{-1}(A^n)^{-1} \\ &= (\det(A)A^{-1})(\det(A^n)(A^n)^{-1}) = \mathrm{adj}(A)\mathrm{adj}(A^n) \\ &= \mathrm{adj}(A)(\mathrm{adj}(A))^n = (\mathrm{adj}(A))^{n+1}\end{aligned}$$

따라서 모든 $n \geq 0$에 대하여 다음 등식이 성립한다.

$$\mathrm{adj}(A^n) = (\mathrm{adj}(A))^n$$

$n < 0$인 경우에는 $k = -n$이라 할 때, $k > 0$이다. 한편

$$\mathrm{adj}(A^{-1}) = \det(A^{-1})A = \frac{1}{\det(A)}A = (\mathrm{adj}(A))^{-1}$$

이다. 따라서

$$\begin{aligned}\mathrm{adj}(A^n) &= \mathrm{adj}(A^{-k}) = \mathrm{adj}((A^{-1})^k) = (\mathrm{adj}(A^{-1}))^k \\ &= ((\mathrm{adj}(A))^{-1})^k = (\mathrm{adj}(A))^{-k} \\ &= (\mathrm{adj}(A))^n\end{aligned}$$

이 성립한다.

결론적으로, 모든 정수 n에 대하여 다음 등식이 성립한다.

$$\operatorname{adj}(A^n) = (\operatorname{adj}(A))^n, \quad n \in \mathbb{Z}$$

(3) 위의 (1)에 의해, 다음 등식이 성립한다.

$$\det(A)^{m-1} = \det(A)^m \det(A^{-1}) = \det(\det(A)A^{-1}) = \det(\operatorname{adj}(A))$$

□

예제 3.3.6

다음과 같이 주어진 3×3-행렬 A의 역행렬을 A의 수반행렬 $\operatorname{adj}(A)$를 이용하여 구해보자.

$$A = \begin{pmatrix} 1 & 2 & -1 \\ 2 & 2 & 4 \\ 1 & 3 & 3 \end{pmatrix}$$

실제로, 다음 등식이 성립한다.,

$$C_{11} = (-1)^{1+1}\det(A_{11}) = \begin{vmatrix} 2 & 4 \\ 3 & -3 \end{vmatrix} = -18, \quad C_{12} = (-1)^{1+2}\det(A_{12}) = -\begin{vmatrix} 2 & 4 \\ 1 & -3 \end{vmatrix} = 10$$

$$C_{13} = (-1)^{1+3}\det(A_{13}) = \begin{vmatrix} 2 & 2 \\ 1 & 3 \end{vmatrix} = 4, \qquad C_{21} = (-1)^{2+1}\det(A_{11}) = -\begin{vmatrix} 2 & -1 \\ 3 & -3 \end{vmatrix} = 3$$

$$C_{22} = (-1)^{2+2}\det(A_{22}) = \begin{vmatrix} 1 & -1 \\ 1 & -3 \end{vmatrix} = -2, \quad C_{23} = (-1)^{2+3}\det(A_{23}) = -\begin{vmatrix} 1 & 2 \\ 1 & 3 \end{vmatrix} = -1$$

$$C_{31} = (-1)^{3+1}\det(A_{31}) = \begin{vmatrix} 2 & -1 \\ 2 & 4 \end{vmatrix} = 10, \quad C_{32} = (-1)^{3+2}\det(A_{32}) = -\begin{vmatrix} 1 & -1 \\ 2 & 4 \end{vmatrix} = -6$$

$$C_{33} = (-1)^{3+3}\det(A_{33}) = \begin{vmatrix} 1 & 2 \\ 2 & 2 \end{vmatrix} = -2, \qquad \det(A) = -2$$

따라서 A의 수반행렬 $\operatorname{adj}(A)$과 역행렬 A^{-1}는 각각 다음과 같다.

$$\operatorname{adj}(A) = (C_{ij})^T = \begin{pmatrix} -18 & 10 & 4 \\ 3 & -2 & -1 \\ 10 & -6 & -2 \end{pmatrix}^T = \begin{pmatrix} -18 & 3 & 10 \\ 10 & -2 & -6 \\ 4 & -1 & -2 \end{pmatrix},$$

$$A^{-1} = \frac{1}{\det(A)}\operatorname{adj}(A) = \frac{1}{-2}\begin{pmatrix} -18 & 3 & 10 \\ 10 & -2 & -6 \\ 4 & -1 & -2 \end{pmatrix} = \begin{pmatrix} 9 & -\frac{3}{2} & -5 \\ -5 & 1 & 3 \\ -2 & \frac{1}{2} & 1 \end{pmatrix}$$

□

연습문제 3.3

1. 다음과 같이 주어진 $m \times m$-행렬 A의 역행렬을 A의 수반행렬 $\mathrm{adj}(A)$를 이용하여 구하라.

(1)
$$A = \begin{pmatrix} 2 & 3 \\ 1 & 3 \end{pmatrix}$$

(2)
$$A = \begin{pmatrix} 2 & 3 & -4 \\ 1 & -3 & -2 \\ 1 & 5 & 2 \end{pmatrix}$$

(3)
$$A = \begin{pmatrix} 2 & 5 & 5 \\ -1 & -1 & 0 \\ 2 & 4 & 3 \end{pmatrix}$$

(4)
$$A = \begin{pmatrix} 2 & 0 & 0 \\ 8 & 1 & 0 \\ -5 & 4 & 0 \end{pmatrix}$$

2. 다음과 같이 주어진 연립일차방정식을 크래머의 공식을 이용하여 구하라.

(1)
$$\begin{cases} 2x - y = 5 \\ x + 3y = -1 \end{cases}$$

(2)
$$\begin{cases} 3x + 2y + 4z = 1 \\ 2x - y + z = 0 \\ x + 2y + 3z = 1 \end{cases}$$

(3)
$$\begin{cases} 2x + 2y - 3z = 20 \\ x - 4y + z = 6 \\ 4x - y + 2z = -1 \end{cases}$$

(4)
$$\begin{cases} x\cos\theta + y\sin\theta = 1 \\ -x\sin\theta + y\cos\theta = 2, \qquad \theta \in \mathbb{R} \\ x(\cos\theta - \sin\theta) + y(\sin\theta + \cos\theta) + z = 6 \end{cases}$$

3. 임의의 자연수 $m \geq 2$와 임의의 가역인 $m \times m$-행렬 A에 대하여, A의 수반행렬 $\mathrm{adj}(A)$가 다음 등식을 만족하는지 판별하라.

$$\mathrm{adj}(\mathrm{adj}(A)) = (\det(A))^{m-2}A$$

4. 다음 물음에 답하라.

(1) 임의의 3×3-행렬

$$A=\begin{pmatrix}1 & 2 & 2\\ 3 & 1 & 0\\ 1 & 1 & a_{33}\end{pmatrix}$$

가 $\det(A)=-1$를 만족할 때, A의 역행렬

$$A^{-1}=\begin{pmatrix}b_{11} & b_{12} & b_{13}\\ b_{21} & b_{22} & b_{23}\\ b_{31} & b_{32} & b_{33}\end{pmatrix}$$

라 하자. 이때, 다음 등식이 성립하는지 판별하라.

$$b_{21}+b_{32}=2$$

(힌트: $A^{-1}=\dfrac{1}{\det(A)}\operatorname{adj}(A)$를 이용하라.)

(2) 임의의 3×3-행렬

$$A=\begin{pmatrix}1 & 2 & a_{13}\\ 3 & 1 & 0\\ 1 & 1 & a_{33}\end{pmatrix}$$

가 $\det(A)=-1$를 만족할 때, A의 역행렬

$$A^{-1}=\begin{pmatrix}b_{11} & b_{12} & b_{13}\\ b_{21} & b_{22} & b_{23}\\ b_{31} & b_{32} & b_{33}\end{pmatrix},\quad b_{21}+b_{32}=2$$

라 하자. 이때, a_{13}와 a_{33}를 구하라.

제 4 장

벡터공간과 기저

4.1 벡터공간과 벡터부분공간

이 절에서는 벡터공간과 그 부분공간의 정의와 성질에 관해 알아본다. 특히 n차원 유클리드 공간 $\mathbb{R}^n$과 그 부분공간을 구성하기 위해 필요한 개념인 일차결합 또는 선형결합 및 생성공간에 관해 자세히 알아본다. 4.2절에서는 n차원 유클리드 공간의 대표적인 부분공간인 열공간(column space), 행공간(row space), 그리고 해공간(solution space)의 정의와 몇 가지 예를 제시한다.

n차원 벡터공간 $\mathbb{R}^n$상에는 덧셈과 스칼라곱이 잘 정의되어 있고, 다음과 같은 여덟 가지 성질이 성립함을 알았다([정리 1.1.2] 참고).

정리 4.1.1

임의의 세 벡터 $\mathbf{x}=(x_1, x_2, \ldots, x_n)$, $\mathbf{y}=(y_1, y_2, \ldots, y_n)$ $\mathbf{z}=(z_1, z_2, \ldots, z_n)\in\mathbb{R}^n$과 스칼라 $r, s\in\mathbb{R}$에 대하여, 다음 성질이 성립한다.

(1) $\mathbf{x}+\mathbf{y} = \mathbf{y}+\mathbf{x}$ (교환법칙)

(2) $(\mathbf{x}+\mathbf{y})+\mathbf{z} = \mathbf{x}+(\mathbf{y}+\mathbf{z})$ (결합법칙)

(3) $\mathbf{x}+\mathbf{0} = \mathbf{x}$ (덧셈에 관한 항등원)

(4) $\mathbf{x}+(-\mathbf{x})=\mathbf{0}$ (덧셈에 관한 역원이 존재)

(5) $r(\mathbf{x}+\mathbf{y}) = r\mathbf{x}+r\mathbf{y}$ (분배법칙)

(6) $(r+s)\mathbf{x} = r\mathbf{x}+s\mathbf{x}$

(7) $r(s\mathbf{x}) = (rs)\mathbf{x}$

(8) $1\mathbf{x} = \mathbf{x}$

이때, $(\mathbb{R}^n, +, \cdot)$을 **n차원 벡터공간**(n-dimensional vector space)이라 한다.

다음 정의가 성립한다.

정의 4.1.2

n차원 벡터공간 $(\mathbb{R}^n, +, \cdot)$의 공집합이 아닌 부분집합 W에 대하여 W가 다음 두 성질 (1)과 (2)를 만족할 때, W를 $(\mathbb{R}^n, +, \cdot)$의 **벡터부분공간**(vector subspace) 또는 간단히 **부분공간**(subspace)이라 한다.

(1) 임의의 두 벡터 $\mathrm{u}, \mathrm{v} \in W$에 대하여,

$$\mathrm{u} + \mathrm{v} \in W$$

(2) 임의의 벡터 $\mathrm{u} \in W$와 임의의 스칼라 $r \in \mathbb{R}$에 대하여,

$$r\mathrm{u} \in W$$

[정의 4.1.2]에 의해, $\mathbb{R}^n$의 임의의 벡터부분공간 W와 임의의 벡터 $\mathrm{u} \in W$에 대하여

$$\mathrm{u} + (-1)\mathrm{u} = 0 \in W$$

이므로 영벡터 0는 항상 W의 원소이다. 즉 $0 \in W$이다. 따라서 $0 \notin W$이면 $\mathbb{R}^n$의 부분집합 W는 $\mathbb{R}^n$의 벡터부분공간이 될 수 없다.

예제 4.1.3

(1) $W = \{0\} (\subset \mathbb{R}^n)$일 때, W는 자명하게 $\mathbb{R}^n$의 벡터부분공간이다. 실제로, 다음이 성립한다.

$$0 + 0 = 0 \in W, \qquad r \cdot 0 = 0 \in W, \qquad r \in \mathbb{R}$$

(2) $W = \mathbb{R}^n (\subset \mathbb{R}^n)$일 때, 자명하게 W는 $\mathbb{R}^n$의 벡터부분공간이다.

(3) $W = \{(x, 2x, 3x) \in \mathbb{R}^3 \mid x \in \mathbb{R}\}$일 때, W는 $\mathbb{R}^3$의 벡터부분공간이다. 실제로, 다음이 성립한다.

(i) 임의의 $\mathrm{u} = (x_1, 2x_1, 3x_1), \mathrm{v} = (x_2, 2x_2, 3x_3) \in W$에 대하여,

$$\begin{aligned}\mathrm{u} + \mathrm{v} &= (x_1, 2x_1, 3x_1) + (x_2, 2x_2, 3x_3) = (x_1 + x_2, 2x_1 + 2x_2, 3x_1 + 3x_2) \\ &= (x_1 + x_2, 2(x_1 + x_2), 3(x_1 + x_2)) \in W, \quad x_1 + x_2 \in \mathbb{R}\end{aligned}$$

(ii) 임의의 $r \in \mathbb{R}$과 임의의 $\mathrm{u} = (x, 2x, 3x) \in W$에 대하여,

$$r \cdot \mathrm{u} = r(x, 2x, 3x) = (rx, 2(rx), 3(rx)) \in W, \ \ rx \in \mathbb{R}$$

(4) $W = \{(0,0,1) + (x, 2x, 3x) \in \mathbb{R}^3 \mid x \in \mathbb{R}\}$는 $(0,0,0) \notin W$이므로 $\mathbb{R}^3$의 벡터부분공간이 아니다.

(5) $W_1 = \{(x, y, z) \in \mathbb{R}^3 \mid x + y + z = 0\}$는 $\mathbb{R}^3$의 벡터부분공간이나,

$$W_2 = \{(x, y, z) \in \mathbb{R}^3 \mid x + y + z = 1\}$$

은 $(0,0,0) \notin W$이므로 $\mathbb{R}^3$의 벡터부분공간이 아니다.

□

벡터부분공간에 대하여 다음 보조정리가 성립한다.

보조정리 4.1.4

n차원 벡터공간 $(\mathbb{R}^n, +, \cdot)$의 공집합이 아닌 부분집합 W에 대하여, 다음 명제는 서로 동치이다.

(1) W가 $\mathbb{R}^n$의 벡터부분공간이다.

(2) 임의의 두 벡터 $\mathrm{u}, \mathrm{v} \in W$와 임의의 $r \in \mathbb{R}$에 대하여,

$$r\mathrm{u} + \mathrm{v} \in W$$

(3) 임의의 두 벡터 $\mathrm{u}, \mathrm{v} \in W$와 임의의 $r \in \mathbb{R}$에 대하여,

$$r\mathrm{u} - \mathrm{v} \in W$$

[증명]

다음 순서로 증명한다.

$$(2) \Leftrightarrow (1) \Leftrightarrow (3)$$

(1) ⇒ (2) W의 정의에 의해, $r\mathrm{u} \in W$이고 $\mathrm{v} \in W$이므로 다음이 성립한다.

$$r\mathrm{u} + \mathrm{v} \in W$$

(2) $\Rightarrow$ (1) 먼저 $r=1$일 때, $\mathrm{u}+\mathrm{v} \in W$이다. 또한 $\mathrm{v} = 0$일 때, $r\mathrm{u} \in W$이다. 따라서 W가 $\mathbb{R}^n$의 벡터부분공간이다.

(1) $\Rightarrow$ (3) $\mathrm{v} \in W$이므로 $(-1) \cdot \mathrm{v} = -\mathrm{v} \in W$이다. 또한 $r\mathrm{u} \in W$이므로 다음이 성립한다.

$$r\mathrm{u}-\mathrm{v} \in W$$

(3) $\Rightarrow$ (1) 가정에 의해, 임의의 두 벡터 $\mathrm{u}, \mathrm{v} \in W$와 임의의 $r \in \mathbb{R}$에 대하여 $r\mathrm{u}-\mathrm{v} \in W$이다. 특히 $r=1$이고 $\mathrm{u} = \mathrm{v}$일 때, $r\mathrm{u}-\mathrm{v} = \mathrm{u}-\mathrm{v} = 0 \in W$이다. 또한 $-\mathrm{v} = 0-\mathrm{v} \in W$이다. 따라서 다음이 성립한다.

$$\mathrm{u}+\mathrm{v} = \mathrm{u}-(-\mathrm{v}) \in W, \qquad r\mathrm{u} = r\mathrm{u}-0 \in W$$

즉 W가 $\mathbb{R}^n$의 벡터부분공간이다.

$\square$

다음 정의가 성립한다([정의 1.1.3] 참고).

정의 4.1.5

덧셈 $+$와 스칼라곱 $\cdot$이 정의되어 있는 임의의 집합 V가 [정리 4.1.1]의 8가지 조건을 만족할 때, $(V, +, \cdot)$을 $\mathbb{R}$상의 **벡터공간**(vector space)이라 한다. 이때, V의 공집합이 아닌 부분집합 W에 대하여 W가 다음 두 성질 (1)과 (2)를 만족할 때, W를 $(V, +, \cdot)$의 **벡터부분공간**(vector subspace) 또는 간단히 **부분공간**(subspace)이라 한다.

(1) 임의의 두 벡터 $\mathrm{u}, \mathrm{v} \in W$에 대하여,

$$\mathrm{u}+\mathrm{v} \in W$$

(2) 임의의 벡터 $\mathrm{u} \in W$와 임의의 스칼라 $r \in \mathbb{R}$에 대하여,

$$r\mathrm{u} \in W$$

예제 4.1.6

(1)

$$M(m, n, \mathbb{R}) = \{A \mid A \text{ 는 실수의 성분을 갖는 } m \times n-\text{행렬}\}$$

일 때, 다음과 같이 정의된 덧셈 +와 스칼라곱 · 에 대하여 $M,(m, n, \mathbb{R})$은 벡터공간이다. 실제로, 임의의 $A=(a_{ij})_{m\times n}$, $B=(b_{ij})_{m\times n} \in M(m, n, \mathbb{R})$과 $r \in \mathbb{R}$에 대하여,

$$A+B=(a_{ij}+b_{ij})_{m\times n}, \quad r \cdot A=(ra_{ij})_{m\times n}$$

이때,

$$W=\left\{A=(a_{ij}) \in M(m, \mathbb{R}) \mid \operatorname{tr}(A)=a_{11}+a_{22}+\cdots+a_{mm}=\sum_{i=1}^{m} a_{ii}=0\right\}$$

는 $M(m, \mathbb{R})$의 벡터부분공간이다. 여기서 $\operatorname{tr}(A)$를 A의 **대각합**(trace)이라 한다. W가 $M(m, \mathbb{R})$의 벡터부분공간임을 구체적으로 보이면 다음과 같다.

(i) 임의의 $A=(a_{ij})_{m\times n}$, $B=(b_{ij})_{m\times n} \in W$와 $r \in \mathbb{R}$에 대하여,

$$\operatorname{tr}(A+B)=\sum_{i=1}^{m}(a_{ii}+b_{ii})=\sum_{i=1}^{m} a_{ii}+\sum_{i=1}^{m} b_{ii}=0+0=0$$

이므로 $A+B \in W$이다.

(ii) 임의의 $A=(a_{ij})_{m\times n} \in W$와 $r \in \mathbb{R}$에 대하여,

$$\operatorname{tr}(rA)=\sum_{i=1}^{m}(ra_{ii})=r\sum_{i=1}^{m} a_{ii}=r0=0$$

이므로 $rA \in W$이다.

(2) $W=\{A \in M(m, \mathbb{R}) \mid A=A^T\}$일 때, W는 $M(m, \mathbb{R})$의 벡터부분공간임도 쉽게 보일 수 있다. 자세한 증명은 독자에게 맡긴다.

(3)

$$W=\left\{A=\begin{pmatrix} a & a+1 \\ 0 & b \end{pmatrix}=\begin{pmatrix} a & a \\ 0 & b \end{pmatrix}+\begin{pmatrix} 0 & 1 \\ 0 & 0 \end{pmatrix} \in M(2, \mathbb{R}) \;\middle|\; a, b \in \mathbb{R}\right\}$$

일 때, $\begin{pmatrix} 0 & 0 \\ 0 & 0 \end{pmatrix} \notin W$이므로 W는 $M(2, \mathbb{R})$의 벡터부분공간이 아니다. 하지만 다음과 같이 정의된 $M(2, \mathbb{R})$의 부분집합 W'은 $M(2, \mathbb{R})$의 벡터부분공간이다.

$$W = \left\{ A = \begin{pmatrix} a & a \\ 0 & b \end{pmatrix} \in M(2, \mathbb{R}) \;\middle|\; a, b \in \mathbb{R} \right\}$$

(4) 임의의 자연수 $n \in \mathbb{N}$에 대하여, $\mathcal{P}_n$을 다음과 같이 정의하자.

$$\mathcal{P}_n = \{a_0 + a_1 \cdots + a_{n-1}x^{n-1} \mid a_0, a_1, \ldots, a_{n-1} \in \mathbb{R}\}$$

그러면 $\mathcal{P}_n$은 차수가 $n-1$ 또는 그 이하인 실수 계수를 갖는 모든 다항식의 모임이다. 이때, 임의의 두 원소

$$f(x) = a_0 + a_1x + a_2x^2 + \cdots + a_{n-1}x^{n-1} \in \mathcal{P}_n,$$

$$g(x) = b_0 + b_1x + b_2x^2 + \cdots + b_{n-1}x^{n-1} \in \mathcal{P}_n$$

과 $r \in \mathbb{R}$ 대하여 덧셈과 스칼라곱을 다음과 같이 정의하자.

$$f(x) + g(x) = (a_0 + b_0) + (a_1 + b_1)x + \cdots + (a_{n-1} + b_{n-1})x^{n-1},$$

$$rf(x) = (ra_0) + (ra_1)x + \cdots (ra_{n-1})x^{n-1}$$

그러면 $\mathcal{P}_n$이 $\mathbb{R}$상의 벡터공간이다([예제 1.1.4]의 (1) 참고).

이제

$$W = \{p(x) = a_0 + a_1x + a_1x^2 + a_0x^3 \mid p(x) \in \mathcal{P}_4\}$$

라 할 때, W는 $\mathcal{P}_4$의 벡터부분공간이다. 실제로, 임의의 두 원소

$$p(x) = a_0 + a_1x + a_1x^2 + a_0x^3 \in W, \quad q(x) = b_0 + b_1x + b_1x^2 + b_0x^3 \in W$$

와 $r \in \mathbb{R}$ 대하여 다음이 성립한다.

$$p(x) + q(x) = (a_0 + b_0) + (a_1 + b_1)x + (a_1 + b_1)x^2 + (a_0 + b_0)x^3 \in W,$$

$$rp(x) = (ra_0) + (ra_1)x + (ra_1)x^2 + (ra_0)x^3 \in W$$

비슷한 방법으로, 다음과 같이 정의된 집합도 $\mathcal{P}_4$의 벡터부분공간임을 쉽게 보일 수 있다.

$$W' = \{p(x) = a_0 + a_1x - a_1x^2 + a_0x^3 \mid p(x) \in \mathcal{P}_4\}$$

□

다음 정의가 성립한다.

정의 4.1.7

임의의 m개의 벡터 $\mathbf{v}_1, \mathbf{v}_2, \ldots, \mathbf{v}_m \in \mathbb{R}^n$에 대하여, 다음이 성립한다.

(1) 임의의 $r_1, r_2, \ldots, r_m \in \mathbb{R}$에 대하여,

$$r_1\mathbf{v}_1 + r_2\mathbf{v}_2 + \cdots + r_m\mathbf{v}_m$$

을 $\mathbf{v}_1, \mathbf{v}_2, \ldots, \mathbf{v}_m$의 **일차결합** 또는 **선형결합**(linear combination)이라 한다.

(2) 집합

$$S = \{r_1\mathbf{v}_1 + r_2\mathbf{v}_2 + \cdots + r_m\mathbf{v}_m \mid r_1, r_2, \ldots, r_m \in \mathbb{R}\}$$

을 $\mathbf{v}_1, \mathbf{v}_2, \ldots, \mathbf{v}_m$**에 의해 생성된 벡터부분공간**(vector subspace spanned(or generated) by $\mathbf{v}_1, \mathbf{v}_2, \ldots, \mathbf{v}_m$), 또는 간단히 **생성공간**(span)이라 한다. 이때, S를 간단히 다음과 같이 나타낸다.

$$S = \mathrm{span}\{\mathbf{v}_1, \mathbf{v}_2, \cdots, \mathbf{v}_m\} \text{ 또는 } S = \langle \mathbf{v}_1, \mathbf{v}_2, \cdots, \mathbf{v}_m \rangle$$

[정의 4.1.7]에 의해, 영벡터 0과 $\pm\mathbf{v}_i$도 모두 S의 원소이다. U가 벡터공간의 공집합이 아닌 부분집합일 때, $\mathrm{Span}\,U$는 U의 원소를 사용하여 만든 모든 일차결합의 집합이다.

다음 보조정리가 성립한다.

보조정리 4.1.8

임의의 m개의 벡터 $\mathbf{v}_1, \mathbf{v}_2, \ldots, \mathbf{v}_m \in \mathbb{R}^n$에 대하여,

$$S = \{r_1\mathbf{v}_1 + r_2\mathbf{v}_2 + \cdots + r_m\mathbf{v}_m \mid r_1, r_2, \ldots, r_m \in \mathbb{R}\}$$

은 $\mathbb{R}^n$의 벡터부분공간이다.

[증명]

증명을 위해, 다음 두 가지만 확인하면 충분하다.

(i) 임의의 두 원소

$$r_1\mathbf{v}_1 + r_2\mathbf{v}_2 + \cdots + r_m\mathbf{v}_m \in S,\ s_1\mathbf{v}_1 + s_2\mathbf{v}_2 + \cdots + s_m\mathbf{v}_m \in S$$

에 대하여, 다음이 성립한다.

$$\begin{aligned}&(r_1\mathbf{v}_1+r_2\mathbf{v}_2+\cdots+r_m\mathbf{v}_m)+(s_1\mathbf{v}_1+s_2\mathbf{v}_2+\cdots+s_m\mathbf{v}_m)\\&=(r_1+s_1)\mathbf{v}_1+(r_2+s_2)\mathbf{v}_2+\cdots+(r_m+s_m)\mathbf{v}_m\in S\end{aligned}$$

(ii) 임의의 원소

$$r_1\mathbf{v}_1+r_2\mathbf{v}_2+\cdots+r_m\mathbf{v}_m\in S$$

와 $r\in\mathbb{R}$에 대하여, 다음이 성립한다.

$$r(r_1\mathbf{v}_1+r_2\mathbf{v}_2+\cdots+r_m\mathbf{v}_m)=(rr_1)\mathbf{v}_1+(rr_2)\mathbf{v}_2+\cdots+(rr_m)\mathbf{v}_m\in S$$

□

[보조정리 4.1.8]에 의해, $\mathbf{v}_1, \mathbf{v}_2, \ldots, \mathbf{v}_m\in\mathbb{R}^n$에 의해 생성된 벡터부분공간 S는

$$\mathbf{v}_1, \mathbf{v}_2, \ldots, \mathbf{v}_m\in\mathbb{R}^n$$

을 포함하는 $\mathbb{R}^n$의 가장 작은 벡터부분공간이다. 따라서 공집합에 의해 생성된 벡터부분공간은 영벡터 $\mathbf{0}$으로만 이루어진 벡터부분공간인 $\{\mathbf{0}\}$으로 정의한다. 즉 $\text{span}\{\varnothing\}=\{\mathbf{0}\}$으로 정의한다.

예제 4.1.9

(1) $\mathbf{0}=(0,0,\ldots,0)\in\mathbb{R}^n$일 때, $\text{span}\{\mathbf{0}\}=\{\mathbf{0}\}$이다.

(2) $\mathbf{v}_1=(1,1,1)\in\mathbb{R}^3$일 때,

$$S=\text{span}\{\mathbf{v}\}=\{r\mathbf{v}\mid r\in\mathbb{R}\}=\left\{r(1,1,1)\in\mathbb{R}^3\mid r\in\mathbb{R}\right\}$$

이고 S는 원점을 통과하고 방향벡터가 $(1,1,1)$인 직선을 나타낸다.

(3) $\mathbf{v}_1=(1,0,0)\in\mathbb{R}^3$이고 $\mathbf{v}_2=(0,1,0)\in\mathbb{R}^3$일 때,

$$\begin{aligned}S&=\text{span}\{\mathbf{v}_1,\mathbf{v}_2\}=\{r_1\mathbf{v}_1+r_2\mathbf{v}_2\mid r_1,r_2\in\mathbb{R}\}\\&=\left\{r_1(1,0,0)+r_2(0,1,0)\in\mathbb{R}^3\mid r_1,r_2\in\mathbb{R}\right\}=\{(r_1,r_2,0)\mid r_1,r_2\in\mathbb{R}\}\end{aligned}$$

이고 S는 xy-평면을 나타낸다. 비슷한 방법으로,

$$\mathbf{v}_1=(1,0,0)\in\mathbb{R}^3\text{이고 }\mathbf{v}_3=(0,0,1)\in\mathbb{R}^3$$

일 때,

$$\begin{aligned} S &= \mathrm{span}\{\mathbf{v}_1, \mathbf{v}_3\} = \{r_1\mathbf{v}_1 + r_3\mathbf{v}_3 \mid r_1, r_3 \in \mathbb{R}\} \\ &= \left\{r_1(1,0,0) + r_3(0,0,1) \in \mathbb{R}^3 \mid r_1, r_3 \in \mathbb{R}\right\} = \{(r_1, 0, r_3) \mid r_1, r_3 \in \mathbb{R}\} \end{aligned}$$

과

$$\begin{aligned} S &= \mathrm{span}\{\mathbf{v}_2, \mathbf{v}_3\} = \{r_2\mathbf{v}_2 + r_3\mathbf{v}_3 \mid r_2, r_3 \in \mathbb{R}\} \\ &= \left\{r_2(0,1,0) + r_3(0,0,1) \in \mathbb{R}^3 \mid r_2, r_3 \in \mathbb{R}\right\} = \{(0, r_2, r_3) \mid r_2, r_3 \in \mathbb{R}\} \end{aligned}$$

은 각각 xz-평면과 yz-평면을 나타낸다. 마지막으로

$$\begin{aligned} S &= \mathrm{span}\{\mathbf{v}_1, \mathbf{v}_2, \mathbf{v}_3\} = \{r_1\mathbf{v}_1 + r_2\mathbf{v}_2 + r_3\mathbf{v}_3 \mid r_1, r_2, r_3 \in \mathbb{R}\} \\ &= \left\{(r_1, r_2, r_3) \in \mathbb{R}^3 \mid r_1, r_2, r_3 \in \mathbb{R}\right\} \end{aligned}$$

은 3차원 벡터공간 $\mathbb{R}^3$를 나타낸다.

(4) $\mathbf{v}_1 = (1, -1, 1) \in \mathbb{R}^3$이고 $\mathbf{v}_2 = (1, 2, 3) \in \mathbb{R}^3$일 때,

$$\begin{aligned} S &= \mathrm{span}\{\mathbf{v}_1, \mathbf{v}_2\} = \{r_1\mathbf{v}_1 + r_2\mathbf{v}_2 \mid r_1, r_2 \in \mathbb{R}\} \\ &= \left\{r_1(1, -1, 1) + r_2(1, 2, 3) \in \mathbb{R}^3 \mid r_1, r_2 \in \mathbb{R}\right\} \\ &= \left\{(r_1 + r_2, -r_1 + 2r_2, r_1 + 3r_2) \mid r_1, r_2 \in \mathbb{R}\right\} \end{aligned}$$

이고 S는 원점을 통과하고 단위법벡터

$$\mathrm{n} = \frac{\mathbf{v}_1 \times \mathbf{v}_2}{\|\mathbf{v}_1 \times \mathbf{v}_2\|} = \frac{1}{\sqrt{38}}(-5, -2, 3)$$

인 평면을 나타낸다.

□

보조정리 4.1.10

임의의 $m \times n$-행렬 A에 대하여, 연립일차방정식 $A\mathbf{x} = 0$의 해집합

$$S = \left\{\mathbf{x} \in \mathbb{R}^n \mid A\mathbf{x} = 0\right\}$$

는 $\mathbb{R}^n$의 벡터부분공간이다.

[증명]

증명을 위해, 다음 두 가지 사항을 보이면 충분하다.

(i) 임의의 두 원소 $\mathbf{x}_1, \mathbf{x}_2 \in S$에 대하여,

$$A(\mathbf{x}_1 + \mathbf{x}_2) = A\mathbf{x}_1 + A\mathbf{x}_2 = 0 + 0 = 0$$

이므로 $\mathbf{x}_1+\mathbf{x}_2 \in S$이다.

(ⅱ) 임의의 원소 $\mathbf{x} \in S$와 $r \in \mathbb{R}$에 대하여,

$$A(r\mathbf{x}) = rA\mathbf{x} = r0 = 0$$

이므로 $r\mathbf{x} \in S$이다.

□

예제 4.1.11

다음과 같이 주어진 연립일차방정식의 해집합을 계수행렬의 기약사다리꼴행렬을 이용하여 구해보자.

$$\begin{cases} 3x+6y-z+w &= 0 \\ x-2y+2z+3w &= 0 \\ 2x-4y+5z+8w = 0 \end{cases} \quad \Leftrightarrow \quad \begin{pmatrix} -3 & 6 & -1 & 1 \\ 1 & -2 & 2 & 3 \\ 2 & -4 & 5 & 8 \end{pmatrix}\mathbf{x} = \begin{pmatrix} 0 \\ 0 \\ 0 \end{pmatrix}$$

이 경우에 주어진 동차연립일차방정식에 대응하는 첨가행렬과 기본행연산을 통해 기약사다리꼴행렬을 구하는 과정은 다음과 같다.

$$(A\,|\,\mathbf{b}) = \left(\begin{array}{cccc|c} -3 & 6 & -1 & 1 & 0 \\ 1 & -2 & 2 & 3 & 0 \\ 2 & -4 & 5 & 8 & 0 \end{array}\right) \xrightarrow{OP(1,2)} \left(\begin{array}{cccc|c} 1 & -2 & 2 & 3 & 0 \\ -3 & 6 & -1 & 1 & 0 \\ 2 & -4 & 5 & 8 & 0 \end{array}\right) \xrightarrow[OR(3,1;-2)]{OR(2,1;3)} \left(\begin{array}{cccc|c} 1 & -2 & 2 & 3 & 0 \\ 0 & 0 & 5 & 10 & 0 \\ 0 & 0 & 1 & 2 & 0 \end{array}\right)$$

$$\xrightarrow{OR(2,3;-5)} \left(\begin{array}{cccc|c} 1 & -2 & 2 & 3 & 0 \\ 0 & 0 & 0 & 0 & 0 \\ 0 & 0 & 1 & 2 & 0 \end{array}\right) \xrightarrow{OP(2,3)} \left(\begin{array}{cccc|c} 1 & -2 & 2 & 3 & 0 \\ 0 & 0 & 1 & 2 & 0 \\ 0 & 0 & 0 & 0 & 0 \end{array}\right) \xrightarrow{OR(1,2;-2)} \left(\begin{array}{cccc|c} 1 & -2 & 0 & -1 & 0 \\ 0 & 0 & 1 & 2 & 0 \\ 0 & 0 & 0 & 0 & 0 \end{array}\right)$$

따라서 위의 동차연립일차방정식은 다음 등식과 동치이고, 자유변수의 개수는 $4-2=2$이다.

$$x-2y-w=0,\ \ y=y,\ \ z+2w=0,\ \ w=w$$

따라서 $A\mathbf{x} = 0$의 해집합은 다음과 같고, 자명하게 무한히 많은 해가 존재한다.

$$\left\{ \begin{pmatrix} 2y+w \\ y \\ -2w \\ w \end{pmatrix} \middle| \ y, w \in \mathbb{R} \right\} = \left\{ y\begin{pmatrix} 2 \\ 1 \\ 0 \\ 0 \end{pmatrix} + w\begin{pmatrix} 1 \\ 0 \\ -2 \\ 1 \end{pmatrix} \middle| \ y, w \in \mathbb{R} \right\} = \operatorname{span}\left\{ \begin{pmatrix} 2 \\ 1 \\ 0 \\ 0 \end{pmatrix}, \begin{pmatrix} 1 \\ 0 \\ -2 \\ 1 \end{pmatrix} \right\}$$

□

$\mathbb{R}$상에서 정의된 벡터공간 $(V, +, \cdot)$의 두 벡터부분공간 W_1과 W_2에 대하여, 교집합 $W_1 \cap W_2$는 V의 벡터부분공간이 됨을 쉽게 보일 수 있다. 하지만, 합집합 $W_1 \cup W_2$는 일반적으로 벡터부분공간이 되지 않는다.

예제 4.1.12

$$W_1 = \{(x, 3x) \in \mathbb{R}^2 \mid x \in \mathbb{R}\}, \quad W_2 = \{(5x, x) \in \mathbb{R}^2 \mid x \in \mathbb{R}\}$$

에 대하여, $(1, 3) \in W_1$이고 $(5, 1) \in W_2$이지만

$$(1, 3) + (5, 1) = (6, 4) \not\in W_1 \cup W_2$$

이므로 $W_1 \cup W_2$는 $\mathbb{R}^2$의 벡터부분공간이 아니다. 실제로, 만약 $(6, 4) \in W_1$이라면 다음 등식을 만족하는 실수 x가 존재한다.

$$(6, 4) = (x, 3x) \quad \Leftrightarrow \quad x = 6 = \frac{4}{3}$$

하지만, 이것은 명백히 모순이다. 따라서 $(6, 4) \not\in W_1$이다. 비슷한 방법으로, $(6, 4) \not\in W_2$임을 어렵지 않게 보일 수 있다.

□

다음 정의가 성립한다.

정의 4.1.13

임의의 벡터공간 V와 V의 벡터부분공간 W_1과 W_2에 대하여, **W_1과 W_2의 합** (sum) $W_1 + W_2$를 다음과 같이 정의한다.

$$W_1 + W_2 = \{\mathbf{w}_1 + \mathbf{w}_2 \in V \mid \mathbf{w}_1 \in W_1, \mathbf{w}_2 \in W_2\}$$

다음 보조정리가 성립한다.

보조정리 4.1.14

임의의 벡터공간 V와 V의 벡터부분공간 W_1과 W_2에 대하여, 다음이 성립한다.

(1) W_1과 W_2의 합 $W_1 + W_2$가 V의 벡터부분공간이다.

(2) 다음 등식이 성립한다.

$$W_1 + W_2 = \operatorname{span}\{W_1 \cup W_2\}$$

[증명]

(1) 임의의 두 원소 $\mathbf{w}_1 + \mathbf{w}_2, \mathbf{w}'_1 + \mathbf{w}'_2 \in W_1 + W_2$와 임의의 실수 r에 대하여, W_1과 W_2가 V의 벡터부분공간이므로 다음이 성립한다.

$$r(\mathbf{w}_1 + \mathbf{w}_2) + (\mathbf{w}'_1 + \mathbf{w}'_2) = (r\mathbf{w}_1 + \mathbf{w}'_1) + (r\mathbf{w}_2 + \mathbf{w}'_2) \in W_1 + W_2$$

따라서 $W_1 + W_2$가 V의 벡터부분공간이다.

(2) ($\subset$) 임의의 원소 $\mathbf{w} \subset W_1 + W_2$에 대하여, 정의에 의해 다음 등식을 만족하는 $\mathbf{w}_1 \in W_1$과 $\mathbf{w}_2 \in W_2$가 존재한다.

$$\mathbf{w} = \mathbf{w}_1 + \mathbf{w}_2$$

따라서 $\mathbf{w} \in \operatorname{span}\{W_1 \cup W_2\}$이다. 즉 $W_1 + W_2 \subset \operatorname{span}\{W_1 \cup W_2\}$이다.

($\supset$) 반대로, 임의의 $\mathbf{w} \in \operatorname{span}\{W_1 \cup W_2\}$에 대하여 다음 등식을 만족하는 $\mathbf{w}_1 \in W_1$과 $\mathbf{w}_2 \in W_2$가 존재한다.

$$\mathbf{w} = \mathbf{w}_1 + \mathbf{w}_2$$

따라서 $\mathbf{w} \in W_1 + W_2$이다. 즉 $\operatorname{span}\{W_1 \cup W_2\} \subset W_1 + W_2$이다.

□

예제 4.1.15

$M(2, \mathbb{R})$의 두 부분공간

$$W_1 = \left\{ \begin{pmatrix} a & b \\ c & d \end{pmatrix} \in M(2, \mathbb{R}) \;\middle|\; a + d = 0 \right\}, \quad W_2 = \left\{ \begin{pmatrix} a & b \\ c & d \end{pmatrix} \in M(2, \mathbb{R}) \;\middle|\; a + 3b + c + 3d = 0 \right\}$$

에 대하여, $W_1 \cap W_2$와 $W_1 + W_2$를 구해보자.

(ⅰ) 다음 등식이 성립한다.

$$\begin{aligned} W_1 \cap W_2 &= \left\{ \begin{pmatrix} a & b \\ c & d \end{pmatrix} \in M(2, \mathbb{R}) \;\middle|\; a+d=0,\, a+3b+c+3d=0 \right\} \\ &= \left\{ \begin{pmatrix} a & b \\ c & d \end{pmatrix} \in M(2, \mathbb{R}) \;\middle|\; d=-a,\, c=2a-3b \right\} \\ &= \left\{ \begin{pmatrix} a & b \\ 2a-3b & -a \end{pmatrix} \in M(2, \mathbb{R}) \;\middle|\; a, b \in \mathbb{R} \right\} \\ &= \left\{ a\begin{pmatrix} 1 & 0 \\ 2 & -1 \end{pmatrix} + b\begin{pmatrix} 0 & 1 \\ -3 & 0 \end{pmatrix} \in M(2, \mathbb{R}) \;\middle|\; a, b \in \mathbb{R} \right\} \\ &= \operatorname{span}\left\{ \begin{pmatrix} 1 & 0 \\ 2 & -1 \end{pmatrix}, \begin{pmatrix} 0 & 1 \\ -3 & 0 \end{pmatrix} \right\} \end{aligned}$$

(ⅱ) $W_1 + W_2$를 구하기 위해,

$$W_1 = \left\{ \begin{pmatrix} a & b \\ c & -a \end{pmatrix} \in M(2, \mathbb{R}) \;\middle|\; a, b, c \in \mathbb{R} \right\},$$

$$W_2 = \left\{ \begin{pmatrix} a & b \\ -a-3b-3d & d \end{pmatrix} \in M(2, \mathbb{R}) \;\middle|\; a, b, d \in \mathbb{R} \right\}$$

이므로

$$W_1 = \left\{ a\begin{pmatrix} 1 & 0 \\ 0 & -1 \end{pmatrix} + b\begin{pmatrix} 0 & 1 \\ 0 & 0 \end{pmatrix} + c\begin{pmatrix} 0 & 0 \\ 1 & 0 \end{pmatrix} \in M(2, \mathbb{R}) \;\middle|\; a, b, c \in \mathbb{R} \right\},$$

$$W_2 = \left\{ a\begin{pmatrix} 1 & 0 \\ -1 & 0 \end{pmatrix} + b\begin{pmatrix} 0 & 1 \\ -3 & 0 \end{pmatrix} + d\begin{pmatrix} 0 & 0 \\ -3 & 1 \end{pmatrix} \in M(2, \mathbb{R}) \;\middle|\; a, b, d \in \mathbb{R} \right\}$$

가 성립한다. 한편,

$$\begin{pmatrix} 1 & 0 \\ 0 & 0 \end{pmatrix} = -\frac{1}{2}\begin{pmatrix} 1 & 0 \\ 0 & -1 \end{pmatrix} + \frac{3}{2}\begin{pmatrix} 1 & 0 \\ -1 & 0 \end{pmatrix} + 0 \cdot \begin{pmatrix} 0 & 1 \\ -3 & 0 \end{pmatrix} - \frac{1}{2}\begin{pmatrix} 0 & 0 \\ -3 & 1 \end{pmatrix}$$

$$\begin{pmatrix} 0 & 0 \\ 0 & 1 \end{pmatrix} = -\frac{3}{2}\begin{pmatrix} 1 & 0 \\ 0 & -1 \end{pmatrix} + \frac{3}{2}\begin{pmatrix} 1 & 0 \\ -1 & 0 \end{pmatrix} + 0 \cdot \begin{pmatrix} 0 & 1 \\ -3 & 0 \end{pmatrix} - \frac{1}{2}\begin{pmatrix} 0 & 0 \\ -3 & 1 \end{pmatrix},$$

이고

$$\begin{pmatrix} 0 & 1 \\ 0 & 0 \end{pmatrix} \in W_1, \quad \begin{pmatrix} 0 & 0 \\ 1 & 0 \end{pmatrix} \in W_1$$

이므로

$$W_1 + W_2 = \operatorname{span}\left\{ \begin{pmatrix} 1 & 0 \\ 0 & 0 \end{pmatrix}, \begin{pmatrix} 0 & 1 \\ 0 & 0 \end{pmatrix}, \begin{pmatrix} 0 & 0 \\ 1 & 0 \end{pmatrix}, \begin{pmatrix} 0 & 0 \\ 0 & 1 \end{pmatrix} \right\} = M(2, \mathbb{R})$$

이다.

□

정의 4.1.16

임의의 벡터공간 V와 V의 벡터부분공간 W_1과 W_2에 대하여, 다음이 성립한다.

(1) $W_1 \cap W_2 = \{0\}$일 때, W_1과 W_2의 합 $W_1 + W_2$를 **W_1과 W_2의 직합**(direct sum)이라 하고 $W_1 \oplus W_2$로 나타낸다.

(2) $V = W_1 \oplus W_2$일 때, W_2를 W_1의 **여공간**(또는 **보공간**)(complementary subspace)이라 한다.

다음 보조정리가 성립한다.

보조정리 4.1.17

임의의 벡터공간 V와 V의 벡터부분공간 W_1과 W_2에 대하여, 다음 두 명제 (1)과 (2)는 서로 동치이다.

(1) 임의의 $\mathbf{w} \in W_1 + W_2$에 대하여, 다음 등식을 만족하는 원소 $\mathbf{w}_1 \in W_1$과 $\mathbf{w}_2 \in W_2$가 유일하게 존재한다.

$$\mathbf{w} = \mathbf{w}_1 + \mathbf{w}_2$$

(2) $W_1 \cap W_2 = \{0\}$

[증명]

(1) ⇒ (2) 임의의 $\mathbf{w} \in W_1 \cap W_2$에 대하여, $\mathbf{w} \in W_1$이고 동시에 $\mathbf{w} \in W_2$이므로 다음 등식이 성립한다.

$$\mathbf{w} = \mathbf{w} + 0 = 0 + \mathbf{w} \in W_1 + W_2$$

한편, 가정에 의해 $\mathbf{w}$를 표현하는 방법이 유일하므로 $\mathbf{w} = 0$이다. 따라서

$$W_1 \cap W_2 = \{0\}$$

이다.

(2) ⇒ (1) 임의의 $\mathbf{w} \in W_1 + W_2$에 대하여, 정의에 의해 다음 등식을 만족하는 원소

$\mathbf{w}_1 \in W_1$과 $\mathbf{w}_2 \in W_2$가 존재한다.

$$\mathbf{w} = \mathbf{w}_1 + \mathbf{w}_2$$

만약 $\mathbf{w} = \mathbf{w}'_1 + \mathbf{w}'_2 (\mathbf{w}'_1 \in W_1,\ \mathbf{w}'_2 \in W_2)$라면

$$\mathbf{w} = \mathbf{w}_1 + \mathbf{w}_2 = \mathbf{w}'_1 + \mathbf{w}'_2$$

이므로 $\mathbf{w}_1 - \mathbf{w}'_1 = \mathbf{w}'_2 - \mathbf{w}_2 \in W_1 \cap W_2 = \{0\}$이다. 즉

$$\mathbf{w}_1 = \mathbf{w}'_1,\ \mathbf{w}_2 = \mathbf{w}'_2$$

이다.

□

연습문제 4.1

1. 다음 집합 W가 적당한 벡터공간 $\mathbb{R}^n$의 벡터부분공간인지 판별하라.

(1) $W=\{(a, a+1, 0, b)\in\mathbb{R}^4 \mid a, b\in\mathbb{R}\}$

(2) $W=\{(a, b, c)\in\mathbb{R}^3 \mid abc=0\}$

(3) $W=\{(a, b, c)\in\mathbb{R}^3 \mid a-b-c\geq 0\}$

(4) $W=\{(a, b, c)\in\mathbb{R}^3 \mid a=b\}$

2. $C(\mathbb{R}, \mathbb{R})$을 실수의 집합 $\mathbb{R}$에서 $\mathbb{R}$로 가는 연속함수의 모임이라 할 때, 임의의 원소 $f, g\in C(\mathbb{R}, \mathbb{R})$과 스칼라 $r\in\mathbb{R}$에 대하여 벡터합과 스칼라곱을 다음과 같이 정의하자.

$$(f+g)(x)=f(x)+g(x),\quad (r\cdot f)(x)=rf(x)$$

이때, $C(\mathbb{R}, \mathbb{R})$이 벡터공간이 됨을 보여라.

3. $C^{\infty}(\mathbb{R}, \mathbb{R})$을 실수의 집합 $\mathbb{R}$에서 $\mathbb{R}$로 가는 무한 번 미분가능 함수의 모임이라 할 때, 임의의 원소 $f, g\in C^{\infty}(\mathbb{R}, \mathbb{R})$과 스칼라 $r\in\mathbb{R}$에 대하여 벡터합과 스칼라곱을 다음과 같이 정의하자.

$$(f+g)(x)=f(x)+g(x),\quad (r\cdot f)(x)=rf(x)$$

이때, $C^{\infty}(\mathbb{R}, \mathbb{R})$이 벡터공간이 됨을 보여라.

4. 실수의 집합 $\mathbb{R}$의 부분집합

$$W=\{a+b\sqrt{2}+c\sqrt{3} \mid a, b, c\in\mathbb{Q}\}$$

가 유리수의 집합 $\mathbb{Q}$상에서 벡터공간이 됨을 보여라.

5. 실수의 집합 $\mathbb{R}$상에서 정의된 2×2-행렬들의 모임 $M(2,\mathbb{R})$의 부분집합

$$W=\left\{\begin{pmatrix} a & b \\ c & d \end{pmatrix}\in M(2,\mathbb{R}) \mid a+d=0,\, b-3c=0\right\}$$

가 $M(2,\mathbb{R})$의 벡터부분공간임를 보여라.

6. $C^{\infty}(\mathbb{R},\mathbb{R})$의 부분집합

$$W=\{f(x)\in C^{\infty}(\mathbb{R},\mathbb{R}) \mid 3f''(x)-5f(x)=0\}$$

는 $C^{\infty}(\mathbb{R},\mathbb{R})$의 벡터부분공간임을 보여라.

7. 3차원 유클리드 공간 $\mathbb{R}^3$의 벡터부분공간

$$V=\{(a,b,c)\in\mathbb{R}^3 \mid c=a+3b\}$$

에 대하여, 다음 등식을 만족하는 $\mathbb{R}^3$의 벡터부분공간 W를 찾아라.

$$\mathbb{R}^3=V\oplus W$$

8. 4차원 유클리드 공간 $\mathbb{R}^4$의 두 벡터부분공간

$$V=\text{span}\{(1,0,1,1),(1,1,2,3),(0,1,1,2)\},$$

$$W=\{(x,y,z,w)\in\mathbb{R}^4 \mid x+y-z=0,\ x+2z=w\}$$

에 대하여, $V\cap W$와 $V+W$를 구하라.

4.2 행공간, 열공간, 해공간

이 절에서는 n차원 벡터공간 $\mathbb{R}^n$의 대표적인 벡터부분공간인 열공간(column space), 행공간(row space), 해공간(solution space)의 정의와 몇 가지 예를 제시한다.

다음 정의가 성립한다.

정의 4.2.1

임의의 $m \times n-$행렬

$$A = \begin{pmatrix} A_1 \\ A_2 \\ \vdots \\ A_m \end{pmatrix}_{m \times n} = (A^1\ A^2 \cdots\ A^n)_{m \times n}$$

에 대하여, 다음이 성립한다.

(1) $\mathrm{span}\{A_1, A_2, \ldots, A_m\}$을 A의 **행공간**(row space)이라 하고, $\mathrm{Row}(A)$로 나타낸다.

(2) $\mathrm{span}\{A^1, A^2, \ldots, A^n\}$을 A의 **열공간**(column space)이라 하고, $\mathrm{Col}(A)$로 나타낸다.

(3) 연립일차방정식 $A\mathrm{x} = 0$의 해집합

$$S = \{\mathrm{x} \in \mathbb{R}^n \mid A\mathrm{x} = 0\}$$

를 **해공간**(solution space)이라 하고, $\mathrm{Nul}(A)$로 나타낸다.

비동차연립일차방정식 $A\mathrm{x} = \mathrm{b} \neq 0$의 해집합

$$S = \{\mathrm{x} \in \mathbb{R}^n \mid A\mathrm{x} = \mathrm{b}\}$$

는 당연히 $\mathbb{R}^n$의 벡터부분공간이 아니다.

예제 4.2.2

$2 \times 3-$행렬

$$A = \begin{pmatrix} 1 & 0 & 1 \\ 1 & 1 & 0 \end{pmatrix} = \begin{pmatrix} A_1 \\ A_2 \end{pmatrix} = (A^1 \; A^2 \; A^3)$$

에 대하여, 행공간 Row(A), 열공간 Col(A), 해공간 Nul(A)를 각각 구해보자.

(1)
$$\begin{aligned} \mathrm{Row}(A) &= \mathrm{span}\{A_1, A_2\} = \{r(1,0,1) + s(1,1,0) \in \mathbb{R}^3 \mid r, s \in \mathbb{R}\} \\ &= \{(r+s, s, r) \in \mathbb{R}^3 \mid r, s \in \mathbb{R}\} \end{aligned}$$

(2)
$$\begin{aligned} \mathrm{Col}(A) &= \mathrm{span}\{A^1, A^2, A^3\} = \left\{ r_1 \begin{pmatrix} 1 \\ 1 \end{pmatrix} + r_2 \begin{pmatrix} 0 \\ 1 \end{pmatrix} + r_3 \begin{pmatrix} 1 \\ 0 \end{pmatrix} \in \mathbb{R}^2 \;\middle|\; r_1, r_2, r_3 \in \mathbb{R} \right\} \\ &= \left\{ \begin{pmatrix} r_1 + r_3 \\ r_1 + r_2 \end{pmatrix} \in \mathbb{R}^2 \;\middle|\; r_1, r_2, r_3 \in \mathbb{R} \right\} \\ &= \left\{ \begin{pmatrix} r \\ s \end{pmatrix} \in \mathbb{R}^2 \mid r, s \in \mathbb{R} \right\} = \mathrm{span}\left\{ \begin{pmatrix} 1 \\ 0 \end{pmatrix}, \begin{pmatrix} 0 \\ 1 \end{pmatrix} \right\} = \mathbb{R}^2 \end{aligned}$$

(3)
$$\mathrm{Nul}(A) = \left\{ \begin{pmatrix} x \\ -x \\ -x \end{pmatrix} \in \mathbb{R}^3 \;\middle|\; x \in \mathbb{R} \right\} = \mathrm{span}\left\{ \begin{pmatrix} 1 \\ -1 \\ -1 \end{pmatrix} \right\} = \mathrm{span}\left\{ \begin{pmatrix} -1 \\ 1 \\ 1 \end{pmatrix} \right\}$$

□

예제 4.2.3

임의의 두 열벡터

$$\mathbf{u} = \begin{pmatrix} u_1 \\ u_2 \\ \vdots \\ u_m \end{pmatrix}, \; \mathbf{v} = \begin{pmatrix} v_1 \\ v_2 \\ \vdots \\ v_m \end{pmatrix} \in \mathbb{R}^m$$

에 대하여, 다음이 성립한다.

$$\mathbf{u}\mathbf{v}^T = \begin{pmatrix} u_1 v_1 & u_1 v_2 & \cdots & u_1 v_m \\ u_2 v_1 & u_2 v_2 & \cdots & u_2 v_m \\ \vdots & \vdots & \ddots & \vdots \\ u_m v_1 & u_m v_2 & \cdots & u_m v_m \end{pmatrix} = \begin{pmatrix} u_1 \mathbf{v}^T \\ u_2 \mathbf{v}^T \\ \vdots \\ u_m \mathbf{v}^T \end{pmatrix} = (v_1 \mathbf{u} \;\; v_2 \mathbf{u} \;\; \cdots \;\; v_m \mathbf{u})$$

따라서 행공간 Row(A)와 열공간 Col(A)는 각각 다음과 같다.

$$\text{Row}(A) = \text{span}\{\mathbf{v}^T\}, \quad \text{Col}(A) = \text{span}\{\mathbf{u}\}$$

□

열공간에 대해서 다음 보조정리가 성립한다.

보조정리 4.2.4

임의의 n개의 열벡터 $\mathbf{v}_1, \mathbf{v}_2, \ldots, \mathbf{v}_n \in \mathbb{R}^m$과 열벡터 $\mathbf{b} \in \mathbb{R}^m$에 대하여, 다음 명제 (1)과 (2)는 서로 동치이다.

(1) $\mathbf{b} \in \text{span}\{\mathbf{v}_1, \mathbf{v}_2, \cdots, \mathbf{v}_n\}$

(2) A를 다음과 같이 정의된 $m \times n$-행렬

$$A = (\mathbf{v}_1\, \mathbf{v}_2 \cdots \mathbf{v}_n)_{m \times n}$$

이라 할 때, 연립일차방정식 $A\mathbf{x} = \mathbf{b}$를 만족하는 해 $\mathbf{x} \in \mathbb{R}^n$이 존재한다.

[증명]

(1) ⇒ (2) 가정에 의해, 다음 등식을 만족하는 $x_1, x_2, \ldots, x_n \in \mathbb{R}$이 존재한다.

$$\mathbf{b} = x_1\mathbf{v}_1 + x_2\mathbf{v}_2 + \cdots + x_n\mathbf{v}_n$$

한편 $A = (\mathbf{v}_1\, \mathbf{v}_2 \cdots \mathbf{v}_n)_{m \times n}$이고 $\mathbf{x} = (x_1\, x_2 \cdots x_n)^T \in \mathbb{R}^n$이라 할 때, 위의 등식은 $\mathbf{x}$가 연립일차방정식 $A\mathbf{x} = \mathbf{b}$의 해임을 의미한다.

(2) ⇒ (1) 반대로, $A = (\mathbf{v}_1\, \mathbf{v}_2 \cdots \mathbf{v}_n)_{m \times n}$이고 $\mathbf{x} = (x_1\, x_2 \cdots x_n)^T \in \mathbb{R}^n$일 때, $\mathbf{x}$가 연립일차방정식 $A\mathbf{x} = \mathbf{b}$의 해라는 가정은 다음 등식을 의미한다.

$$\mathbf{b} = x_1\mathbf{v}_1 + x_2\mathbf{v}_2 + \cdots + x_n\mathbf{v}_n$$

즉 $\mathbf{b} \in \text{span}\{\mathbf{v}_1, \mathbf{v}_2, \cdots, \mathbf{v}_n\}$이다.

□

[보조정리 4.2.4]에 의해, 다음 정리가 성립한다.

정리 4.2.5

임의의 n개의 열벡터 $\mathrm{v}_1, \mathrm{v}_2, \ldots, \mathrm{v}_n \in \mathbb{R}^m$와 다음과 같이 정의된 $m \times n$-행렬

$$A = (\mathrm{v}_1\, \mathrm{v}_2 \cdots \mathrm{v}_n)_{m \times n}$$

에 대하여, 다음 명제는 서로 동치이다.

(1) $\mathbb{R}^m = \mathrm{span}\{\mathrm{v}_1, \mathrm{v}_2, \cdots, \mathrm{v}_n\}$

(2) 임의의 열벡터 $\mathrm{b} \in \mathbb{R}^m$에 대하여, 연립일차방정식 $A\mathrm{x} = \mathrm{b}$를 만족하는 해 $\mathrm{x} \in \mathbb{R}^n$이 존재한다.

(3) 임의의 열벡터 $\mathrm{b} \in \mathbb{R}^m$과 첨가행렬 $(A \mid \mathrm{b})$에 대하여, $(A' \mid \mathrm{b}')$을 $(A \mid \mathrm{b})$의 사다리꼴행렬이라 하자. 이때, $(A' \mid \mathrm{b}')$은 다음과 같은 형태의 행을 가지고 있지 않다.

$$(0\,0 \cdots 0 \mid *), \quad * \neq 0$$

(4) A'을 A의 사다리꼴행렬이라 할 때, A'의 모든 행이 추축행(pivotal row)이다. 즉 A'의 모든 행이 성분이 영인 **영행**(zero row)이 아니다.

[증명]

[보조정리 4.2.4]에 의해, (1) $\Leftrightarrow$ (2)임은 자명하다.

(2) $\Leftrightarrow$ (3) 또한, 만약 $(A' \mid \mathrm{b}')$이 다음과 같은 형태의 행

$$(0\,0 \cdots 0 \mid *), \quad * \neq 0$$

을 가지고 있다면, 연립일차방정식 $A\mathrm{x} = \mathrm{b}$를 만족하는 해가 존재하지 않고, 그 역도 사실이다.

(2) $\Leftrightarrow$ (4) 마지막으로, 만약 A'의 행 중에 추축행이 아닌 행이 존재하다면 A'의 행 중에 영행이 존재한다. 따라서 연립일차방정식 $A\mathrm{x} = \mathrm{b}$의 해가 없는 적당한 열벡터 $\mathrm{b} \in \mathbb{R}^m$이 존재한다. 또한, 만약 연립일차방정식 $A\mathrm{x} = \mathrm{b}$의 해가 없는 적당한 열벡터 $\mathrm{b} \in \mathbb{R}^m$이 존재한다면 A'의 행 중에 추축행이 아닌 행인 영행이 존재한다.

□

예제 4.2.6

(1) 다음과 같은 열벡터

$$\mathrm{v}_1 = \begin{pmatrix}1\\2\\0\end{pmatrix} \in \mathbb{R}^3,\ \mathrm{v}_2 = \begin{pmatrix}1\\-1\\2\end{pmatrix} \in \mathbb{R}^3,\ \mathrm{b} = \begin{pmatrix}-1\\2\\0\end{pmatrix} \in \mathbb{R}^3$$

에 대하여, $\mathrm{b} \notin \mathrm{span}\{\mathrm{v}_1, \mathrm{v}_2\}$이다. 사실,

$$(A\,|\,\mathrm{b}) = (\mathrm{v}_1\,\mathrm{v}_2\,|\,\mathrm{b}) = \left(\begin{array}{cc|c}1 & 1 & -1\\2 & -1 & 2\\0 & 2 & 0\end{array}\right)$$

의 사다리꼴행렬이 다음과 같은 형태의 행을 가지고 있다.

$$(0\,0\,|\,*),\quad * \neq 0$$

실제로, 다음이 성립한다.

$$(A\,|\,\mathrm{b}) = \left(\begin{array}{cc|c}1 & 1 & -1\\2 & -1 & 2\\0 & 2 & 0\end{array}\right) \xrightarrow{OR(2,1;-2)} \left(\begin{array}{cc|c}1 & 1 & -1\\0 & -3 & 4\\0 & 2 & 0\end{array}\right) \xrightarrow[OQ(3;\frac{1}{2})]{OQ(2;-\frac{1}{3})} \left(\begin{array}{cc|c}1 & 1 & -1\\0 & 1 & -\frac{4}{3}\\0 & 1 & 0\end{array}\right)$$

$$\xrightarrow{OR(3,2;-1)} \left(\begin{array}{cc|c}1 & 1 & -1\\0 & 1 & -\frac{4}{3}\\0 & 0 & \frac{4}{3}\end{array}\right)$$

위의 계산에 의해, $(A\,|\,\mathrm{b})$의 사다리꼴행렬이 다음과 같은 행

$$\left(0\,0\,\middle|\,\frac{4}{3}\right)$$

를 가지고 있다. 따라서 $\mathrm{b} \notin \mathrm{span}\{\mathrm{v}_1, \mathrm{v}_2\}$이다.

(2) 다음과 같은 열벡터

$$\mathrm{v}_1 = \begin{pmatrix}1\\1\\0\end{pmatrix} \in \mathbb{R}^3,\ \mathrm{v}_2 = \begin{pmatrix}1\\0\\0\end{pmatrix} \in \mathbb{R}^3,\ \mathrm{v}_3 = \begin{pmatrix}0\\1\\0\end{pmatrix} \in \mathbb{R}^3$$

에 대하여, $\mathrm{span}\{\mathrm{v}_1, \mathrm{v}_2, \mathrm{v}_3\} \neq \mathbb{R}^3$이다. 사실,

$$A = (\mathrm{v}_1\,\mathrm{v}_2\,\mathrm{v}_3) = \begin{pmatrix}1 & 1 & 0\\1 & 0 & 1\\0 & 0 & 0\end{pmatrix}$$

의 사다리꼴행렬이 모든 성분이 영인 영행을 가지고 있다.

(3) 다음과 같은 열벡터

$$\mathbf{v}_1 = \begin{pmatrix}1\\1\end{pmatrix} \in \mathbb{R}^2, \ \mathbf{v}_2 = \begin{pmatrix}1\\0\end{pmatrix} \in \mathbb{R}^2$$

에 대하여, $\operatorname{span}\{\mathbf{v}_1, \mathbf{v}_2\} = \mathbb{R}^2$이다. 사실,

$$A = (\mathbf{v}_1\ \mathbf{v}_2) = \begin{pmatrix}1 & 1\\1 & 0\end{pmatrix}$$

의 기약사다리꼴행렬

$$A' = \begin{pmatrix}1 & 0\\0 & 1\end{pmatrix}$$

이 영행을 가지고 있지 않다. 즉 A'의 모든 행이 추축행이다.

□

연습문제 4.2

1. 다음과 같이 주어진 $m\times n$-행렬 A의 열공간 Col(A), 행공간 Row(A), 그리고 해공간 Nul(A)를 구하라.

(1) $A=\begin{pmatrix}1&2&2&4\\8&7&6&5\end{pmatrix}$

(2) $A=\begin{pmatrix}4&5&9&-2\\6&5&1&12\\3&4&8&-3\end{pmatrix}$

(3) $A=\begin{pmatrix}1&2&-3\\-1&-2&3\\4&4&4\end{pmatrix}$

(4) $A=\begin{pmatrix}2&1&-1\\1&-2&1\\1&-7&4\\3&4&-3\end{pmatrix}$

2. 다음과 같이 주어진 $m\times n$-행렬 A와 열벡터 b에 대하여, b가 A의 열공간 Col(A)의 원소인지 판별하라. 또한, 만약 b가 Col(A)의 원소라면 b를 A의 열벡터들의 일차결합으로 나타내라.

(1) $A=\begin{pmatrix}1&2&0\\2&-2&-1\\1&8&1\end{pmatrix},\quad \mathrm{b}=\begin{pmatrix}1\\1\\1\end{pmatrix}$

(2) $A=\begin{pmatrix}3&-2&-1&5\\1&4&5&-3\\0&1&1&1\end{pmatrix},\quad \mathrm{b}=\begin{pmatrix}2\\-1\\0\end{pmatrix}$

(3) $A=\begin{pmatrix}1&2&0\\-2&2&1\\1&8&-1\end{pmatrix},\quad \mathrm{b}=\begin{pmatrix}-1\\3\\8\end{pmatrix}$

(4) $A=\begin{pmatrix}3&-2&-1&5\\1&4&5&-3\\0&1&1&1\end{pmatrix},\quad \mathrm{b}=\begin{pmatrix}4\\6\\-1\end{pmatrix}$

3. 다음과 같이 주어진 선형방정식계 $A\mathrm{x}=\mathrm{b}$에 대하여, 물음에 답하라.

$$\begin{pmatrix}1&-2&-1&3\\3&0&3&3\\2&4&6&-2\end{pmatrix}\begin{pmatrix}x_1\\x_2\\x_3\\x_4\end{pmatrix}=\begin{pmatrix}b_1\\b_2\\b_3\end{pmatrix}$$

(1) $A\mathrm{x}=\mathrm{b}$의 해가 존재할 필요충분조건을 b를 이용하여 찾아라.

(2) A의 행공간 Row(A)를 찾아라.

(2) A의 해공간 Nul(A)를 찾아라.

4.3 일차독립과 일차종속

이 절에서는 벡터공간에서 가장 중요한 개념 중의 하나인 일차독립성과 일차종속성을 정의하고 그와 관련된 몇 가지 성질을 정리한다.

다음 정의가 성립한다.

정의 4.3.1

임의의 k개의 벡터 $\mathbf{v}_1, \mathbf{v}_2, \ldots, \mathbf{v}_k \in \mathbb{R}^m$에 대하여

$$S = \{\mathbf{v}_1, \mathbf{v}_2, \ldots, \mathbf{v}_k\}$$

라 할 때, 다음이 성립한다.

(1) 다음 명제가 성립할 때, S가 **일차독립** 또는 **선형독립**(linearly independent)이라 한다.

$$r_1\mathbf{v}_1 + r_2\mathbf{v}_2 + \cdots + r_k\mathbf{v}_k = 0,\ r_1, r_2, \ldots, r_k \in \mathbb{R} \quad \Rightarrow \quad r_1 = r_2 = \cdots = r_k = 0$$

(2) S가 공집합일 때, 편의상 S가 항상 일차독립이라 정의한다.

(3) S가 일차독립이 아닐 때, S가 **일차종속** 또는 **선형종속**(linearly dependent)이라 한다. 즉 다음 등식을 만족하는 모두 영은 아닌 계수 $r_1, r_2, \ldots, r_k \in \mathbb{R}$이 존재한다.

$$r_1\mathbf{v}_1 + r_2\mathbf{v}_2 + \cdots + r_k\mathbf{v}_k = 0$$

예제 4.3.2

(1) $0 = (0\,0 \cdots 0) \in \mathbb{R}^m$일 때, $S = \{0\}$는 항상 일차종속이다. 실제로, 다음 등식이 성립한다.

$$0 = (-1)\cdot 0 = 1\cdot 0 = 5\cdot 0 = 2023\cdot 0 = \cdots,\ 1 \neq 0,\ -1 \neq 0,\ 5 \neq 0,\ 2023 \neq 0,\ \cdots$$

(2) $0=(0\,0\cdots 0)\in\mathbb{R}^m$ 일 때,

$$S=\{0, \mathrm{v}_2, \mathrm{v}_3, \ldots, \mathrm{v}_k\}$$

는 항상 일차종속이다. 실제로, 다음 등식이 성립한다.

$$0=1\cdot 0+r_2\mathrm{v}_2+r_3\mathrm{v}_3+\cdots+r_k\mathrm{v}_k,\quad r_2, r_3, \ldots, r_k\in\mathbb{R}$$

(3) 기본행벡터

$$e_i=(0, 0, \ldots, \underbrace{1}_{i\text{번째}}, 0, \ldots, 0),\quad 1\le i\le m$$

에 대하여,

$$S=\{e_1, e_2, \ldots, e_m\}\subset\mathbb{R}^m$$

은 일차독립이다. 실제로, 다음 명제가 성립한다.

$$0=r_1e_1+r_2e_2+\cdots+r_me_m=(r_1, r_2, \ldots, r_m)\quad\Rightarrow\quad r_1=r_2=\cdots=r_m=0$$

(4) 두 열벡터

$$\mathrm{v}_1=\begin{pmatrix}1\\2\\3\end{pmatrix}\in\mathbb{R}^3,\quad \mathrm{v}_2=\begin{pmatrix}-1\\-2\\-3\end{pmatrix}\in\mathbb{R}^3$$

에 대하여, $S=\{\mathrm{v}_1, \mathrm{v}_2\}$는 일차종속이다. 실제로, 다음 등식이 성립한다.

$$1\cdot\begin{pmatrix}1\\2\\3\end{pmatrix}+1\cdot\begin{pmatrix}-1\\-2\\-3\end{pmatrix}=\begin{pmatrix}0\\0\\0\end{pmatrix}$$

□

[정의 4.3.1]에 의해, 다음 정리가 성립한다.

정리 4.3.3

임의의 k개의 열벡터 $\mathrm{v}_1, \mathrm{v}_2, \ldots, \mathrm{v}_k\in\mathbb{R}^m$과 $S=\{\mathrm{v}_1, \mathrm{v}_2, \ldots, \mathrm{v}_k\}$에 대하여,

$$A=(\mathrm{v}_1\,\mathrm{v}_2\cdots\mathrm{v}_k)_{m\times k}$$

라 할 때, 다음이 성립한다.

(1) S가 일차독립일 필요충분조건은 해공간 $\mathrm{Nul}(A) = \{0\}$이다.

(2) S가 일차종속일 필요충분조건은 해공간 $\mathrm{Nul}(A) \neq \{0\}$이다. 즉 S가 일차종속일 필요충분조건은 동차연립일차방정식

$$A\mathbf{x} = 0$$

의 자명하지 않은 해가 존재하는 것이다(사실, $A\mathbf{x} = 0$의 자명하지 않은 해가 무한히 많이 존재한다).

(3) S가 일차종속일 때,

$$\mathbf{v}_1, \mathbf{v}_2, \ldots, \mathbf{v}_k$$

중에서 한 열벡터, 예를 들어, $\mathbf{v}_1$은 $\mathrm{span}\{\mathbf{v}_2, \mathbf{v}_3, \ldots, \mathbf{v}_k\}$의 원소이다. 또한 그 역도 성립한다.

[증명]

(1) ($\Rightarrow$) 만약 S가 일차독립이라 가정하자. 그러면 $k \times 1$-행렬 $\mathbf{x} = (r_1\, r_2 \cdots r_k)^T$라 할 때, 다음이 성립한다.

$$A\mathbf{x} = r_1\mathbf{v}_1 + r_2\mathbf{v}_2 + \cdots + r_k\mathbf{v}_k = 0 \quad \Rightarrow \quad \mathbf{x} = (r_1\, r_2 \cdots r_k)^T = (0\,0 \cdots 0)^T$$

따라서 해공간 $\mathrm{Nul}(A) = \{0\}$이다.

($\Leftarrow$) 반대로, 해공간 $\mathrm{Nul}(A) = \{0\}$이라 가정하자. 그러면 $k \times 1$-행렬 $\mathbf{x} = (r_1\, r_2 \cdots r_k)^T$라 할 때, 다음이 성립한다.

$$A\mathbf{x} = 0 \quad \Rightarrow \quad \mathbf{x} = (r_1\, r_2 \cdots r_k)^T = (0\,0 \cdots 0)^T$$

그런데 $A\mathbf{x} = r_1\mathbf{v}_1 + r_2\mathbf{v}_2 + \cdots + r_k\mathbf{v}_k$이므로 위의 명제는 다음과 동치이다.

$$r_1\mathbf{v}_1 + r_2\mathbf{v}_2 + \cdots + r_k\mathbf{v}_k = 0 \quad \Rightarrow \quad r_1 = r_2 = \cdots = r_k = 0$$

따라서 S가 일차독립이다.

(2) 명제 (2)는 (1)의 대우명제이므로 (2)는 자명하게 성립한다.

(3) 가정에 의해, S가 일차종속이므로 다음 등식을 만족하는 모두 영은 아닌 실수의 계수 $r_1, r_2, ..., r_k$가 존재한다.

$$r_1\mathbf{v}_1 + r_2\mathbf{v}_2 + \cdots + r_k\mathbf{v}_k = 0$$

이때, 편의상 $r_1 \neq 0$라 가정하자. 그러면 다음 등식이 성립함을 알 수 있다.

$$\mathbf{v}_1 = -\left(\frac{r_2}{r_1}\right)\mathbf{v}_2 - \cdots - \left(\frac{r_k}{r_1}\right)\mathbf{v}_k \text{ 즉, } \mathbf{v}_1 \in \operatorname{span}\{\mathbf{v}_2, \mathbf{v}_3, ..., \mathbf{v}_k\}$$

일차종속의 정의에 의해, 역도 자명하게 성립한다.

□

[정리 4.3.3]의 (1)에 의해, 다음 따름정리가 성립한다.

따름정리 4.3.4

임의의 k개의 열벡터 $\mathbf{v}_1, \mathbf{v}_2, ..., \mathbf{v}_k \in \mathbb{R}^m$과 $S = \{\mathbf{v}_1, \mathbf{v}_2, ..., \mathbf{v}_k\}$에 대하여,

$$A = (\mathbf{v}_1\ \mathbf{v}_2 \cdots \mathbf{v}_k)_{m \times k}$$

라 할 때, 다음 두 명제는 서로 동치이다.

(1) S가 일차독립이다.

(2) A의 사다리꼴행렬의 모든 열이 추축열이다. 즉 A의 사다리꼴행렬의 추축열의 개수가 A의 열의 개수인 k와 같다.

[증명]

[정리 4.3.3]의 (1)에 의해, S가 일차독립일 필요충분조건이 $\text{Nul}(A) = \{0\}$이다. 또한 [정리 2.2.2]에 의해, $\text{Nul}(A) = \{0\}$일 필요충분조건이 A의 추축열의 개수가 A의 열의 총 개수인 k와 같다. 따라서 S가 일차독립일 필요충분조건이 A의 사다리꼴행렬의 추축열의 개수가 A의 열의 개수인 k와 같다이다.

□

따름정리 4.3.5

임의의 k개의 열벡터 $\mathrm{v}_1, \mathrm{v}_2, \ldots, \mathrm{v}_k \in \mathbb{R}^m$과 $S = \{\mathrm{v}_1, \mathrm{v}_2, \ldots, \mathrm{v}_k\}$에 대하여,

$$A = (\mathrm{v}_1\, \mathrm{v}_2 \cdots \mathrm{v}_k)_{m \times k}$$

라 할 때, $k > m$이면 S가 일차종속이다. 따라서 S가 일차독립이라면 $k \leq m$이다.

[증명]

$k > m$이라면 A의 사다리꼴행렬의 추축열의 개수가 A의 열의 개수인 k보다 작아야 한다. 즉 A의 사다리꼴행렬의 추축열의 개수가 A의 열의 개수인 k와 같지 않다. 따라서 [따름정리 4.3.4]에 의해, S가 일차종속이다.

□

[정리 4.3.3]의 (3)에 의해, 다음 따름정리가 성립한다.

따름정리 4.3.6

임의의 두 벡터 $\mathrm{v}_1, \mathrm{v}_2 \in \mathbb{R}^m$과 $S = \{\mathrm{v}_1, \mathrm{v}_2\}$에 대하여, 다음 두 명제 (1)과 (2)는 서로 동치이다.

(1) S가 일차종속이다.

(2) $\mathrm{v}_1 = \alpha \mathrm{v}_2$를 만족하는 실수 α가 존재하거나 또는 $\mathrm{v}_2 = \beta \mathrm{v}_1$을 만족하는 실수 β가 존재한다.

[증명]

[정리 4.3.3]의 (3)에 의해, 명제 (1)과 다음 명제가 서로 동치이다.

$$\mathrm{v}_1 \in \mathrm{span}\{\mathrm{v}_2\} \quad \text{또는 } \mathrm{v}_2 \in \mathrm{span}\{\mathrm{v}_1\}$$

또한 정의에 의해, 위의 명제는 $\mathrm{v}_1 = \alpha \mathrm{v}_2$를 만족하는 실수 α가 존재하거나 또는 $\mathrm{v}_2 = \beta \mathrm{v}_1$을 만족하는 실수 β가 존재한다는 것을 의미하고, 그 역도 사실이다.

□

예제 4.3.7

(1) 두 열벡터

$$\mathrm{v}_1 = \begin{pmatrix} 1 \\ 2 \\ 3 \end{pmatrix} \in \mathbb{R}^3,\ \mathrm{v}_2 = \begin{pmatrix} -1 \\ -2 \\ -3 \end{pmatrix} \in \mathbb{R}^3$$

에 대하여, $S = \{\mathrm{v}_1, \mathrm{v}_2\}$는 일차종속이다. 실제로, 다음 등식이 성립한다.

$$\mathrm{v}_1 = \begin{pmatrix} 1 \\ 2 \\ 3 \end{pmatrix} = (-1) \cdot \begin{pmatrix} -1 \\ -2 \\ -3 \end{pmatrix} = (-1) \cdot \mathrm{v}_2 \quad \text{또는}\ \mathrm{v}_2 = \begin{pmatrix} -1 \\ -2 \\ -3 \end{pmatrix} = (-1) \cdot \begin{pmatrix} 1 \\ 2 \\ 3 \end{pmatrix} = (-1) \cdot \mathrm{v}_1$$

(2) 네 개의 열벡터

$$\mathrm{v}_1 = \begin{pmatrix} 1 \\ 1 \end{pmatrix} \in \mathbb{R}^2,\ \mathrm{v}_2 = \begin{pmatrix} 1 \\ 2 \end{pmatrix} \in \mathbb{R}^2,\ \mathrm{v}_3 = \begin{pmatrix} 1 \\ 3 \end{pmatrix} \in \mathbb{R}^2,\ \mathrm{v}_4 = \begin{pmatrix} 1 \\ 4 \end{pmatrix} \in \mathbb{R}^2$$

에 대하여

$$S = \{\mathrm{v}_1, \mathrm{v}_2, \mathrm{v}_3, \mathrm{v}_4\}$$

일 때, $4 > 2$이므로 S는 일차종속이다. 하지만, $U = \{\mathrm{v}_1, \mathrm{v}_2\}$는 일차독립이다. 실제로

$$A = (\mathrm{v}_1\ \mathrm{v}_2) = \begin{pmatrix} 1 & 1 \\ 1 & 2 \end{pmatrix}$$

일 때, $\det(A) = 2 - 1 = 1 \neq 0$이므로 A의 추축열의 개수가 2이다. 따라서 [따름정리 4.3.4]에 의해, U가 일차독립이다.

□

연습문제 4.3

1. 다음과 같이 주어진 $\mathbb{R}^3$의 부분집합 S가 일차종속인지 판별하고, 만약 S가 일차종속이라면 S에 속하는 한 벡터를 다른 벡터들의 일차결합으로 나타내라.

(1) $S=\{(1,4,4),(0,7,10),(-3,2,8)\}$

(2) $S=\{(2,3,1),(0,1,5),(10,13,-5)\}$

2. 다음과 같이 주어진 $\mathbb{R}^3$의 부분집합 S가 일차종속이 될 필요충분조건을 a를 이용하여 구하라.

(1) $S=\{(1,1,0),(2,1+a,1),(0,1,-1)\},\ \ a\in\mathbb{R}$

(2) $S=\left\{\left(a,\frac{1}{2},\frac{1}{2}\right),\left(\frac{1}{2},a,\frac{1}{2}\right),\left(\frac{1}{2},\frac{1}{2},a\right)\right\},\ \ a\in\mathbb{R}$

3. 임의의 세 벡터 $\mathbf{u},\mathbf{v},\mathbf{w}\in\mathbb{R}^m$에 대하여, 물음에 답하라.

(1) 다음과 같이 주어진 $\mathbb{R}^m$의 부분집합 S가 일차독립인지 판별하라.

$$S=\{\mathbf{u}-\mathbf{v},\mathbf{v}-\mathbf{w},\mathbf{w}-\mathbf{u}\}$$

(2) $\mathbb{R}^m$의 부분집합 $\{\mathbf{u},2\mathbf{v},3\mathbf{w}\}$가 일차독립일 때,

$$U=\{\mathbf{u}+\mathbf{v},\mathbf{v}+\mathbf{w},\mathbf{w}+\mathbf{u}\}$$

가 일차독립인지 판별하라. 그리고, 그 역도 성립하는지 조사하라.

4. 다음 물음에 답하라.

(1) $\mathbb{R}^m$의 부분집합

$$S=\{\mathrm{u}_1, \mathrm{u}_2, \dots, \mathrm{u}_k\}$$

가 일차독립일 때, S의 공집합이 아닌 임의의 부분집합 U도 일차독립임을 보여라.

(2) $\mathbb{R}^m$의 부분집합

$$S=\{\mathrm{u}_1, \mathrm{u}_2, \dots, \mathrm{u}_k\}, \quad k \in \mathbb{N}$$

가 일차종속일 때, $\mathbb{R}^m$의 임의의 벡터 u에 대하여 $U=S \cup \{\mathrm{u}\}$도 일차종속임을 보여라.

4.4 벡터공간의 기저와 차원

이 절에서는 앞 절에서 정의한 벡터공간의 일차독립성과 일차종속성의 개념을 이용하여 벡터공간의 기저와 차원을 정의하고 그와 관련된 몇 가지 성질을 정리한다. 특히, 이 절에서는 여러 가지 상황에서 아주 중요하게 사용되는 추축정리를 증명한다.

다음 정의가 성립한다.

정의 4.4.1

임의의 벡터공간 $(V, +, \cdot)$과 그 벡터부분공간 W에 대하여, 다음이 성립한다.

(1) 임의의 n개의 벡터 $\mathrm{v}_1, \mathrm{v}_2, \ldots, \mathrm{v}_n \in W$와

$$S = \{\mathrm{v}_1, \mathrm{v}_2, \ldots, \mathrm{v}_n\}$$

에 대하여 다음 두 조건 (i)과 (ii)가 성립할 때, S를 W의 **기저**(basis)라 한다.

(i) S가 일차독립이다.

(ii) $W = \operatorname{span} S$

(2) $W \neq \{0\}$이고 $S = \{\mathrm{v}_1, \mathrm{v}_2, \ldots, \mathrm{v}_n\}$이 W의 기저일 때, W의 **차원**(dimension)이 n이라고 말하고, $\dim_{\mathbb{R}} W = n$ 또는 간단히 $\dim W = n$으로 나타낸다.

(3) $W = \{0\}$일 때, $\dim W = 0$로 정의한다.

주어진 벡터공간의 기저의 개수가 항상 일정함을 보일 수 있다. 따라서 벡터공간의 차원을 한 기저의 개수로 정의해도 아무런 문제가 없다. 일반적으로 한 벡터공간의 기저는 무한히 많이 존재한다([예제 4.4.2] 참고).

예제 4.4.2

(1) 기본행벡터

$$e_i = (0, 0, \dots, \underbrace{1}_{i\text{번째}}, 0, \dots, 0),\ \ 1 \le i \le m$$

에 대하여,

$$S = \{e_1, e_2, \dots, e_m\} \subset \mathbb{R}^m$$

은 일차독립이다([예제 4.3.2]). 또한 임의의 벡터 $\mathrm{v} = (v_1, v_2, \dots, v_m) \in \mathbb{R}^m$에 대하여, 다음 등식이 성립한다.

$$\mathrm{v} = (v_1, v_2, \dots, v_m) = v_1 e_1 + v_2 e_2 + \cdots + v_m e_m$$

따라서 $\mathrm{span}\{e_1, e_2, \dots, e_m\} = \mathbb{R}^m$이다. 즉 S는 벡터공간 $\mathbb{R}^m$의 한 기저이고, S를 $\mathbb{R}^m$의 **표준기저** 또는 **기본기저**(standard basis)라 한다. 기저 S의 원소의 개수가 m이므로 벡터공간 $\mathbb{R}^m$의 차원은 m이다.

사실, 다음과 같이 정의된 집합 T도 벡터공간 $\mathbb{R}^m$의 기저가 된다.

$$T_r = \{re_1, e_2, \dots, e_m\},\ \ r \in \mathbb{R} - \{0\}$$

따라서 벡터공간 $\mathbb{R}^m$상에 무한히 많은(비가산 무한집합만큼 많은) 기저가 존재함을 알 수 있다.

(2) 다음과 같이 정의된 집합

$$S = \{e_1, e_1 + e_2, e_3, \dots, e_{m-1}, e_m\}$$

도 벡터공간 $\mathbb{R}^m$의 한 기저가 된다. 실제로, 다음이 성립한다.

(i) S가 일차독립이다. 이를 보이기 위해,

$$A = \left(e^1\ e^1 + e^2\ e^3 \cdots\ e^{m-1}\ e^m\right),\ \ e^i = e_i^T,\ 1 \le i \le m$$

이라 할 때, 기본행연산 $OR(1, 2; -1)$을 한 번 적용하여 A의 기약사다리꼴행렬이 $m \times m$-항등행렬임을 알 수 있다. 따라서 $\det(A) = 1 \ne 0$이므로 A가 가역행렬이다. 즉

$$\mathrm{Nul}(A) = \{0\}$$

이다. [정리 4.3.3]에 의해, S가 일차독립이다.

(ii) (i)에 의해, A가 가역행렬이므로 연립일차방정식

$$A\mathbf{x} = \mathbf{b}, \qquad \mathbf{b} \in \mathbb{R}^m$$

의 해가 유일하게 존재한다. 따라서 $\mathrm{span}\, S = \mathbb{R}^m$이다. 또는

$$\mathbf{b} = (b_1, b_2, \ldots, b_m) \in \mathbb{R}^m$$

이라 할 때, 다음 등식이 성립한다.

$$\mathbf{b} = (b_1, b_2, \ldots, b_m) = (b_1 - b_2)e_1 + b_2(e_1 + e_2) + b_3 e_3 + \cdots + b_m e_m$$

따라서 $\mathrm{span}\, S = \mathbb{R}^m$임을 다시 한번 알 수 있다.

(3) $3 \times 4-$행렬

$$A = \begin{pmatrix} -3 & 6 & -1 & 1 \\ 1 & -2 & 2 & 3 \\ 2 & -4 & 5 & 8 \end{pmatrix}$$

의 해공간

$$\mathrm{Nul}(A) = \{\mathbf{x} \in \mathbb{R}^4 \mid A\mathbf{x} = 0\}$$

의 기저와 차원을 계산해 보자. 이를 위해, 먼저 첨가행렬 $(A \mid 0)$의 기약사다리꼴행렬을 구해보면 다음과 같다([예제 [4.1.11] 참고].

$(A \mid \mathbf{b})$

$$= \left(\begin{array}{cccc|c} -3 & 6 & -1 & 1 & 0 \\ 1 & -2 & 2 & 3 & 0 \\ 2 & -4 & 5 & 8 & 0 \end{array}\right) \xrightarrow{OP(1,2)} \left(\begin{array}{cccc|c} 1 & -2 & 2 & 3 & 0 \\ -3 & 6 & -1 & 1 & 0 \\ 2 & -4 & 5 & 8 & 0 \end{array}\right) \xrightarrow[OR(3,1;-2)]{OR(2,1;3)} \left(\begin{array}{cccc|c} 1 & -2 & 2 & 3 & 0 \\ 0 & 0 & 5 & 10 & 0 \\ 0 & 0 & 1 & 2 & 0 \end{array}\right)$$

$$\xrightarrow{OR(2,3;-5)} \left(\begin{array}{cccc|c} 1 & -2 & 2 & 3 & 0 \\ 0 & 0 & 0 & 0 & 0 \\ 0 & 0 & 1 & 2 & 0 \end{array}\right) \xrightarrow{OP(2,3)} \left(\begin{array}{cccc|c} 1 & -2 & 2 & 3 & 0 \\ 0 & 0 & 1 & 2 & 0 \\ 0 & 0 & 0 & 0 & 0 \end{array}\right) \xrightarrow{OR(1,2;-2)} \left(\begin{array}{cccc|c} 1 & -2 & 0 & -1 & 0 \\ 0 & 0 & 1 & 2 & 0 \\ 0 & 0 & 0 & 0 & 0 \end{array}\right)$$

따라서 위의 동차연립일차방정식은 다음 등식과 동치이고, 자유변수의 개수는 $4-2=2$이다.

$$x - 2y - w = 0, \ \ y = y, \ \ z + 2w = 0, \ \ w = w$$

따라서 $A\mathbf{x} = 0$의 해집합 $\mathrm{Nul}(A)$는 다음과 같다.

$$\mathrm{Nul}(A) = \left\{ \begin{pmatrix} 2y + w \\ y \\ -2w \\ w \end{pmatrix} \middle| \ y, w \in \mathbb{R} \right\} = \left\{ y\begin{pmatrix} 2 \\ 1 \\ 0 \\ 0 \end{pmatrix} + w\begin{pmatrix} 1 \\ 0 \\ -2 \\ 1 \end{pmatrix} \middle| \ y, w \in \mathbb{R} \right\} = \mathrm{span}\left\{ \begin{pmatrix} 2 \\ 1 \\ 0 \\ 0 \end{pmatrix}, \begin{pmatrix} 1 \\ 0 \\ -2 \\ 1 \end{pmatrix} \right\}$$

이때,

$$S=\left\{\begin{pmatrix}2\\1\\0\\0\end{pmatrix}, \begin{pmatrix}1\\0\\-2\\1\end{pmatrix}\right\}$$

는 일차독립이다. 따라서 S가 $\mathrm{Nul}(A)$의 한 기저이고 $\dim \mathrm{Nul}(A)=2$이다.

□

[예제 4.4.2]의 (3)에서와 같이 다음 정리가 성립함을 알 수 있다.

정리 4.4.3

임의의 $m\times n$-행렬 A에 대하여, 동차연립일차방정식 $A\mathbf{x}=0$의 자유변수의 개수가 k라 가정하자. 또는, A의 사다리꼴행렬(또는 기약사다리꼴행렬)에서 추축열(pivotal column)의 개수가 $l=n-k$라 가정하자. 그러면 다음 등식이 성립한다.

$$\dim \mathrm{Nul}(A)=n-l=k$$

[증명]

$\mathbf{x}=(x_1, x_2, \ldots, x_n)\in \mathrm{Nul}(A)\subset \mathbb{R}^n$이라 할 때, $x_{i_1}, x_{i_2}, \ldots, x_{i_l}$과 $x_{j_1}, x_{j_2}, \ldots, x_{j_k}$가 각각 해집합 $\mathrm{Nul}(A)$의 모든 종속변수(non-free variable)와 자유변수(free variable)를 나타낸다고 하자. 그러면 임의의 $\mathbf{x}\in \mathrm{Nul}(A)$에 대하여, 다음이 성립한다.

$$x_{i_t}=\sum_{s=1}^{k} b_{i_t j_s} x_{j_s},\ \ 1\le t\le l,\ b_{i_t j_s}\in\mathbb{R}$$
$$x_{j_1}=x_{j_1},\ x_{j_2}=x_{j_2},\ \ldots,\ x_{j_k}=x_{j_k}$$

증명의 편의상,

$$\{i_1, i_2, \ldots, i_l\}=\{1, 2, \ldots, l\},\ \ \{j_1, j_2, \ldots, j_k\}=\{l+1, l+2, \ldots, n\}$$

이라 할 때, 다음 등식이 성립한다.

$$\mathbf{x} = \begin{pmatrix} x_1 \\ x_2 \\ \vdots \\ x_n \end{pmatrix} = \begin{pmatrix} \sum_{j=l+1}^{n} b_{1j}x_j \\ \sum_{j=l+1}^{n} b_{2j}x_j \\ \vdots \\ \sum_{j=l+1}^{n} b_{lj}x_j \\ x_{l+1} \\ \vdots \\ x_n \end{pmatrix} = x_{l+1}\begin{pmatrix} b_{1(l+1)} \\ b_{2(l+1)} \\ \vdots \\ b_{l(l+1)} \\ 1 \\ 0 \\ \vdots \\ 0 \end{pmatrix} + x_{l+2}\begin{pmatrix} b_{1(l+2)} \\ b_{2(l+2)} \\ \vdots \\ b_{l(l+2)} \\ 0 \\ 1 \\ \vdots \\ 0 \end{pmatrix} + \cdots + x_n\begin{pmatrix} b_{1n} \\ a_{2n} \\ \vdots \\ b_{ln} \\ 0 \\ 0 \\ \vdots \\ 1 \end{pmatrix}$$

이때,

$$\mathbf{v}_{l+1} = \begin{pmatrix} b_{1(l+1)} \\ b_{2(l+1)} \\ \vdots \\ b_{l(l+1)} \\ 1 \\ 0 \\ \vdots \\ 0 \end{pmatrix}, \ \mathbf{v}_{l+2} = \begin{pmatrix} b_{1(l+2)} \\ b_{2(l+2)} \\ \vdots \\ b_{l(l+2)} \\ 0 \\ 1 \\ \vdots \\ 0 \end{pmatrix}, \ \cdots, \mathbf{v}_n = \begin{pmatrix} b_{1n} \\ b_{2n} \\ \vdots \\ b_{ln} \\ 0 \\ 0 \\ \vdots \\ 1 \end{pmatrix}, \ k = n - l$$

이라 놓으면

$$\mathrm{Nul}(A) = \mathrm{span}\{\mathbf{v}_{l+1}, \mathbf{v}_{l+2}, \ldots, \mathbf{v}_n\}$$

이 성립한다. 또한 $S = \{\mathbf{v}_{l+1}, \mathbf{v}_{l+2}, \ldots, \mathbf{v}_n\}$는 일차독립이다. 실제로, 만약

$$x_{l+1}\mathbf{v}_{l+1} + x_{l+2}\mathbf{v}_{l+2} + \cdots + x_n\mathbf{v}_n = 0$$

라면

$$x_{l+1}\mathbf{v}_{l+1} + x_{l+2}\mathbf{v}_{l+2} + \cdots + x_n\mathbf{v}_n = x_{l+1}\begin{pmatrix} b_{1(l+1)} \\ b_{2(l+1)} \\ \vdots \\ b_{l(l+1)} \\ 1 \\ 0 \\ \vdots \\ 0 \end{pmatrix} + x_{l+2}\begin{pmatrix} b_{1(l+2)} \\ b_{2(l+2)} \\ \vdots \\ b_{l(l+2)} \\ 0 \\ 1 \\ \vdots \\ 0 \end{pmatrix} + \cdots + x_n\begin{pmatrix} b_{1n} \\ b_{2n} \\ \vdots \\ b_{ln} \\ 0 \\ 0 \\ \vdots \\ 1 \end{pmatrix}$$

$$= \begin{pmatrix} \sum_{j=l+1}^{n} b_{1j}x_j \\ \sum_{j=l+1}^{n} b_{2j}x_j \\ \vdots \\ \sum_{j=l+1}^{n} b_{lj}x_j \\ x_{l+1} \\ \vdots \\ x_n \end{pmatrix} = 0$$

이므로 $x_{l+1} = x_{l+2} = \cdots = x_n = 0$이다. 따라서 $\dim \text{Nul}(A) = n - l = k$이다.

□

[예제 4.4.2]의 (2)를 일반화하여 다음 보조정리가 성립함을 알 수 있다.

보조정리 4.4.4

임의의 n개의 벡터 $\mathrm{v}_1, \mathrm{v}_2, \ldots, \mathrm{v}_n \in \mathbb{R}^m$에 대하여

$$\mathrm{v} = a_1\mathrm{v}_1 + a_2\mathrm{v}_2 + \cdots + a_n\mathrm{v}_n \neq 0,\ \ a_1, a_2, \ldots, a_n \in \mathbb{R}$$

일 때, 다음이 성립한다.

(1) $\text{span}\{\mathrm{v}_1, \mathrm{v}_2, \ldots, \mathrm{v}_n\} = \text{span}\{\mathrm{v}, \mathrm{v}_1, \mathrm{v}_2, \ldots, \mathrm{v}_n\}$

(2) 예를 들어, 만약 $a_1 \neq 0$이고 $\mathrm{v}_1 \neq 0$이면

$$\text{span}\{\mathrm{v}_1, \mathrm{v}_2, \ldots, \mathrm{v}_n\} = \text{span}\{\mathrm{v}, \mathrm{v}_2, \mathrm{v}_3, \ldots, \mathrm{v}_n\}$$

[증명]

(1) ($\subseteq$) 임의의 원소 $\mathrm{w} \in \text{span}\{\mathrm{v}_1, \mathrm{v}_2, \ldots, \mathrm{v}_n\}$에 대하여, 다음 등식을 만족하는 실수의 계수 $b_1, b_2, \ldots, b_n$이 존재한다.

$$\mathrm{w} = b_1\mathrm{v}_1 + b_2\mathrm{v}_2 + \cdots + b_n\mathrm{v}_n$$

따라서 $\mathrm{w} = 0 \cdot \mathrm{v} + b_1\mathrm{v}_1 + b_2\mathrm{v}_2 + \cdots + b_n\mathrm{v}_n$이므로

$$\mathrm{w} \in \text{span}\{\mathrm{v}, \mathrm{v}_1, \mathrm{v}_2, \ldots, \mathrm{v}_n\}$$

이다. 즉 $\text{span}\{\mathrm{v}_1, \mathrm{v}_2, \ldots, \mathrm{v}_n\} \subseteq \text{span}\{\mathrm{v}, \mathrm{v}_2, \mathrm{v}_3, \ldots, \mathrm{v}_n\}$이다.

(⊇) 반대로, 임의의 원소 $\mathbf{w} \in \text{span}\{\mathbf{v}, \mathbf{v}_1, \mathbf{v}_2, \ldots, \mathbf{v}_n\}$에 대하여, 다음 등식을 만족하는 실수의 계수 $b_0, b_1, b_2, \ldots, b_n$이 존재한다.

$$\mathbf{w} = b_0\mathbf{v} + b_1\mathbf{v}_1 + b_2\mathbf{v}_2 + \cdots + b_n\mathbf{v}_n$$

따라서 다음이 성립한다.

$$\begin{aligned}\mathbf{w} &= b_0\mathbf{v} + b_1\mathbf{v}_1 + b_2\mathbf{v}_2 + \cdots + b_n\mathbf{v}_n \\ &= b_0(a_1\mathbf{v}_1 + a_2\mathbf{v}_2 + \cdots + a_n\mathbf{v}_n) + b_1\mathbf{v}_1 + b_2\mathbf{v}_2 + \cdots + b_n\mathbf{v}_n \\ &= (b_0a_1 + b_1)\mathbf{v}_1 + (b_0a_2 + b_2)\mathbf{v}_2 + \cdots + (b_0a_n + b_n)\mathbf{v}_n \in \text{span}\{\mathbf{v}_1, \mathbf{v}_2, \ldots, \mathbf{v}_n\}\end{aligned}$$

즉 $\text{span}\{\mathbf{v}, \mathbf{v}_1, \mathbf{v}_2, \ldots, \mathbf{v}_n\} \subseteq \text{span}\{\mathbf{v}_1, \mathbf{v}_2, \ldots, \mathbf{v}_n\}$이다.

(2) 가정에 의해, $a_1 \neq 0$이므로

$$\mathbf{v}_1 = \left(\frac{1}{a_1}\right)\mathbf{v} - \left(\frac{a_2}{a_1}\right)\mathbf{v}_2 - \cdots - \left(\frac{a_n}{a_1}\right)\mathbf{v}_n \neq 0$$

가 성립한다. 따라서 위의 (1)에 의해, 다음이 성립한다.

$$\text{span}\{\mathbf{v}, \mathbf{v}_2, \mathbf{v}_3, \ldots, \mathbf{v}_n\} = \text{span}\{\mathbf{v}_1, \mathbf{v}, \mathbf{v}_2, \ldots, \mathbf{v}_n\}$$

한편,

$$\mathbf{v} = a_1\mathbf{v}_1 + a_2\mathbf{v}_2 + \cdots + a_n\mathbf{v}_n \neq 0$$

이므로 다시 위의 (1)에 의해 다음 등식이 성립한다.

$$\text{span}\{\mathbf{v}_1, \mathbf{v}, \mathbf{v}_2, \ldots, \mathbf{v}_n\} = \text{span}\{\mathbf{v}, \mathbf{v}_1, \mathbf{v}_2, \ldots, \mathbf{v}_n\} = \text{span}\{\mathbf{v}_1, \mathbf{v}_2, \mathbf{v}_3, \ldots, \mathbf{v}_n\}$$

따라서 $\text{span}\{\mathbf{v}_1, \mathbf{v}_2, \ldots, \mathbf{v}_n\} = \text{span}\{\mathbf{v}, \mathbf{v}_2, \mathbf{v}_3, \ldots, \mathbf{v}_n\}$이다.

□

예제 4.4.5

(1) 세 개의 행벡터

$$\mathbf{v}_1 = (1, 0),\ \mathbf{v}_2 = (0, 1),\ \mathbf{v}_3 = (1, 1) \in \mathbb{R}^2$$

에 대하여, $\mathbf{v}_3 = \mathbf{v}_1 + \mathbf{v}_2$이므로 [보조정리 4.4.4]에 의해 다음 등식이 성립한다.

$$\text{span}\{\mathbf{v}_1, \mathbf{v}_2\} = \text{span}\{\mathbf{v}_3, \mathbf{v}_1, \mathbf{v}_2\}$$

(2) 네 개의 열벡터

$$\mathrm{v}_1=(2,1,0)^T,\ \mathrm{v}_2=(1,1,-1)^T,\ \mathrm{v}_3=(1,0,1)^T,\ \mathrm{v}_4=(5,2,1)^T\in\mathbb{R}^3$$

에 대하여, 다음 등식이 성립한다.

$$\mathrm{v}_4=3\mathrm{v}_1-\mathrm{v}_2+0\mathrm{v}_3,\quad \mathrm{v}_3=\mathrm{v}_1-\mathrm{v}_2$$

따라서 [보조정리 4.4.4]에 의해 다음 등식이 성립한다.

$$\mathrm{span}\{\mathrm{v}_1,\mathrm{v}_2,\mathrm{v}_3,\mathrm{v}_4\}=\mathrm{span}\{\mathrm{v}_1,\mathrm{v}_2,\mathrm{v}_3\}=\mathrm{span}\{\mathrm{v}_1,\mathrm{v}_2\}$$

또한, 연립일차방정식

$$\begin{cases}2a_1+a_2+a_3=5\\ a_1+a_2\qquad\ =2\\ -a_2+a_3\qquad=1\end{cases}\quad\Leftrightarrow\quad \mathrm{v}_4=a_1\mathrm{v}_1+a_2\mathrm{v}_2+a_3\mathrm{v}_3$$

에 대응하는 첨가행렬 $(A\,|\,\mathrm{b})$의 사다리꼴행렬을 구하면 다음과 같다.

$$(A\,|\,\mathrm{b})=\left(\begin{array}{ccc|c}2&1&1&5\\1&1&0&2\\0&-1&1&1\end{array}\right)\xrightarrow{OP(1,2)}\left(\begin{array}{ccc|c}1&1&0&2\\2&1&1&5\\0&-1&1&1\end{array}\right)\xrightarrow{OR(2,1;-2)}\left(\begin{array}{ccc|c}1&1&0&2\\0&-1&1&1\\0&-1&1&1\end{array}\right)$$
$$\xrightarrow{OR(3,2;-1)}\left(\begin{array}{ccc|c}1&1&0&2\\0&-1&1&1\\0&0&0&0\end{array}\right)$$

따라서 위 연립일차방정식의 해는 다음과 같다.

$$a_1=3-a_3,\ a_2=a_3-1,\ a_3=a_3$$

첨가행렬 $(A\,|\,\mathrm{b})$에 대응하는 연립일차방정식과 첨가행렬 $(A\,|\,\mathrm{b})$의 사다리꼴행렬 $(A'\,|\,\mathrm{b}')$에 대응하는 연립일차방정식은 서로 동치이다. 즉, 첨가행렬 $(A\,|\,\mathrm{b})$에 대응하는 연립일차방정식의 해집합과 첨가행렬 $(A\,|\,\mathrm{b})$의 사다리꼴행렬 $(A'\,|\,\mathrm{b}')$에 대응하는 연립일차방정식의 해집합은 서로 일치한다. 예를 들어, 만약 $a_3=0$이면 $a_1=3$이고 $a_2=-1$이므로

$$(2,1,0)^T=3(1,0,0)+(-1)(1,-1,0)$$

이다. 이때, $(1,0,0)^T$, $(1,-1,0)^T$, $(2,1,0)^T$에 대응하는 $\mathrm{v}_1,\mathrm{v}_2,\mathrm{v}_4$에 대하여 똑같은 일차결합이 다음과 같이 성립한다.

$$\mathrm{v}_4=3\mathrm{v}_1+(-1)\mathrm{v}_2$$

비슷한 방법으로, $(1,0,0)^T$, $(1,-1,0)^T$, $(0,1,0)^T$에 대응하는 $\mathrm{v}_1,\mathrm{v}_2,\mathrm{v}_3$에 대하여 다음과 같이 똑같은 일차결합이 성립한다.

$$(0,1,0)^T = (1,0,0)^T + (-1)(1,-1,0)^T, \quad \mathbf{v}_3 = \mathbf{v}_1 + (-1)\mathbf{v}_2$$

마지막으로, $(1,0,,0)^T$, $(1,-1,0)^T$가

$$\begin{pmatrix} 1 & 1 & 0 & 2 \\ 0 & -1 & 1 & 1 \\ 0 & 0 & 0 & 0 \end{pmatrix}$$

의 추축열에 해당하므로

$$S = \{(1,0,,0)^T, (1,-1,0)^T\}$$

가 일차독립이다. 따라서 $(1,0,,0)^T$, $(1,-1,0)^T$에 대응하는 두 열벡터 $\mathbf{v}_1$과 $\mathbf{v}_2$로 구성된

$$U = \{\mathbf{v}_1, \mathbf{v}_2\}$$

도 일차독립이다. 위의 논의에 의해, 다음 등식이 성립한다.

$$\operatorname{span}\{\mathbf{v}_1, \mathbf{v}_2, \mathbf{v}_3, \mathbf{v}_4\} = \operatorname{span}\{\mathbf{v}_1, \mathbf{v}_2\}$$

□

[예제 4.4.5]의 (2)를 일반화하여 다음 정리를 성립함을 보일 수 있다.

정리 4.4.6 추축정리, Pivot Theorem

임의의 n개의 열벡터 $\mathbf{v}_1, \mathbf{v}_2, \ldots, \mathbf{v}_n \in \mathbb{R}^m$과 $m \times n-$행렬

$$A = (\mathbf{v}_1\, \mathbf{v}_2 \cdots \mathbf{v}_n)_{m \times n}$$

에 대하여

$$A' = (\mathbf{v}'_1\, \mathbf{v}'_2 \cdots \mathbf{v}'_n)_{m \times n}$$

을 A의 사다리꼴행렬(또는 기약사다리꼴행렬)이라 할 때,

$$\mathbf{v}'_{i_1}, \mathbf{v}'_{i_2}, \ldots, \mathbf{v}'_{i_k}$$

가 A'의 모든 추축열이라 하자. 이때, 다음이 성립한다.

(1) $S = \{\mathbf{v}_{i_1}, \mathbf{v}_{i_2}, \ldots, \mathbf{v}_{i_k}\}$가 일차독립이다.

(2) $\operatorname{Col}(A) = \operatorname{span}\{\mathbf{v}_1, \mathbf{v}_2, \ldots, \mathbf{v}_n\} = \operatorname{span} S$이다.

(3) (1)과 (2)에 의해, S가 $\operatorname{Col}(A)$의 기저이다.

[증명]

증명의 편의를 위해, A'의 모든 추축열이

$$\mathbf{v}'_1, \mathbf{v}'_2, \ldots, \mathbf{v}'_k$$

라 하자. 이때, 다음 두 가지 사항을 보여 증명을 완료한다.

(1) 먼저 S가 일차독립임을 보인다. 이를 위해,

$$x_1\mathbf{v}_1 + x_2\mathbf{v}_2 + \cdots + x_k\mathbf{v}_k = 0$$

라고 가정하자. 그러면

$$\mathbf{x}_0 = (x_1, x_2, \ldots, x_k, 0, \ldots, 0) \in \mathrm{Nul}(A)$$

이다. 한편 $\mathrm{Nul}(A) = \mathrm{Nul}(A')$이므로 $\mathbf{x}_0 \in \mathrm{Nul}(A')$이고 다음이 성립한다.

$$x_1\mathbf{v}'_1 + x_2\mathbf{v}'_2 + \cdots + x_k\mathbf{v}'_k = 0$$

그러면, 사다리꼴행렬의 정의에 의해 $x_1 = x_2 = \cdots = x_k = 0$가 된다. 따라서 S가 일차독립이다.

(2) 이제 $\mathrm{Col}(A) = \mathrm{span}\{\mathbf{v}_1, \mathbf{v}_2, \ldots, \mathbf{v}_n\} = \mathrm{span}\, S$임을 보인다. 실제로, 사다리꼴행렬의 정의에 의해 각각의 열벡터 $\mathbf{v}'_j (k+1 \le j \le n)$를 다음과 같이 나타낼 수 있다.

$$\mathbf{v}'_j = x_1\mathbf{v}'_1 + x_2\mathbf{v}'_2 + \cdots + x_k\mathbf{v}'_k,\ x_1, x_2, \ldots, x_k \in \mathbb{R}$$

즉

$$-\mathbf{v}'_j + x_1\mathbf{v}'_1 + x_2\mathbf{v}'_2 + \cdots + x_k\mathbf{v}'_k = 0$$

이다. 따라서

$$\mathbf{y}_0 = (x_1, x_2, \ldots, x_k, 0, \ldots, 0, \underbrace{-1}_{j\text{번째}}, 0, \ldots, 0) \in \mathrm{Nul}(A')$$

이다. 한편 $\mathrm{Nul}(A) = \mathrm{Nul}(A')$이므로 $\mathbf{y}_0 \in \mathrm{Nul}(A)$이고 다음이 성립한다.

$$-\mathbf{v}_j + x_1\mathbf{v}_1 + x_2\mathbf{v}_2 + \cdots + x_k\mathbf{v}_k = 0 \quad \Leftrightarrow \quad \mathbf{v}_j = x_1\mathbf{v}_1 + x_2\mathbf{v}_2 + \cdots + x_k\mathbf{v}_k$$

즉 $\mathbf{v}_j \in \mathrm{span}\{\mathbf{v}_1, \mathbf{v}_2, \ldots, \mathbf{v}_k\} = \mathrm{span}\, S$이고,

$$\mathrm{Col}(A) = \mathrm{span}\{\mathbf{v}_1, \mathbf{v}_2, \ldots, \mathbf{v}_n\} \subseteq \mathrm{span}\, S$$

이다. 반대로, 자명하게 다음이 성립한다.

$$\mathrm{Col}(A) = \mathrm{span}\{\mathbf{v}_1, \mathbf{v}_2, \ldots, \mathbf{v}_n\} \supseteq \mathrm{span}\, S$$

□

예제 4.4.7

(1) 세 개의 열벡터

$$\mathbf{v}_1 = (1,0,1,1)^T,\ \mathbf{v}_2 = (1,1,0,2)^T,\ \mathbf{v}_3 = (0,1,-1,1)^T \in \mathbb{R}^4$$

에 대하여, 4×3-행렬

$$A = (\mathbf{v}_1\, \mathbf{v}_2\, \mathbf{v}_3)_{4\times 3} = \begin{pmatrix} 1 & 1 & 0 \\ 0 & 1 & 1 \\ 1 & 0 & -1 \\ 1 & 2 & 1 \end{pmatrix}_{4\times 3}$$

의 열공간 $\mathrm{Col}(A)$의 기저를 [정리 4.4.6]을 이용하여 구해보자. 이를 위해, 먼저 A의 기약사다리꼴행렬을 구하면 다음과 같다.

$$A = \begin{pmatrix} 1 & 1 & 0 \\ 0 & 1 & 1 \\ 1 & 0 & -1 \\ 1 & 2 & 1 \end{pmatrix} \xrightarrow[OR(4,1;-1)]{OR(3,1;-1)} \begin{pmatrix} 1 & 1 & 0 \\ 0 & 1 & 1 \\ 0 & -1 & -1 \\ 0 & 1 & 1 \end{pmatrix} \xrightarrow[OR(4,2;-1)]{OR(3,2;1)} \begin{pmatrix} 1 & 1 & 0 \\ 0 & 1 & 1 \\ 0 & 0 & 0 \\ 0 & 0 & 0 \end{pmatrix} \xrightarrow{OR(1,2;-1)} \begin{pmatrix} 1 & 0 & -1 \\ 0 & 1 & 1 \\ 0 & 0 & 0 \\ 0 & 0 & 0 \end{pmatrix}$$

위의 계산에 의해, A의 첫 번째와 두 번째 열이 추축열이고 세 번째열은 추축열이 아니다. 따라서 [정리 4.4.6]에 의해,

$$\mathrm{Col}(A) = \mathrm{span}\{\mathbf{v}_1, \mathbf{v}_2\}$$

이고 $\{\mathbf{v}_1, \mathbf{v}_2\}$가 $\mathrm{Col}(A)$의 기저이다.

하지만

$$\mathbf{v}_1 = (1,0,1,1)^T \notin \mathrm{span}\{(1,0,0,0)^T, (0,1,0,0)^T\} \neq \mathrm{Col}(A) = \mathrm{span}\{\mathbf{v}_1, \mathbf{v}_2\}$$

임에 유의하자. 즉, A'이 A의 사다리꼴행렬 또는 기약사다리꼴행렬일 때, 일반적으로

$$\mathrm{Col}(A) \neq \mathrm{Col}(A')$$

이다. 그러나 A와 A'의 추축(또는 추축열)의 개수가 항상 일치한다. 따라서 다음 등식이 성립한다.

$$\dim \mathrm{Col}(A) = \dim \mathrm{Col}(A')$$

(2) 집합

$$U = \{\mathbf{v}_1 = (1,0,-1)^T, \mathbf{v}_2 = (2,1,1)^T\} \subset \mathbb{R}^3$$

라 할 때, U는 일차독립이다. 실제로,

$$A=\begin{pmatrix}1&2\\0&1\\-1&1\end{pmatrix}\xrightarrow{OP(2,3)}\begin{pmatrix}1&2\\-1&1\\0&1\end{pmatrix}\xrightarrow{OR(2,1;1)}\begin{pmatrix}1&2\\0&3\\0&1\end{pmatrix}\xrightarrow{OP(2,3)}\begin{pmatrix}1&2\\0&1\\0&3\end{pmatrix}$$
$$\xrightarrow{OR(3,2;-3)}\begin{pmatrix}1&2\\0&1\\0&0\end{pmatrix}$$

이므로 A의 추축열의 개수가 2이다. 즉 U가 일차독립이다. 한편,

$$\mathbf{v}_3=(0,0,1)\not\in \operatorname{span}\{\mathbf{v}_1,\mathbf{v}_2\}$$

이므로 $S=\{\mathbf{v}_1,\mathbf{v}_2,\mathbf{v}_3\}$가 U를 포함하는 $\mathbb{R}^3$의 기저이다.

□

마지막으로 다음 정리를 증명한다.

정리 4.4.8

임의의 n개의 열벡터 $\mathbf{v}_1,\mathbf{v}_2,\ldots,\mathbf{v}_n\in\mathbb{R}^m$과 $m\times n-$행렬

$$A=(\mathbf{v}_1\,\mathbf{v}_2\cdots\,\mathbf{v}_n)_{m\times n}$$

에 대하여, 다음이 성립한다.

(1) $\dim\operatorname{Col}(A)=\dim\operatorname{Row}(A)$

(2) $\dim\operatorname{Col}(A)=\dim\operatorname{Row}(A^T)$이고 $\dim\operatorname{Col}(A^T)=\dim\operatorname{Row}(A)$

(3) $\operatorname{Row}(A)$와 $\operatorname{Nul}(A)$가 서로 직교한다. 즉

$$\operatorname{Row}(A)\perp\operatorname{Nul}(A)$$

(4) $\operatorname{Col}(A)$와 $\operatorname{Nul}(A^T)$가 서로 직교한다. 즉

$$\operatorname{Col}(A)\perp\operatorname{Nul}(A^T)$$

[증명]

(1) A'이 A의 사다리꼴행렬 또는 기약사다리꼴행렬이라 할 때, A'의 추축 또는 추축열의 개수를 k라 하자. 그러면 다음 등식이 성립한다.

$$\dim\operatorname{Col}(A)=k=\dim\operatorname{Row}(A)$$

(2) $\text{Col}(A) = \text{Row}(A^T)$이므로 다음 등식이 성립한다.

$$\dim \text{Col}(A^T) = \dim \text{Row}(A^T) = \dim \text{Col}(A) = \dim \text{Row}(A)$$

(3) 증명을 위해,

$$A = \begin{pmatrix} A_1 \\ A_2 \\ \vdots \\ A_m \end{pmatrix}_{m \times n}$$

이라 하자. 그러면 임의의 $\mathbf{x} \in \text{Nul}(A)$에 대하여 $A\mathbf{x} = 0$이므로

$$A\mathbf{x} = \begin{pmatrix} A_1 \cdot \mathbf{x}^T \\ A_2 \cdot \mathbf{x}^T \\ \vdots \\ A_m \cdot \mathbf{x}^T \end{pmatrix} = \begin{pmatrix} 0 \\ 0 \\ \vdots \\ 0 \end{pmatrix}$$

이다. 따라서 다음이 성립한다.

$$A_i \cdot \mathbf{x}^T = 0, \ 1 \le i \le m$$

즉 $\text{Row}(A) \cdot \mathbf{x}^T = 0$이고, 따라서 $\text{Nul}(A) \perp \text{Row}(A)$이다.

(4) $\text{Col}(A) = \text{Row}(A^T)$이므로 다음이 성립한다.

$$\text{Col}(A) = \text{Row}(A^T) \perp \text{Nul}(A^T)$$

□

연습문제 4.4

1. 다음과 같이 주어진 연립일차방정식의 해공간의 기저와 차원을 각각 구하라.

(1)

$$\begin{cases} x_1 - x_2 + x_3 = 0 \\ 2x_1 - x_2 + 4x_3 = 0 \\ 3x_1 + x_2 + 11x_3 = 0 \end{cases}$$

(2)

$$\begin{cases} 2x_1 + x_2 + x_3 + x_4 = 0 \\ 3x_1 - x_2 + x_3 - x_4 = 0 \end{cases}$$

2. 다음과 같이 주어진 $\mathbb{R}^4$의 부분집합

$$S_1 = \{\mathbf{u}_1 = (1, 1, 3, -1), \mathbf{u}_2 = (1, 0, -2, 0), \mathbf{u}_3 = (4, 2, 2, -2), \mathbf{u}_4 = (3, 2, 4, -2)\}$$

$$S_2 = \{\mathbf{v}_1 = (1, 0, 0, 1), \mathbf{v}_2 = (1, 1, 7, 1)\}$$

에 대하여, $\mathbb{R}^4$의 두 벡터부분공간 $V_1 = \operatorname{span} S_1$과 $V_2 = \operatorname{span} S_2$를 고려하자. 이때, $V_1 \cap V_2$와 $V_1 + V_2$의 기저와 차원을 각각 구하라.

3. 다음과 같이 주어진 $\mathbb{R}^4$의 부분집합

$$S = \{\mathbf{u}_1 = (1, 0, 1, 1), \mathbf{u}_2 = (1, 1, 2, 3), \mathbf{u}_3 = (1, 2, 3, 5), \mathbf{u}_4 = (2, 1, 3, 4)\}$$

에 대하여, $\mathbb{R}^4$의 두 벡터부분공간 $V = \operatorname{span} S$와

$$W = \{(a, b, c, d) \in \mathbb{R}^4 \mid a + b - c = 0, a + 2c - d = 0\}$$

를 고려하자. 이때, $V \cap W$와 $V + W$의 기저와 차원을 각각 구하라.

4. 다음과 주어진 $M(2, \mathbb{R})$의 벡터부분공간 W의 기저와 차원 $\dim W$를 구하라.

$$W = \left\{ \begin{pmatrix} a & b \\ c & d \end{pmatrix} \in M(2, \mathbb{R}) \;\middle|\; a - b + 2c + 3d = 0 \right\}$$

5. 4차원 유클리드 공간 $\mathbb{R}^4$의 두 벡터부분공간

$$V = \text{span}\{(1,0,1,1),\ (1,1,2,3),\ (0,1,1,2)\},$$
$$W = \{(x,y,z,w) \in \mathbb{R}^4 \mid x+y-z=0,\ z+2z=w\}$$

에 대하여, $V \cap W$와 $V+W$의 기저와 차원을 각각 구하라.

6. $M(2,\mathbb{R})$의 두 부분공간

$$W_1 = \left\{ \begin{pmatrix} a & b \\ c & d \end{pmatrix} \in M(2,\mathbb{R}) \;\middle|\; a+d=0 \right\},\quad W_2 = \left\{ \begin{pmatrix} a & b \\ c & d \end{pmatrix} \in M(2,\mathbb{R}) \;\middle|\; a+3b+c+3d=0 \right\}$$

에 대하여, $W_1 \cap W_2$와 $W_1 + W_2$의 기저와 차원을 각각 구하라.

7. $C^{\infty}(\mathbb{R},\mathbb{R})$의 벡터부분공간

$$W = \{f(x) \in C^{\infty}(\mathbb{R},\mathbb{R}) \mid 3f''(x) - 5f(x) = 0\}$$

의 기저와 차원을 각각 구하라.

8. 임의의 영이 아닌 벡터 $\mathbf{u} \in \mathbb{R}^n$과 $\mathbb{R}^n$의 부분집합

$$\mathbf{u}^{\perp} = \{\mathbf{v} \in \mathbb{R}^n \mid \mathbf{u} \cdot \mathbf{v} = 0\}$$

에 대하여, 물음에 답하라.

(1) $\mathbf{u}^{\perp}$가 $\mathbb{R}^n$의 벡터부분공간임을 보여라.

(2) $\mathbf{u}^{\perp}$의 기저와 차원을 각각 구하라.

9. 임의의 실수 a와 다음과 같이 주어진 집합 S에 대하여, $W = \text{span}\,S$라 하자.

$$S = \{\mathbf{u}_1 = (1,-2,a),\ \mathbf{u}_2 = (2,4a,-2),\ \mathbf{u}_3 = (a,2,1)\}$$

이때, 물음에 답하라.

(1) $V=\mathbb{R}^3$일 때, a를 모두 찾아라.

(2) $\dim V=2$일 때, a를 모두 찾아라.

(3) $\dim V=1$일 때, a를 모두 찾아라.

10. $3\times 3-$행렬

$$A=\begin{pmatrix} 2 & 4 & a \\ a-1 & 1 & \\ 3 & 1 & -1 \end{pmatrix},\ a\in\mathbb{R}$$

에 대하여, 물음에 답하라.

(1) 선형방정식계 $A\mathbf{x}=0$의 해공간이 양의 차원을 가질 필요충분조건을 a를 이용하여 찾아라.

(2) 선형방정식계 $A\mathbf{x}=0$의 해공간이 양의 차원을 가질 때, 각각의 a에 따라 해공간의 차원을 결정하라.

11. 다음과 같이 주어진 집합 S를 선형방정식계 $A\mathbf{x}=0$의 해공간의 기저로 가지는 $2\times 4-$행렬 A를 찾아라.

$$S=\{\mathbf{u}_1=(1,-1,3,2),\mathbf{u}_2=(2,0,-2,4)\}\subset\mathbb{R}^4$$

(힌트: $Nul(A)\perp \mathrm{Row}(A)$임을 이용하라. 예를 들어, $A=\begin{pmatrix} 1 & 4 & 1 & 0 \\ -2 & 0 & 0 & 1 \end{pmatrix}$)

4.5 그람-슈미트 직교화과정

이 절에서는 m차원 유클리드 공간 $\mathbb{R}^m$상에서 정사영 개념을 이용하여 주어진 기저를 직교기저(orthogonal basis)로 변경하는 데 편리한 절차를 말해주는 그람-슈미트 직교화과정(Gram-Schmidt orthogonalization procedure)을 자세히 설명하고 그와 관련된 예를 알아본다. 사실, 위의 그람-슈미트 직교화과정은 임의의 내적공간에서도 성립하는 아주 유용한 정리이다.

다음 보조정리가 성립한다.

보조정리 4.5.1

m차원 유클리드 공간 $\mathbb{R}^m$상에서 정의된 집합

$$S=\{\mathbf{v}_1, \mathbf{v}_2, \dots, \mathbf{v}_m\}\subset \mathbb{R}^m$$

이 다음 조건을 만족할 때, S가 $\mathbb{R}^m$의 기저가 된다.

$$\mathbf{v}_i\cdot\mathbf{v}_j=\begin{cases}0, & i\neq j,\\ \neq 0, & i=j,\end{cases}\quad 1\le i,j\le m$$

[증명]

S가 $\mathbb{R}^m$의 기저임을 보이기 위해, 다음 두 조건을 보여 증명을 완료한다.

(i) 먼저 S가 일차독립임을 보인다. 실제로, 만약

$$x_1\mathbf{v}_1+x_2\mathbf{v}_2+\cdots+x_m\mathbf{v}_m=0$$

라면

$$\begin{aligned}0&=(x_1\mathbf{v}_1+x_2\mathbf{v}_2+\cdots+x_m\mathbf{v}_m)\cdot\mathbf{v}_j,\ \ 1\le j\le m\\ &=\sum_{i=1}^{m}x_i\mathbf{v}_i\cdot\mathbf{v}_j=x_j\mathbf{v}_j\cdot\mathbf{v}_j,\ \ \mathbf{v}_j\cdot\mathbf{v}_j\neq 0\end{aligned}$$

가 성립한다. 따라서 임의의 $1\le j\le m$에 대하여 $x_j=0$이다. 즉 S가 일차독립이다.

(ii) 한편, 임의의 벡터 $\mathrm{v} \in \mathbb{R}^m$에 대하여 [따름정리 4.3.5]에 의해

$$T = \{\mathrm{v}, \mathrm{v}_1, \mathrm{v}_2, \ldots, \mathrm{v}_m\}$$

가 일차종속이다. 따라서 다음 등식을 만족하는 모두 영은 아닌 실수의 계수 $x_0, x_1, x_2, \ldots, x_m$이 존재한다.

$$x_0\mathrm{v} + x_1\mathrm{v}_1 + x_2\mathrm{v}_2 + \cdots + x_m\mathrm{v}_m = 0$$

이때, $x_0 \neq 0$이다. 실제로, 만약 $x_0 = 0$이라면 S가 일차독립이므로

$$x_1 = x_2 = \cdots = x_m = 0$$

가 되어 모순이다. 따라서 다음 등식을 얻을 수 있다.

$$\mathrm{v} = -\left(\frac{x_1}{x_0}\right)\mathrm{v}_1 - \left(\frac{x_2}{x_0}\right)\mathrm{v}_2 - \cdots - \left(\frac{x_m}{x_0}\right)\mathrm{v}_m \quad \Leftrightarrow \quad \mathrm{span}\, T = \mathrm{span}\, S$$

즉 S의 일차결합이 $\mathbb{R}^m$상에서 정의된 임의의 벡터를 생성한다. 위의 (i)과 (ii)에 의해, S가 $\mathbb{R}^m$의 기저이다.

□

다음 정의가 성립한다.

정의 4.5.2

임의의 m차원 벡터공간 $(V, +, \cdot)$상에 내적 $\langle \cdot, \cdot \rangle$가 정의되어 있다고 가정하자. 이때, 다음이 성립한다.

(1) V의 임의의 기저

$$S = \{\mathrm{v}_1, \mathrm{v}_2, \ldots, \mathrm{v}_m\} \subset V$$

에 대하여 다음 조건이 성립할 때, S를 V의 **직교기저**(orthogonal basis)라 한다.

$$\langle \mathrm{v}_i, \mathrm{v}_j \rangle = \begin{cases} 0, & i \neq j, \\ \neq 0, & i = j, \end{cases} \quad 1 \leq i, j \leq m$$

(2) V의 임의의 직교기저

$$S = \{\mathrm{v}_1, \mathrm{v}_2, \ldots, \mathrm{v}_m\} \subset V$$

에 대하여 다음 조건이 성립할 때, S를 V의 **정규직교기저**(orthonormal basis)

라 한다.

$$\langle \mathrm{v}_i, \mathrm{v}_j \rangle = \delta_{ij} = \begin{cases} 0, & i \neq j, \\ 1, & i = j, \end{cases} \quad 1 \leq i, j \leq m$$

여기서, δ를 보통 **크로네커 델타**(Kronecker delta)라 부른다.

(3) m차원 유클리드 공간 $\mathbb{R}^m$상에서는 직교기저 또는 정규직교기저를 정의하기 위해 보통 기본내적(또는 표준내적)을 이용한다.

예제 4.5.3

(1) 두 벡터

$$\mathrm{v}_1 = (1, 1), \ \mathrm{v}_2 = (1, -1) \in \mathbb{R}^2$$

에 대하여, 다음이 성립한다.

$$\mathrm{v}_1 \cdot \mathrm{v}_1 = \mathrm{v}_2 \cdot \mathrm{v}_2 = 2 \neq 0, \ \mathrm{v}_1 \cdot \mathrm{v}_2 = 0$$

따라서 $S = \{\mathrm{v}_1, \mathrm{v}_2\}$가 $\mathbb{R}^2$의 직교기저이다.

(2) 두 벡터

$$\mathrm{v}_1 = (1, 0), \ \mathrm{v}_2 = (0, 1) \in \mathbb{R}^2$$

에 대하여, 다음이 성립한다.

$$\mathrm{v}_1 \cdot \mathrm{v}_1 = \mathrm{v}_2 \cdot \mathrm{v}_2 = 1 \neq 0, \ \mathrm{v}_1 \cdot \mathrm{v}_2 = 0$$

따라서 $S = \{\mathrm{v}_1, \mathrm{v}_2\}$가 $\mathbb{R}^2$의 정규직교기저이다.

(3) 두 벡터

$$\mathrm{v}_1 = \frac{1}{\sqrt{2}}(1, 1), \ \mathrm{v}_2 = \frac{1}{\sqrt{2}}(1, -1) \in \mathbb{R}^2$$

에 대하여, 다음이 성립한다.

$$\mathrm{v}_1 \cdot \mathrm{v}_1 = \mathrm{v}_2 \cdot \mathrm{v}_2 = 1 \neq 0, \ \mathrm{v}_1 \cdot \mathrm{v}_2 = 0$$

따라서 $S = \{\mathrm{v}_1, \mathrm{v}_2\}$가 $\mathbb{R}^2$의 정규직교기저이다.

□

3차원 유클리드 공간 $\mathbb{R}^3$상에서 정의된 기저

$$B = \{\mathbf{v}_1, \mathbf{v}_2, \mathbf{v}_3\} \subset \mathbb{R}^3$$

에 대하여, 새로운 벡터 $\mathbf{u}_i (1 \le i \le 3)$를 다음과 같이 정의하자.

$$\mathbf{u}_1 = \mathbf{v}_1,\ \ \mathbf{u}_i = \mathbf{v}_i - \sum_{j=1}^{i-1} \left(\frac{\mathbf{v}_i \cdot \mathbf{u}_j}{\mathbf{u}_j \cdot \mathbf{u}_j} \right) \mathbf{u}_j,\ \ 2 \le i \le 3$$

이때, 집합

$$S = \{\mathbf{u}_1, \mathbf{u}_2, \mathbf{u}_3\}$$

는 $\mathbb{R}^3$의 직교기저이다. 실제로, $\mathbf{v}_2$의 $\mathbf{v}_1$에 관한 정사영 $\mathrm{Proj}_{\mathbf{v}_1}(\mathbf{v}_2)$는 다음과 같이 주어진다([그림 4.5.1] 참고).

$$\mathrm{Proj}_{\mathbf{v}_1}(\mathbf{v}_2) = \frac{\mathbf{v}_2 \cdot \mathbf{v}_1}{\mathbf{v}_1 \cdot \mathbf{v}_1} \mathbf{v}_1$$

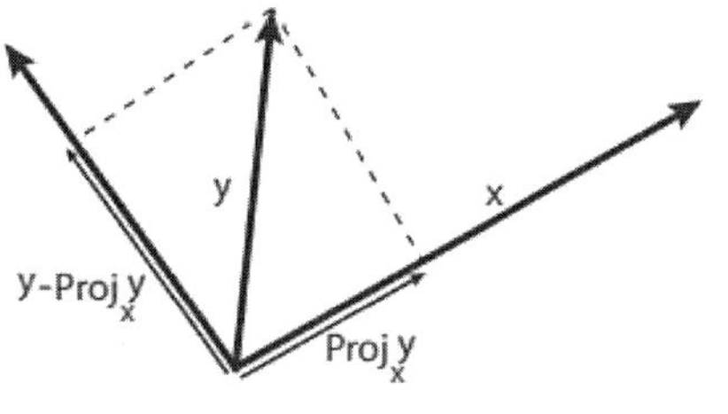

[그림 4.5.1]

따라서

$$\mathbf{u}_2 = \mathbf{v}_2 - \mathrm{Proj}_{\mathbf{v}_1}(\mathbf{v}_2) = \mathbf{v}_2 - \frac{\mathbf{v}_2 \cdot \mathbf{v}_1}{\mathbf{v}_1 \cdot \mathbf{v}_1} \mathbf{v}_1 \ \perp\ \mathbf{v}_1 = \mathbf{u}_1$$

이다. 정의에 의해 $\mathrm{span}\{\mathbf{u}_1, \mathbf{u}_2\} = \mathrm{span}\{\mathbf{v}_1, \mathbf{v}_2\}$이다. 이때, $\mathbf{v}_3$의 $\mathbf{v}_1$과 $\mathbf{v}_2$에 의해 생성된 평면 $\mathrm{span}\{\mathbf{u}_1, \mathbf{u}_2\} = \mathrm{span}\{\mathbf{v}_1, \mathbf{v}_2\}$에 관한 정사영을

$$\mathbf{w} = \mathrm{Proj}_{\mathrm{span}\{\mathbf{v}_1, \mathbf{v}_2\}}(\mathbf{v}_3) = a_1 \mathbf{u}_1 + a_2 \mathbf{u}_2,\ \ a_1, a_2 \in \mathbb{R}$$

로 나타내면, 다음 등식이 성립한다([그림 4.5.2] 참고).

$$\mathbf{w} \cdot \mathbf{u}_1 = a_1 \mathbf{u}_1 \cdot \mathbf{u}_1,\ \ \mathbf{w} \cdot \mathbf{u}_2 = a_2 \mathbf{u}_2 \cdot \mathbf{u}_2 \ \ \Leftrightarrow\ \ a_1 = \frac{\mathbf{w} \cdot \mathbf{u}_1}{\mathbf{u}_1 \cdot \mathbf{u}_1},\ \ a_2 = \frac{\mathbf{w} \cdot \mathbf{u}_2}{\mathbf{u}_2 \cdot \mathbf{u}_2}$$

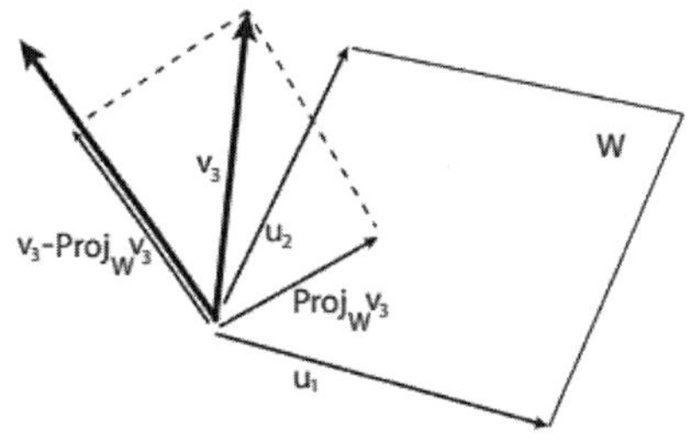

[그림 4.5.2]

한편, $(\mathrm{v}_3-\mathrm{w})\cdot\mathrm{u}_1=(\mathrm{v}_3-\mathrm{w})\cdot\mathrm{u}_2=0$이므로

$$\mathrm{w}\cdot\mathrm{u}_1=\mathrm{v}_3\cdot\mathrm{u}_1,\ \ \mathrm{w}\cdot\mathrm{u}_2=\mathrm{v}_3\cdot\mathrm{u}_2$$

이다. 따라서

$$\begin{aligned}\mathrm{w}&=\mathrm{Proj}_{\mathrm{span}\{\mathrm{v}_1,\mathrm{v}_2\}}(\mathrm{v}_3)=a_1\mathrm{u}_1+a_2\mathrm{u}_2=\frac{\mathrm{w}\cdot\mathrm{u}_1}{\mathrm{u}_1\cdot\mathrm{u}_1}\mathrm{u}_1+\frac{\mathrm{w}\cdot\mathrm{u}_2}{\mathrm{u}_2\cdot\mathrm{u}_2}\mathrm{u}_2\\&=\frac{\mathrm{v}_3\cdot\mathrm{u}_1}{\mathrm{u}_1\cdot\mathrm{u}_1}\mathrm{u}_1+\frac{\mathrm{v}_3\cdot\mathrm{u}_2}{\mathrm{u}_2\cdot\mathrm{u}_2}\mathrm{u}_2\end{aligned}$$

이고, 다음이 성립한다.

$$\mathrm{u}_3=\mathrm{v}_3-\mathrm{w}=\mathrm{v}_3-\sum_{j=1}^{2}\left(\frac{\mathrm{v}_3\cdot\mathrm{u}_j}{\mathrm{u}_j\cdot\mathrm{u}_j}\right)\mathrm{u}_j\ \perp\ \mathrm{u}_i,\ \ i=1,2$$

일반적으로 다음 정리가 성립한다.

정리 4.5.3 **그람-슈미트 직교화과정, Gram-Schmidt orthogonalization procedure**

m차원 유클리드 공간 $\mathbb{R}^m$상에서 정의된 기저

$$B=\{\mathrm{v}_1,\mathrm{v}_2,\ldots,\mathrm{v}_m\}\subset\mathbb{R}^m$$

에 대하여, 새로운 벡터 $\mathrm{u}_i(1\le i\le m)$를 다음과 같이 정의하자.

$$\mathrm{u}_1=\mathrm{v}_1,\ \ \mathrm{u}_i=\mathrm{v}_i-\sum_{j=1}^{i-1}\left(\frac{\mathrm{v}_i\cdot\mathrm{u}_j}{\mathrm{u}_j\cdot\mathrm{u}_j}\right)\mathrm{u}_j,\ \ 2\le i\le m$$

이때, 다음이 성립한다.

(1) 집합

$$S = \{\mathbf{u}_1, \mathbf{u}_2, \ldots, \mathbf{u}_m\}$$

은 $\mathbb{R}^m$의 직교기저이다.

(2) 집합

$$U = \left\{\frac{1}{\|\mathbf{u}_1\|}\mathbf{u}_1, \frac{1}{\|\mathbf{u}_2\|}\mathbf{u}_2, \ldots, \frac{1}{\|\mathbf{u}_m\|}\mathbf{u}_m\right\}$$

은 $\mathbb{R}^m$의 정규직교기저이다.

[증명]

(2)는 정의에 의해 자명하므로 (1)만 자세히 증명한다. 증명을 위해, 먼저 $1 \le i \le j \le m$이라 가정하고 m에 관한 수학적 귀납적으로 증명을 완료한다.

(ⅰ) $m=1$이라면 $i-j=1$이다. 이때,

$$\mathbf{u}_1 \cdot \mathbf{u}_1 = \mathbf{v}_1 \cdot \mathbf{v}_1 \neq 0$$

이므로 정리가 성립한다.

(ⅱ) 이제 임의의 $m \ge 1$에 대하여 정리가 성립한다고 가정하고 $m+1$인 경우를 고려하자. 그러면

$$\mathbf{u}_{m+1} = \mathbf{v}_{m+1} - \sum_{l=1}^{m}\left(\frac{\mathbf{v}_{m+1} \cdot \mathbf{u}_l}{\mathbf{u}_l \cdot \mathbf{u}_l}\right)\mathbf{u}_l \neq 0$$

이다. 실제로, 임의의 $i(1 \le i \le m)$에 대하여

$$\mathrm{span}\{\mathbf{u}_1, \mathbf{u}_2, \ldots, \mathbf{u}_i\} = \mathrm{span}\{\mathbf{v}_1, \mathbf{v}_2, \ldots, \mathbf{v}_i\}$$

이다. 따라서 만약 $\mathbf{u}_{m+1} = 0$이라면 $\mathbf{v}_{m+1} \in \mathrm{span}\{\mathbf{v}_1, \mathbf{v}_2, \ldots, \mathbf{v}_m\}$이므로 B가 $\mathbb{R}^{m+1}$의 기저라는 사실에 모순이다.

이때, 증명을 다음 경우로 나누어 완료한다.

① 먼저 $\mathbf{u}_{m+1} \neq 0$이므로 $\mathbf{u}_{m+1} \cdot \mathbf{u}_{m+1} \neq 0$이다.

② 다음으로 $\mathbf{u}_{m+1} \cdot \mathbf{u}_j \neq 0(1 \le j \le m)$임을 보인다. 실제로, 수학적 귀납법의 가정에 의해 다음이 성립한다.

$$\mathbf{u}_{m+1}\cdot\mathbf{u}_j=\left(\mathbf{v}_{m+1}-\sum_{l=1}^{m}\left(\frac{\mathbf{v}_{m+1}\cdot\mathbf{u}_l}{\mathbf{u}_l\cdot\mathbf{u}_l}\right)\mathbf{u}_l\right)\cdot\mathbf{u}_j=\mathbf{v}_{m+1}\cdot\mathbf{u}_j-\sum_{l=1}^{m}\left(\frac{\mathbf{v}_{m+1}\cdot\mathbf{u}_l}{\mathbf{u}_l\cdot\mathbf{u}_l}\right)\mathbf{u}_l\cdot\mathbf{u}_j$$
$$=\mathbf{v}_{m+1}\cdot\mathbf{u}_j-\mathbf{v}_{m+1}\cdot\mathbf{u}_j=0,\ 1\le j\le m$$

특히,

$$\mathbf{v}_{m+1}-\sum_{l=1}^{m}\left(\frac{\mathbf{v}_{m+1}\cdot\mathbf{u}_l}{\mathbf{u}_l\cdot\mathbf{u}_l}\right)\mathbf{u}_l\ \perp\ \mathrm{span}\{\mathbf{u}_1,\mathbf{u}_2,\ldots,\mathbf{u}_m\}$$

이 성립한다. 위의 ①과 ②에 의해, 임의의 $1\le i,j\le m+1$에 대하여

$$\mathbf{u}_i\cdot\mathbf{u}_j=\begin{cases}0, & i\ne j,\\ \ne 0, & i=j\end{cases}$$

따라서, 임의의 자연수 m에 대하여 S가 $\mathbb{R}^m$의 직교기저이다.

□

예제 4.5.4

세 벡터

$$\mathbf{v}_1=(1,1,2),\ \mathbf{v}_2=(0,2,-4),\ \mathbf{v}_3=(1,0,-1)\in\mathbb{R}^3$$

에 대하여, 집합

$$B=\{\mathbf{v}_1,\mathbf{v}_2,\mathbf{v}_3\}$$

는 $\mathbb{R}^3$의 기저이다. 이때, 그람-슈미트 직교화과저정을 통해 직교기저

$$S=\{\mathbf{u}_1,\mathbf{u}_2,\mathbf{u}_3\}$$

를 구해보자. 실제로, S는 다음과 같다.

$$\mathbf{u}_1=\mathbf{v}_1=(1,1,2),\ \mathbf{u}_2=\mathbf{v}_2-\frac{\mathbf{v}_2\cdot\mathbf{u}_1}{\mathbf{u}_1\cdot\mathbf{u}_1}\mathbf{u}_1=(0,2,-4)-\frac{-6}{6}(1,1,2)=(1,3,-2)$$

$$\mathbf{u}_3=\mathbf{v}_3-\sum_{j=1}^{2}\frac{\mathbf{v}_3\cdot\mathbf{u}_j}{\mathbf{u}_j\cdot\boldsymbol{u}_j}\mathbf{u}_j=\left(\frac{20}{21},-\frac{10}{21},\frac{5}{21}\right)$$

□

예제 4.5.5

닫힌구간 $[-1,1]$상에서 다음과 같이 정의된 벡터공간

$$\mathcal{P}_3([-1,1]) = \{p(x) = a_0 + a_1 x + a_2 x^2 \mid a_0, a_1, a_2 \in \mathbb{R}\}$$

상에 다음과 같은 내적을 정의할 수 있다.

$$< p, q > = \int_{-1}^{1} p(x)q(x)\,dx, \;\; p(x), q(x) \in \mathcal{P}_3([-1,1])$$

이때, $B = \{1, x, x^2\}$는 $\mathcal{P}_3([-1,1])$의 기저이다. 그람-슈미트 직교화과정을 이용하여 직교기저 $S = \{\mathrm{u}_1, \mathrm{u}_2, \mathrm{u}_3\}$를 구해보자. 실제로, 편의상 $< p, q >$를 $p \cdot q$로 나타낼 때 다음이 성립한다.

$$\mathrm{u}_1 = \mathrm{v}_1 = 1, \;\; \mathrm{u}_2 = \mathrm{v}_2 - \frac{\mathrm{v}_1 \cdot \mathrm{u}_1}{\mathrm{u}_1 \cdot \mathrm{u}_1}\mathrm{u}_1 = x - \frac{0}{2} \cdot 1 = x$$

$$\mathrm{u}_3 = \mathrm{v}_3 - \sum_{j=1}^{2} \frac{\mathrm{v}_3 \cdot \mathrm{u}_j}{\mathrm{u}_j \cdot \mathrm{u}_j}\mathrm{u}_j = x^2 - \frac{1}{3} \cdot 1 - 0 \cdot x = x^2 - \frac{1}{3}$$

마지막으로 S를 이용하여 $\mathcal{P}_3([-1,1])$의 정규직교기저 U를 구해보면 다음과 같다.

$$U = \left\{ \frac{1}{\sqrt{\int_{-1}^{1} 1^2 dx}} = \frac{1}{\sqrt{2}}, \frac{x}{\sqrt{\int_{-1}^{1} x^2 dx}} = \frac{\sqrt{3}}{\sqrt{2}}x, \frac{x^2 - \frac{1}{3}}{\sqrt{\int_{-1}^{1} \left(x^2 - \frac{1}{3}\right)^2 dx}} = \frac{\sqrt{5}}{\sqrt{8}}(3x^2 - 1) \right\}$$

□

다음 보조정리는 종종 유용하게 사용된다.

정의 4.5.6

임의의 m차원 벡터공간 $(V, +, \cdot)$상에 내적 $\langle \cdot, \cdot \rangle$가 정의되어 있다고 가정하자. 이때, V의 임의의 정규직교기저

$$U = \{\mathrm{v}_1, \mathrm{v}_2, \ldots, \mathrm{v}_m\} \subset V$$

와 임의의 벡터 $\mathrm{v} \in V$에 대하여 다음 등식이 성립한다.

$$\mathrm{v} = \langle \mathrm{v}, \mathrm{v}_1 \rangle \mathrm{v}_1 + \langle \mathrm{v}, \mathrm{v}_2 \rangle \mathrm{v}_2 + \cdots + \langle \mathrm{v}, \mathrm{v}_m \rangle \mathrm{v}_m = \sum_{j=1}^{m} \langle \mathrm{v}, \mathrm{v}_j \rangle \mathrm{v}_j$$

[증명]

가정에 의해, U가 벡터공간 V의 기저이므로 다음 등식을 만족하는 실수의 계수 $a_1, a_2, \ldots, a_m$이 존재한다.

$$\mathrm{v} = a_1\mathrm{v}_1 + a_2\mathrm{v}_2 + \cdots + a_m\mathrm{v}_m = \sum_{j=1}^{m} a_j \mathrm{v}_j$$

따라서

$$\langle \mathrm{v}, \mathrm{v}_i \rangle = \left\langle \sum_{j=1}^{m} a_j \mathrm{v}_j, \mathrm{v}_i \right\rangle = \sum_{j=1}^{m} a_j \langle \mathrm{v}_j, \mathrm{v}_i \rangle = \sum_{j=1}^{m} a_j \delta_{ji} = a_i$$

가 성립한다. 즉

$$\mathrm{v} = \sum_{j=1}^{m} a_j \mathrm{v}_j = \sum_{j=1}^{m} \langle \mathrm{v}, \mathrm{v}_j \rangle \mathrm{v}_j$$

이다.

□

다음 정의가 성립한다.

정의 4.5.6

임의의 $m \times m$-행렬 A가 다음 조건을 만족할 때, A를 **직교행렬**(orthogonal matrix)이라 한다,

$$AA^T = A^TA = I_m$$

다음 정리가 성립한다.

정리 4.5.7

m차원 유클리드 공간 $\mathbb{R}^m$상에서 열벡터

$$\mathrm{v}_1, \mathrm{v}_2, \ldots, \mathrm{v}_m \in \mathbb{R}^m$$

과 $m \times m-$행렬

$$A = (\mathrm{v}_1\,\mathrm{v}_2 \cdots \mathrm{v}_m)$$

에 대하여, 다음 두 명제는 서로 동치이다.

(1) A가 직교행렬이다.

(2) $U = \{\mathrm{v}_1, \mathrm{v}_2, \ldots, \mathrm{v}_m\}$가 $\mathbb{R}^m$의 정규직교기저이다.

[증명]

(1) ⇒ (2) 다음이 성립한다.

$$A^TA = I_m \iff \begin{pmatrix} \mathrm{v}_1^T \\ \mathrm{v}_2^T \\ \vdots \\ \mathrm{v}_m^T \end{pmatrix} (\mathrm{v}_1\,\mathrm{v}_2 \cdots \mathrm{v}_m)$$

$$= \begin{pmatrix} \mathrm{v}_1^T\mathrm{v}_1 & \mathrm{v}_1^T\mathrm{v}_2 & \cdots & \mathrm{v}_1^T\mathrm{v}_m \\ \mathrm{v}_2^T\mathrm{v}_1 & \mathrm{v}_2^T\mathrm{v}_2 & \cdots & \mathrm{v}_2^T\mathrm{v}_m \\ \vdots & \vdots & \ddots & \vdots \\ \mathrm{v}_m^T\mathrm{v}_1 & \mathrm{v}_m^T\mathrm{v}_2 & \cdots & \mathrm{v}_m^T\mathrm{v}_m \end{pmatrix} = I_m$$

따라서

$$\mathrm{v}_i \cdot \mathrm{v}_j = \delta_{ij} = \begin{cases} 0, & i \neq j, \\ 1, & i = j, \end{cases} \quad 1 \leq i, j \leq m$$

즉 U가 $\mathbb{R}^m$의 정규직교기저이다.

(2) ⇒ (1) 반대 방향의 증명도 비슷하므로 독자에게 맡긴다.

□

연습문제 4.5

1. 다음과 같이 주어진 기저 S에 대하여, 그람-슈미트 직교화과정을 이용하여 정규직교기저를 구하라.

(1) $S=\{\mathbf{v}_1=(1,1,1), \mathbf{v}_2=(-1,1,0), \mathbf{v}_3=(1,2,1)\}$

(2) $S=\{\mathbf{v}_1=(1,0,0), \mathbf{v}_2=(3,7,-2), \mathbf{v}_3=(0,4,1)\}$

(3) $S=\{\mathbf{v}_1=(1,2,1,0), \mathbf{v}_2=(1,1,2,0), \mathbf{v}_3=(0,1,1,-2), \mathbf{v}_4=(1,0,3,1)\}$

2. 다음과 같이 주어진 집합 T를 포함하는 m차원 유클리드 공간 $\mathbb{R}^m$의 정규직교기저 S를 찾아라.

(1) $T=\left\{\mathbf{v}_1=\left(\frac{1}{\sqrt{2}}, \frac{1}{\sqrt{2}}, 0\right), \mathbf{v}_2=\left(-\frac{1}{\sqrt{2}}, \frac{1}{\sqrt{2}}, 0\right)\right\}\subset\mathbb{R}^3$

(2) $T=\left\{\mathbf{v}_1=\left(\frac{2}{3}, \frac{2}{3}, 0, \frac{1}{3}\right), \mathbf{v}_2=\left(\frac{1}{\sqrt{3}}, -\frac{1}{\sqrt{3}}, \frac{1}{\sqrt{3}}, 0\right)\right\}\subset\mathbb{R}^4$

3. 다음과 같이 주어진 $m\times n$-행렬 A의 열공간 $\mathrm{Col}(A)$, 행공간 $\mathrm{Row}(A)$, 그리고 해공간 $\mathrm{Nul}(A)$의 정규직교기저를 각각 구하라.

(1) $A=\begin{pmatrix}1&2&2&4\\8&7&6&5\end{pmatrix}$

(2) $A=\begin{pmatrix}4&5&9&-2\\6&5&1&12\\3&4&8&-3\end{pmatrix}$

(3) $A=\begin{pmatrix}1&2&-3\\-1&-2&3\\4&4&4\end{pmatrix}$

(4) $A=\begin{pmatrix}2&1&-1\\1&-2&1\\1&-7&4\\3&4&-3\end{pmatrix}$

4. m차원 유클리드 공간 $\mathbb{R}^m$의 벡터부분공간 W와 임의의 벡터 $\mathrm{v} \in \mathbb{R}^m$에 대하여, 물음에 답하라.

(1) 다음 등식을 만족하는 $\mathrm{v}_1 \in W$와 $\mathrm{v}_2 \in W^{\perp}$이 유일하게 존재함을 보여라.

$$\mathrm{v} = \mathrm{v}_1 + \mathrm{v}_2$$

(힌트: $\{\mathrm{w}_1, \mathrm{w}_2, \ldots, \mathrm{w}_k\}$가 W의 기저일 때, $M = (\mathrm{w}_1\ \mathrm{w}_2\ \cdots\ \mathrm{w}_k)_{m \times k}$라 하자. 그러면 W는 M의 열공간 $\mathrm{Col}(M)$이고 $W^{\perp}$는 $\mathrm{Nul}(M^T)$이다. 따라서 $\mathrm{v}_1 = M\mathrm{u}$를 만족하는 $\mathrm{u} \in \mathbb{R}^k$가 존재한다. 한편, $M^T\mathrm{v}_2 = 0$이므로 $M^T(\mathrm{v} - \mathrm{v}_1) = 0$이다. 즉 다음 등식이 성립한다.

$$M^T(\mathrm{v} - M\mathrm{u}) = 0 \quad \Leftrightarrow \quad M^T\mathrm{v} = M^TM\mathrm{u}$$

$\mathrm{Nul}(M) = \mathrm{Nul}(M^TM) = \{0\}$이므로

$$\mathrm{rank}(M^TM) = \min\{\mathrm{rank}(M^T), \mathrm{rank}(M)\} = \mathrm{rank}(M) = k$$

이고 $k \times k$-행렬 M^TM는 가역행렬이다. 따라서 선형방정식계

$$M^TM\mathrm{x} = M^T\mathrm{v}$$

는 유일한 해를 갖는다. 즉 $\mathrm{u} = (M^TM)^{-1}M^T\mathrm{v}$가 $M^TM\mathrm{x} = M^T\mathrm{v}$의 유일한 해이고, u에 의해 $\mathrm{v}_1 = M(M^TM)^{-1}M^T\mathrm{v}$도 유일하게 결정된다. 결론적으로 $\mathrm{v} = \mathrm{v}_1 + \mathrm{v}_2$를 만족하는 v_2도 유일하다.)

(2) $\{\mathrm{w}_1, \mathrm{w}_2, \ldots, \mathrm{w}_k\}$가 W의 기저일 때, $m \times k$-행렬

$$M = (\mathrm{w}_1\ \mathrm{w}_2\ \cdots\ \mathrm{w}_k)$$

라 하자. 그러면 임의의 벡터 $\mathrm{v} \in \mathbb{R}^m$의 W에 관한 **정사영**(orthogonal projection) $\mathrm{Proj}_W\mathrm{v}$이 다음과 같이 주어짐을 보여라.

$$\mathrm{Proj}_W\mathrm{v} = M(M^TM)^{-1}M^T\mathrm{v}$$

(3) 다음 등식이 성립함을 보여라.

$$\mathrm{Proj}_W(\mathrm{Proj}_W\mathrm{v}) = \mathrm{Proj}_W\mathrm{v}, \quad \mathrm{v} \in \mathbb{R}^m$$

5. 두 벡터 $\mathbf{v}_1 = (1, 1, 0)$과 $\mathbf{v}_2 = (1, 0, 1)$에 의해 생성된 평면을 W라 할 때, 임의의 벡터 $\mathbf{v} \in \mathbb{R}^3$에 대하여 정사영 $\mathrm{Proj}_W \mathbf{v}$를 구하라.

6. 주어진 벡터 $\mathbf{v}$와 선형방정식계 $A\mathbf{x} = 0$에 대하여, $A\mathbf{x} = 0$의 해집합을 W라 하자. 이때, 정사영 $\mathrm{Proj}_W \mathbf{v}$를 구하라.

(1) $A = \begin{pmatrix} 1 & 1 & 1 & 0 \\ -1 & 1 & 0 & 1 \end{pmatrix}$, $\mathbf{v} = (5, 6, 7, 2)$

(2) $A = \begin{pmatrix} 1 & 2 & 1 & 1 \\ 2 & 3 & 0 & 3 \\ 1 & -5 & 3 & 0 \end{pmatrix}$, $\mathbf{v} = (1, 1, 2, 3)$

제 5 장

선형변환

5.1 선형변환

이 절에서는 두 벡터공간 사이에서 정의된 함수로 벡터공간의 덧셈과 스칼라곱 구조를 보존하는 선형사상에 관해 자세히 알아본다. 선형사상이란 개념은 일반적인 벡터공간 사이에서 정의된 함수에 대해서도 정의될 수 있다. 하지만 이 절에서의 논의는 편의상, 유클리드 공간 $\mathbb{R}^n$과 $\mathbb{R}^m$ 사이에서 정의된 선형사상만을 주로 다룬다.

다음 정의가 성립한다.

정의 5.1.1

임의의 두 벡터공간 $\mathbb{R}^n$, $\mathbb{R}^m$과 함수

$$T: \mathbb{R}^n \to \mathbb{R}^m$$

에 대하여 T가 다음 두 조건 (i)과 (ii)를 만족할 때, T를 **선형사상**(linear map)이라 한다.

(i) 임의의 두 벡터 u, v에 대하여,

$$T(\mathrm{u}+\mathrm{v}) = T(\mathrm{u}) + T(\mathrm{v})$$

(ii) 임의의 $r \in \mathbb{R}$과 벡터 u에 대하여,

$$T(r\mathrm{u}) = rT(\mathrm{u})$$

[정의 5.1.1]에 의해, 선형사상 $T: \mathbb{R}^n \to \mathbb{R}^m$이 항상 다음 등식을 만족한다.

$$T(0) = 0,\ \ T(-\mathrm{u}) = -T(\mathrm{u}),\ \ \mathrm{u} \in \mathbb{R}^n$$

따라서, 특히 임의의 선형사상은 영벡터를 항상 영벡터로 보낸다. 다시 말해서, 영벡터를 영벡터로 보내지 않는 사상은 선형사상이 아니다.

다음 보조정리가 성립한다.

보조정리 5.1.2

임의의 선형사상 $T:\mathbb{R}^n \to \mathbb{R}^m$에 대하여, 다음 등식이 성립한다.

(1) $T(r\mathrm{u}+s\mathrm{v}) = rT(\mathrm{u})+sT(\mathrm{v}),\ \ \mathrm{u},\mathrm{v}\in\mathbb{R}^n,\ r,s\in\mathbb{R}$

(2) 좀 더 일반적으로, 임의의 $r_1, r_2, \ldots, r_k\in\mathbb{R}$과 $\mathrm{u}_1, \mathrm{u}_2, \ldots, \mathrm{u}_k\in\mathbb{R}^n$에 대하여

$$T(r_1\mathrm{u}_1+r_2\mathrm{u}_2+\cdots+r_k\mathrm{u}_k) = r_1T(\mathrm{u}_1)+r_2T(\mathrm{u}_2)+\cdots+r_kT(\mathrm{u}_k)$$

[증명]

(1) [정의 5.1.1]에 의해, 선형사상 $T:\mathbb{R}^n \to \mathbb{R}^m$이 다음 등식을 만족한다.

$$T(r\mathrm{u}+s\mathrm{v}) = T(r\mathrm{u})+T(s\mathrm{v}) = rT(\mathrm{u})+sT(\mathrm{v}),\ \ \mathrm{u},\mathrm{v}\in\mathbb{R}^n,\ r,s\in\mathbb{R}$$

(2) 위의 (1)과 수학적 귀납법에 의해 (2)를 증명할 수 있다. 실제로, $k=1$일 때 선형사상의 정의에 의해 보조정리가 성립한다. 이제 $k\geq 1$인 경우에 보조정리가 성립한다고 가정하자. 그러면 다음이 성립한다.

$$\begin{aligned}&T(r_1\mathrm{u}_1+r_2\mathrm{u}_2+r_3\mathrm{u}_3+\cdots+r_k\mathrm{u}_k+r_{k+1}\mathrm{u}_{k+1})\\ &= T(r_1\mathrm{u}_1+(r_2\mathrm{u}_2+r_3\mathrm{u}_3+\cdots+r_k\mathrm{u}_k+r_{k+1}\mathrm{u}_{k+1}))\\ &= T(r_1\mathrm{u}_1)+T(r_2\mathrm{u}_2+r_3\mathrm{u}_3+\cdots+r_k\mathrm{u}_k+r_{k+1}\mathrm{u}_{k+1})\\ &= r_1T(\mathrm{u}_1)+(r_2T(\mathrm{u}_2)+r_2T(\mathrm{u}_3)+\cdots+r_kT(\mathrm{u}_k)+r_{k+1}T(\mathrm{u}_{k+1}))\\ &= r_1T(\mathrm{u}_1)+r_2T(\mathrm{u}_2)+r_2T(\mathrm{u}_3)+\cdots+r_kT(\mathrm{u}_k)+r_{k+1}T(\mathrm{u}_{k+1})\end{aligned}$$

여기서, 세 번째 등식에서 수학적 귀납법의 가정을 이용했다.
따라서, 수학적 귀납법에 의해 임의의 $k\geq 1$에 대하여 보조정리가 성립한다.

□

다음 보조정리가 성립한다. 앞으로 편의상, $n\times 1$-행렬과 $m\times 1$-행렬을 각각 $\mathbb{R}^n$과 $\mathbb{R}^m$의 열벡터 또는 행벡터와 동일시 하도록 하자.

보조정리 5.1.3

임의의 $m\times n$-행렬 A에 대하여

$$T_A:\mathbb{R}^n \to \mathbb{R}^m,\ \ T_A(\mathrm{x}) = A\mathrm{x},\ \ \mathrm{x}\in\mathbb{R}^n$$

일 때, T_A는 선형사상이다. 이때, 선형사상

$$T_A : \mathbb{R}^n \to \mathbb{R}^m$$

을 **행렬변환**(matrix transformation)이라 부른다.

[증명]

실제로, 임의의 $r, s \in \mathbb{R}$과 $\mathrm{u}, \mathrm{v} \in \mathbb{R}^n$에 대하여 다음 등식이 성립한다.

$$T_A(r\mathrm{u} + s\mathrm{v}) = A(r\mathrm{u} + s\mathrm{v}) = A(r\mathrm{u}) + A(s\mathrm{v}) = rA\mathrm{u} + sA\mathrm{v} = rT_A(\mathrm{u}) + sT_A(\mathrm{v})$$

□

예제 5.1.4

(1) $2 \times 3-$행렬

$$A = \begin{pmatrix} 1 & 1 & -1 \\ 1 & 2 & 0 \end{pmatrix}$$

를 이용하여 정의된 선형사상 $T_A : \mathbb{R}^3 \to \mathbb{R}^2$는 다음과 같다.

$$T_A(x, y, z) = \begin{pmatrix} 1 & 1 & -1 \\ 1 & 2 & 0 \end{pmatrix} \begin{pmatrix} x \\ y \\ z \end{pmatrix} = \begin{pmatrix} x + y - z \\ x + 2y \end{pmatrix}, \quad \begin{pmatrix} x \\ y \\ z \end{pmatrix} \in \mathbb{R}^3$$

(2) $2 \times 2-$행렬

$$A = \begin{pmatrix} 1 & 0 \\ 0 & 0 \end{pmatrix}$$

를 이용하여 정의된 선형사상 $T_A : \mathbb{R}^2 \to \mathbb{R}^2$는 다음과 같고, **첫 번째 성분에 관한 정사영**(orthogonal projection onto the first factor)이라 부른다.

$$T_A(x, y) = \begin{pmatrix} 1 & 0 \\ 0 & 0 \end{pmatrix} \begin{pmatrix} x \\ y \end{pmatrix} = \begin{pmatrix} x \\ 0 \end{pmatrix}, \quad \begin{pmatrix} x \\ y \end{pmatrix} \in \mathbb{R}^2$$

이때, T_A를 종종 P_x로 나타낸다.

비슷한 방법으로, $2 \times 2-$행렬

$$B = \begin{pmatrix} 0 & 0 \\ 0 & 1 \end{pmatrix}$$

을 이용하여 정의된 선형사상

$$T_B : \mathbb{R}^2 \to \mathbb{R}^2, \quad T_B(x, y) = \begin{pmatrix} 0 & 0 \\ 0 & 1 \end{pmatrix}\begin{pmatrix} x \\ y \end{pmatrix} = \begin{pmatrix} 0 \\ y \end{pmatrix}, \quad \begin{pmatrix} x \\ y \end{pmatrix} \in \mathbb{R}^2$$

를 **두 번째 성분에 관한 정사영**(orthogonal projection onto the second factor)이라 부르고, T_B를 종종 P_y로 나타낸다.

일반적으로, $m \times m-$행렬

$$C = \begin{pmatrix} 0 & 0 & \cdots & 0 & 0 & \cdots & 0 \\ \vdots & \vdots & \ddots & \vdots & \vdots & \ddots & \vdots \\ 0 & 0 & \cdots & \underbrace{1}_{i\text{번째}} & 0 & \cdots & 0 \\ 0 & 0 & \cdots & 0 & 0 & \cdots & 0 \\ \vdots & \vdots & \ddots & \vdots & \vdots & \ddots & \vdots \\ 0 & 0 & \cdots & 0 & 0 & \cdots & 0 \end{pmatrix}_{m \times m} = \begin{pmatrix} 0 \cdots 0 \, e^i \, 0 \cdots 0 \end{pmatrix}_{m \times m}$$

을 이용하여 정의된 선형사상

$$T_C : \mathbb{R}^m \to \mathbb{R}^m, \quad T_C(x_1, x_2, \ldots, x_m) = C\begin{pmatrix} x_1 \\ x_2 \\ \vdots \\ x_{i-1} \\ x_i \\ x_{i+1} \\ \vdots \\ x_m \end{pmatrix} = \begin{pmatrix} 0 \\ 0 \\ \vdots \\ 0 \\ x_i \\ 0 \\ \vdots \\ 0 \end{pmatrix}, \quad \begin{pmatrix} x_1 \\ x_2 \\ \vdots \\ x_{i-1} \\ x_i \\ x_{i+1} \\ \vdots \\ x_m \end{pmatrix} \in \mathbb{R}^m$$

을 $i-$**번째 성분에 관한 정사영**(orthogonal projection onto the $i-$th factor)이라 부르고, T_C를 종종 P_i로 나타낸다.

(3) $2 \times 2-$행렬

$$A = \begin{pmatrix} 1 & 0 \\ 0 & -1 \end{pmatrix}$$

을 이용하여 정의된 선형사상 $R_x : \mathbb{R}^2 \to \mathbb{R}^2$는 다음과 같고, $x-$**축에 관한 대칭이동**(reflection about the $x-$axis)이라 부른다([그림 5.1.1] 참고).

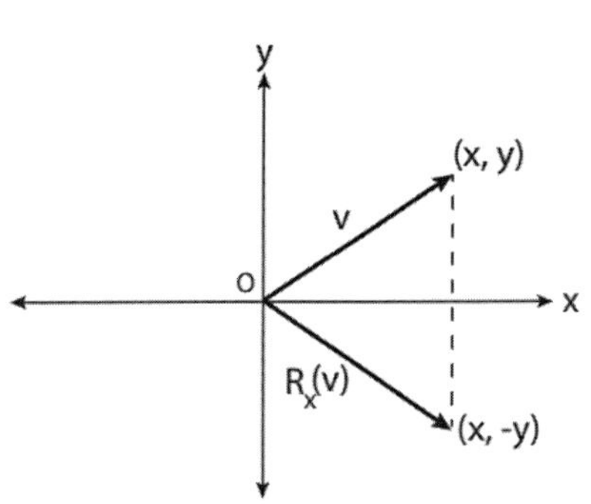

[그림 5.1.1]

$$R_x(x, y) = \begin{pmatrix} 1 & 0 \\ 0 & -1 \end{pmatrix}\begin{pmatrix} x \\ y \end{pmatrix} = \begin{pmatrix} x \\ -y \end{pmatrix}, \quad \begin{pmatrix} x \\ y \end{pmatrix} \in \mathbb{R}^2$$

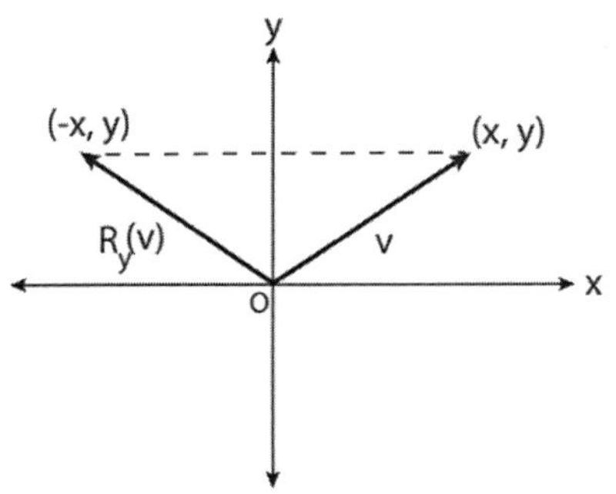

[그림 5.1.2]

비슷한 방법으로, $2 \times 2-$행렬

$$B = \begin{pmatrix} -1 & 0 \\ 0 & 1 \end{pmatrix}$$

을 이용하여 정의된 선형사상

$$R_y : \mathbb{R}^2 \to \mathbb{R}^2, \quad R_y(x, y) = \begin{pmatrix} -1 & 0 \\ 0 & 1 \end{pmatrix}\begin{pmatrix} x \\ y \end{pmatrix} = \begin{pmatrix} -x \\ y \end{pmatrix}, \quad \begin{pmatrix} x \\ y \end{pmatrix} \in \mathbb{R}^2$$

는 y**-축에 관한 대칭이동**(reflection about the y-axis)이라 부른다([그림 5.1.2] 참고).

(4) 2차원 유클리드 공간 $\mathbb{R}^2$상에서 $y = x$로 주어진 원점을 통과하는 직선을 l이라 할 때, l**에 관한 대칭이동**(reflection about the line l) R_l은 다음과 같이 주어진 선형사상

이다([그림 5.1.3] 참고).

$$R_l : \mathbb{R}^2 \to \mathbb{R}^2,\ R_l\begin{pmatrix} x \\ y \end{pmatrix} = \begin{pmatrix} 0 & 1 \\ 1 & 0 \end{pmatrix}\begin{pmatrix} x \\ y \end{pmatrix} = \begin{pmatrix} y \\ x \end{pmatrix},\ \begin{pmatrix} x \\ y \end{pmatrix} \in \mathbb{R}^2$$

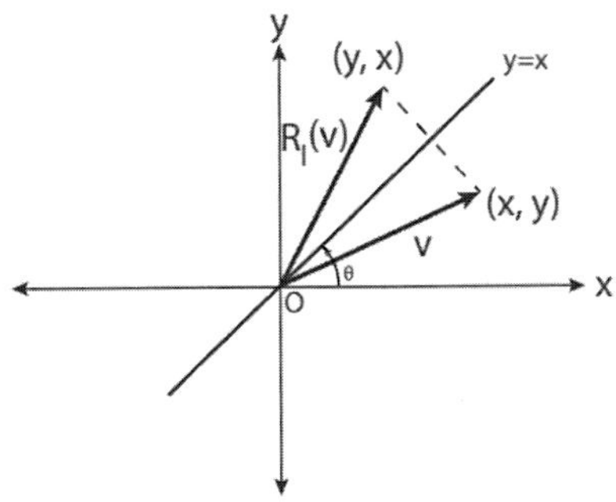

[그림 5.1.3]

(5) 2×2-행렬

$$A = \begin{pmatrix} \cos\theta & -\sin\theta \\ \sin\theta & \cos\theta \end{pmatrix},\ 0 \le |\theta| < 2\pi$$

를 이용하여 정의된 선형사상 $R_\theta : \mathbb{R}^2 \to \mathbb{R}^2$는 다음과 같고, **원점에 관한 회전이동** (rotation about the origin by θ)이라 부른다([그림 5.1.4] 참고).

$$R_\theta(x, y) = \begin{pmatrix} \cos\theta & -\sin\theta \\ \sin\theta & \cos\theta \end{pmatrix}\begin{pmatrix} x \\ y \end{pmatrix} = \begin{pmatrix} x\cos\theta - y\sin\theta \\ x\sin\theta + y\cos\theta \end{pmatrix},\ \begin{pmatrix} x \\ y \end{pmatrix} \in \mathbb{R}^2$$

(6) $A = I_m$일 때,

$$T_A : \mathbb{R}^m \to \mathbb{R}^m,\ T_A(\mathrm{x}) = A\mathrm{x} = I_m\mathrm{x} = \mathrm{x},\ \mathrm{x} \in \mathbb{R}^m$$

으로 정의된 선형사상을 **항등사상** 또는 **항등변환**(identity transformation)이라 한다.

(7) $A = O_{m\times n}$일 때,

$$T_A : \mathbb{R}^n \to \mathbb{R}^m,\ T_A(\mathrm{x}) = O_{m\times n}\mathrm{x} = 0,\ \mathrm{x} \in \mathbb{R}^n$$

으로 정의된 선형사상을 **영변환**(zero transformation)이라 한다.

□

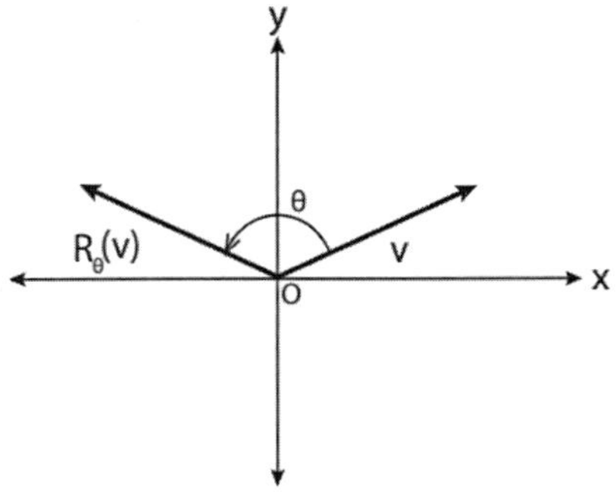

[그림 5.1.4]

선형사상과 행렬변환의 개념이 서로 동치임을 다음 정리를 통해 알 수 있다.

정리 5.1.5

임의의 선형사상

$$T: \mathbb{R}^n \to \mathbb{R}^m$$

에 대하여, 다음 등식을 만족하는 $m \times n$-행렬 A가 유일하게 존재한다.

$$T(\mathrm{u}) = T_A(\mathrm{u}) = A\mathrm{u},\ \ \mathrm{u} \in \mathbb{R}^n$$

이때, $m \times n$-행렬 A를 종종 $[T]$ 또는 $[T_A]$로 나타낸다.

[증명]

(i) 존재성

각각의 $i(1 \le i \le m)$에 대하여

$$e^i = (0 \cdots 0\,1\,0 \cdots 0)^T \in \mathbb{R}^n$$

이 기본벡터를 나타낼 때, $m \times n$-행렬

$$A = \left(T(e^1)\ T(e^2) \cdots\ T(e^i) \cdots\ T(e^n)\right)_{m \times n}$$

이라 하자. 이때, 다음 등식이 성립한다.

$$T_A(e^i) = Ae^i = T(e^i),\ \ 1 \le i \le n$$

따라서 T와 T_A의 선형성에 의해,

$$\begin{aligned} T(\mathrm{u}) &= T(u_1, u_2, \dots, u_n) = T(u_1 e^1 + u_2 e^2 + \cdots + u^n e^n) \\ &= u_1 T(e^1) + u_2 T(e^2) + \cdots + u_n T(e^n) = u_1 T_A(e^1) + u_2 T_A(e^2) + \cdots + u_n T_A(e^n) \\ &= T_A(u_1 e^1 + u_2 e^2 + \cdots + u_n e^n) = T_A(u_1, u_2, \dots, u_n) \\ &= T_A(\mathrm{u}), \ \ \mathrm{u} \in \mathbb{R}^n \end{aligned}$$

즉 $T = T_A$이다.

(ii) 유일성

만약 $T = T_B$를 만족하는 또 다른 $m \times n$-행렬 B가 존재한다고 가정하면, 정의에 의해 다음 등식이 성립한다.

$$A\mathrm{u} = T_A(\mathrm{u}) = T(\mathrm{u}) = T_B(\mathrm{u}) = B\mathrm{u}, \ \ \mathrm{u} \in \mathbb{R}^n$$

임의의 벡터 $\mathrm{u} \in \mathbb{R}^n$에 대하여 위의 등식이 성립하므로 $A = B$가 되어야 한다.

□

예제 5.1.6

선형사상 $T: \mathbb{R}^2 \to \mathbb{R}^2$가 다음 조건을 만족한다.

$$T(2,1) = (4, -6), \ \ T(1,2) = (5, -3)$$

(1) $T(-3,0) = (-3, 9)$이다. 실제로,

$$(-3, 0) = (-2) \cdot (2,1) + (1,2)$$

이므로 T의 선형성에 의해 다음 등식이 성립한다.

$$\begin{aligned} T(-3, 0) &= T((-2) \cdot (2,1) + (1,2)) = (-2) T(2,1) + T(1,2) \\ &= (-2) \cdot (4, -6) + (5, -3) = (-3, 9) \end{aligned}$$

(2) 한편

$$\begin{aligned} e_1 &= (1,0) = a_1(2,1) + a_2(1,2) = (2a_1 + a_2, a_1 + 2a_2), \ \ a_1, a_2 \in \mathbb{R}, \\ e_2 &= (0,1) = b_1(2,1) + b_2(1,2) = (2b_1 + b_2, b_1 + 2b_2), \ \ b_1, b_2 \in \mathbb{R} \end{aligned}$$

일 때,

$$e^1 = \begin{pmatrix} 1 \\ 0 \end{pmatrix} = \begin{pmatrix} 2 & 1 \\ 1 & 2 \end{pmatrix} \begin{pmatrix} a_1 \\ a_2 \end{pmatrix}, \ \ e^2 = \begin{pmatrix} 0 \\ 1 \end{pmatrix} = \begin{pmatrix} 2 & 1 \\ 1 & 2 \end{pmatrix} \begin{pmatrix} b_1 \\ b_2 \end{pmatrix}$$

이다. 따라서

$$\begin{pmatrix} a_1 \\ a_2 \end{pmatrix} = \begin{pmatrix} 2 & 1 \\ 1 & 2 \end{pmatrix}^{-1} \begin{pmatrix} 1 \\ 0 \end{pmatrix} = \frac{1}{3} \begin{pmatrix} 2 & -1 \\ -1 & 2 \end{pmatrix} \begin{pmatrix} 1 \\ 0 \end{pmatrix} = \begin{pmatrix} \frac{2}{3} \\ -\frac{1}{3} \end{pmatrix},$$

$$\begin{pmatrix} b_1 \\ b_2 \end{pmatrix} = \begin{pmatrix} 2 & 1 \\ 1 & 2 \end{pmatrix}^{-1} \begin{pmatrix} 0 \\ 1 \end{pmatrix} = \frac{1}{3} \begin{pmatrix} 2 & -1 \\ -1 & 2 \end{pmatrix} \begin{pmatrix} 0 \\ 1 \end{pmatrix} = \begin{pmatrix} -\frac{1}{3} \\ \frac{2}{3} \end{pmatrix}$$

이므로 다음이 성립한다.

$$\begin{aligned} T(e^1) &= T\left(\frac{2}{3}(2,1) - \frac{1}{3}(1,2)\right) = \frac{2}{3}T(2,1) - \frac{1}{3}T(1,2) \\ &= \frac{2}{3}(4,-6) - \frac{1}{3}(5,-3) = (1,-3), \end{aligned}$$

$$\begin{aligned} T(e^2) &= T\left(-\frac{1}{3}(2,1) + \frac{2}{3}(1,2)\right) = -\frac{1}{3}T(2,1) + \frac{2}{3}T(1,2) \\ &= -\frac{1}{3}(4,-6) + \frac{2}{3}(5,-3) = (2,0) \end{aligned}$$

결론적으로 2×2-행렬

$$A = (T(e^1)\ T(e^2)) = \begin{pmatrix} 1 & 2 \\ -3 & 0 \end{pmatrix}$$

이라 할 때, 다음 등식이 성립한다.

$$T(\mathrm{u}) = T_A(\mathrm{u}) = A\mathrm{u} = \begin{pmatrix} 1 & 2 \\ -3 & 0 \end{pmatrix} \begin{pmatrix} u_1 \\ u_2 \end{pmatrix} = \begin{pmatrix} u_1 + 2u_2 \\ -3u_1 \end{pmatrix}, \quad \mathrm{u} = (u_1, u_2)^T \in \mathbb{R}^2$$

□

연습문제 5.1

1. 다음과 같이 주어진 사상 T가 선형사상인지 판별하라.

(1) $T(x, y) = (2x + y, y)$

(2) $T(x, y) = (x^3, y)$

(3) $T(x, y) = (x, y + 3)$

(4) $T(x, y, z) = (x, x + y + z, x^{1/3} + y^{1/2})$

2. 다음과 같이 주어진 사상 T가 선형사상인지 판별하라.

(1) $T: \mathbb{R}^3 \to \mathbb{R}^3$, $T(\mathrm{u}) = 5\mathrm{u} \times \mathrm{w}$, $\mathrm{w} \in \mathbb{R}^3$

(2) $T: \mathbb{R}^3 \to \mathbb{R}$, $T(\mathrm{u}) = 3\mathrm{u} \cdot \mathrm{w}$, $\mathrm{w} \in \mathbb{R}^3$

(3) $T: \mathbb{R}^3 \to \mathcal{P}_3$, $T(u_1, u_2, u_3) = u_1 x^2 + u_2 x + u_3$

(4) $T: \mathcal{P}_3 \to \mathcal{P}_3$, $T(p(x)) = p(x + 2)$

(5) $T: M(2, \mathbb{R}) \to \mathbb{R}$, $T\begin{pmatrix} a & b \\ c & d \end{pmatrix} = a + d$

(6) $T: M(2, \mathbb{R}) \to \mathbb{R}$, $T\begin{pmatrix} a & b \\ c & d \end{pmatrix} = ad - bc$

3. T가 선형사상을 나타낼 때, 다음 조건을 만족하는 T에 대응하는 행렬 $[T]$를 찾아라.

(1) $T(1, 0) = (3, 2, 4)$, $T(1, 1) = (-1, 3, 0)$

(2) $T(1, 0, 0) = (1, 1, 2)$, $T(1, 1, 0) = (1, 1, 2)$, $T(0, 0, 1) = (0, 3, 1)$

4. 선형사상 $T:\mathcal{P}_3 \to \mathcal{P}_3$가 다음 조건을 만족한다고 하자.

$$T(1+x)=1+x^2,\ T(x+x^2)=x+x^2,\ T(1+x^2)=1-x+x^2$$

이때, 물음에 답하라.

(1) $T(1+2x+3x^2)$를 계산하라.

(2) 기저 $S=\{1, x, x^2\}$에 대하여, T에 대응하는 3×3-행렬 $[T]_S$를 구하라.

5. 선형사상 $T:\mathbb{R}^2 \to \mathbb{R}^2$가 다음 조건을 만족한다.

$$T(0,1)=(1,-2),\ \ T(1,-1)=(2,3)$$

이때, T에 대응하는 2×2-행렬 $[T]$를 구하라.

5.2 선형사상의 합성변환

이 절에서는 두 선형사상의 합성변환에 관한 몇 가지 성질을 정리한다. 특히, 원점을 통과하는 직선에 관한 대칭이동을 선형사상의 합성변환을 이용하여 구체적인 행렬로 나타내는 일반적인 방법에 관해 알아본다. 또한, 임의의 선형사상이 일반적인 기저에 관한 함수값으로 주어진 경우에 선형사상을 기본기저에 관한 행렬로 표시하는 방법에 관해 자세히 알아본다.

다음 보조정리가 성립한다.

보조정리 5.2.1

임의의 두 선형사상

$$T: \mathbb{R}^n \to \mathbb{R}^m, \quad S: \mathbb{R}^m \to \mathbb{R}^r$$

에 대하여, 선형사상 T와 S에 대응하는 행렬을 각각 A와 B라 하자. 즉

$$T = T_A, \ S = T_B, \quad \text{또는} \quad A = [T], \ B = [S]$$

이때, 합성변환

$$S \circ T: \mathbb{R}^n \to \mathbb{R}^r$$

에 대응하는 $r \times n$-행렬은 BA로 주어진다. 즉

$$[S \circ T] = [S][T]$$

이다.

[증명]

정의에 의해, 다음 등식이 성립한다.

$$S \circ T(\mathrm{u}) = T_B \circ T_A(\mathrm{u}) = T_B(A\mathrm{u}) = B(A\mathrm{u}) = BA\mathrm{u}, \quad \mathrm{u} \in \mathbb{R}^n$$

따라서 합성변환 $S \circ T$에 대응하는 $r \times n$-행렬은 BA로 주어진다.

□

예제 5.2.2

(1) 2차원 유클리드 공간 $\mathbb{R}^2$상에서 정의된 x-축에 관한 대칭이동 R_x와 원점을 회전축으로 θ만큼 회전하는 회전이동 R_θ의 합성 $R_x \circ R_\theta$는 선형사상이고 그에 대응하는 2×2-행렬은 다음과 같다.

$$[R_x \circ R_\theta] = [R_x][R_\theta] = \begin{pmatrix} 1 & 0 \\ 0 & -1 \end{pmatrix}\begin{pmatrix} \cos\theta & -\sin\theta \\ \sin\theta & \cos\theta \end{pmatrix} = \begin{pmatrix} \cos\theta & -\sin\theta \\ -\sin\theta & -\cos\theta \end{pmatrix}$$

(2) 비슷한 방법으로, 다음과 같이 주어진 선형사상의 합성은 그에 대응하는 행렬의 곱으로 주어진다.

$$[P_x \circ R_\theta] = [P_x][R_\theta] = \begin{pmatrix} 1 & 0 \\ 0 & 0 \end{pmatrix}\begin{pmatrix} \cos\theta & -\sin\theta \\ \sin\theta & \cos\theta \end{pmatrix} = \begin{pmatrix} \cos\theta & -\sin\theta \\ 0 & 0 \end{pmatrix},$$

$$[R_\theta \circ P_x] = [R_\theta][P_x] = \begin{pmatrix} \cos\theta & -\sin\theta \\ \sin\theta & \cos\theta \end{pmatrix}\begin{pmatrix} 1 & 0 \\ 0 & 0 \end{pmatrix} = \begin{pmatrix} \cos\theta & 0 \\ \sin\theta & 0 \end{pmatrix}$$

(3) 선형사상의 합성변환을 이용하여 [예제 5.1.6]과 다른 방법으로 선형사상 T에 대응하는 2×2-행렬 A를 구할 수 있다. 실제로 2×2-행렬

$$B = \begin{pmatrix} 2 & 1 \\ 1 & 2 \end{pmatrix}$$

일 때, $T_B(e^1) = (2,1)^T$이고 $T_B(e^2) = (1,2)^T$이다. 따라서

$$T(2,1) = T \circ T_B(e^1) = (4,-6),\quad T(1,2) = T \circ T_B(e^2) = (5,-3)$$

이다. 2×2-행렬 A가 $T = T_A$를 만족할 때,

$$ABe^1 = T \circ T_B(e^1) = (4,-6),\quad ABe^2 = T \circ T_B(e^2) = (5,-3)$$

이므로

$$AB = \begin{pmatrix} 4 & 5 \\ -6 & -3 \end{pmatrix}$$

이다. 즉

$$A = \begin{pmatrix} 4 & 5 \\ -6 & -3 \end{pmatrix}B^{-1} = \begin{pmatrix} 4 & 5 \\ -6 & -3 \end{pmatrix} \cdot \frac{1}{3}\begin{pmatrix} 2 & -1 \\ -1 & 2 \end{pmatrix} = \frac{1}{3}\begin{pmatrix} 3 & 6 \\ -9 & 0 \end{pmatrix} = \begin{pmatrix} 1 & 2 \\ -3 & 0 \end{pmatrix}$$

이다.

□

예제 5.2.3

(1) $y=\sqrt{3}x$로 주어진 직선 l에 관한 대칭이동을 R_l로 나타낼 때, R_l에 대응하는 2×2 −행렬 $[R_l]$은 다음과 같다.

$$[R_l]=\begin{pmatrix}-\frac{1}{2} & \frac{\sqrt{3}}{2}\\ \frac{\sqrt{3}}{2} & \frac{1}{2}\end{pmatrix}$$

실제로, R_l을 구하기 위해, 먼저 l을 원점을 회전축으로 시계 방향으로 $\frac{\pi}{3}$만큼 회전하는 회전이동 $R_{-\frac{\pi}{3}}$, x−축에 관한 대칭이동 R_x, 그리고 x−축을 원점을 회전축으로 시계 반대방향으로 $\frac{\pi}{3}$만큼 회전하는 회전이동 $R_{\frac{\pi}{3}}$를 차례대로 합성하여 R_l을 다음과 같이 얻을 수 있다.

$$R_l=R_{\frac{\pi}{3}}\circ R_x\circ R_{-\frac{\pi}{3}}$$

따라서 선형사상 R_l에 대응하는 2×2−행렬 $[R_l]$은 다음과 같이 주어진다.

$$\begin{aligned}[R_l]&=[R_{\frac{\pi}{3}}][R_x][R_{-\frac{\pi}{3}}]=\begin{pmatrix}\cos\frac{\pi}{3} & -\sin\frac{\pi}{3}\\ \sin\frac{\pi}{3} & \cos\frac{\pi}{3}\end{pmatrix}\begin{pmatrix}1 & 0\\ 0 & -1\end{pmatrix}\begin{pmatrix}\cos\left(-\frac{\pi}{3}\right) & -\sin\left(-\frac{\pi}{3}\right)\\ \sin\left(-\frac{\pi}{3}\right) & \cos\left(-\frac{\pi}{3}\right)\end{pmatrix}\\ &=\begin{pmatrix}\frac{1}{2} & -\frac{\sqrt{3}}{2}\\ \frac{\sqrt{3}}{2} & \frac{1}{2}\end{pmatrix}\begin{pmatrix}1 & 0\\ 0 & -1\end{pmatrix}\begin{pmatrix}\frac{1}{2} & \frac{\sqrt{3}}{2}\\ -\frac{\sqrt{3}}{2} & \frac{1}{2}\end{pmatrix}\\ &=\begin{pmatrix}-\frac{1}{2} & \frac{\sqrt{3}}{2}\\ \frac{\sqrt{3}}{2} & \frac{1}{2}\end{pmatrix}\end{aligned}$$

(2) 좀 더 일반적으로, $y=\tan\theta_0 x\,(0\le\theta_0<\pi)$로 주어진 직선 l에 관한 대칭이동을 R_l로 나타낼 때, R_l에 대응하는 2×2−행렬 $[R_l]$은 다음과 같다([그림 5.2.1], [그림 5.2.2] 참고).

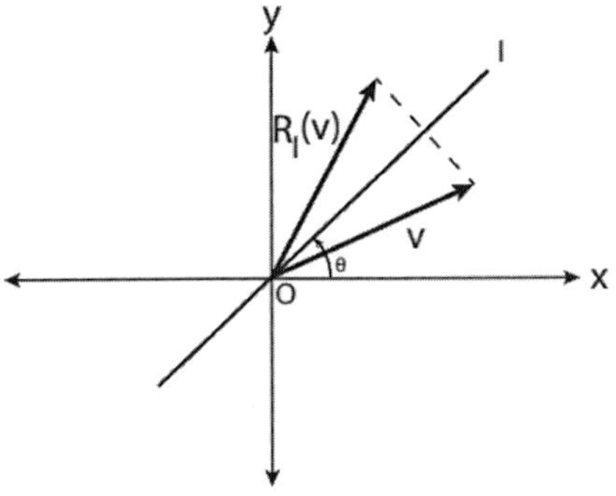

[그림 5.2.1]

$$[R_l] = \begin{pmatrix} \cos(2\theta_0) & \sin(2\theta_0) \\ \sin(2\theta_0) & -\cos(2\theta_0) \end{pmatrix}$$

실제로, R_l을 구하기 위해, 먼저 l을 원점을 회전축으로 시계 방향으로 θ_0만큼 회전하는 회전이동 $R_{-\theta_0}$, x-축에 관한 대칭이동 R_x, 그리고 x-축을 원점을 회전축으로 시계 반대방향으로 θ_0만큼 회전하는 회전이동 R_{θ_0}를 차례대로 합성하여 R_l을 다음과 같이 얻을 수 있다.

$$R_l = R_{\theta_0} \circ R_x \circ R_{-\theta_0}$$

따라서 선형사상 R_l에 대응하는 2×2-행렬 $[R_l]$은 다음과 같이 주어진다.

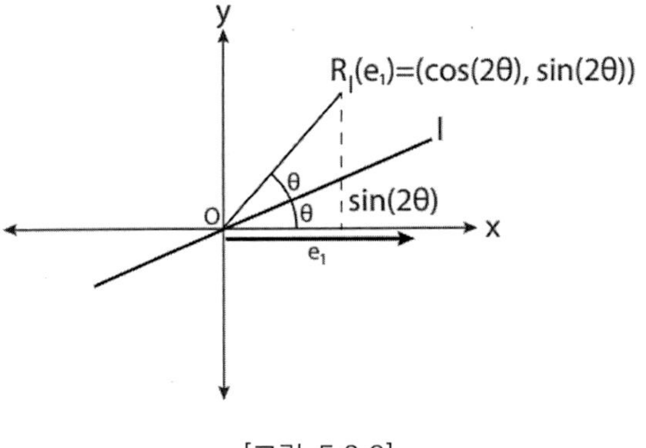

[그림 5.2.2]

$$[R_l] = [R_{\theta_0}][R_x][R_{-\theta_0}] = \begin{pmatrix} \cos\theta_0 & -\sin\theta_0 \\ \sin\theta_0 & \cos\theta_0 \end{pmatrix}\begin{pmatrix} 1 & 0 \\ 0 & -1 \end{pmatrix}\begin{pmatrix} \cos(-\theta_0) & -\sin(-\theta_0) \\ \sin(-\theta_0) & \cos(-\theta_0) \end{pmatrix}$$

$$= \begin{pmatrix} \cos\theta_0 & -\sin\theta_0 \\ \sin\theta_0 & \cos\theta_0 \end{pmatrix}\begin{pmatrix} \cos\theta_0 & \sin\theta_0 \\ \sin\theta_0 & -\cos\theta_0 \end{pmatrix} = \begin{pmatrix} \cos^2\theta_0 - \sin^2\theta_0 & 2\cos\theta_0\sin\theta_0 \\ 2\cos\theta_0\sin\theta_0 & -\cos^2\theta_0 + \sin^2\theta_0 \end{pmatrix}$$

$$= \begin{pmatrix} \cos(2\theta_0) & \sin(2\theta_0) \\ \sin(2\theta_0) & -\cos(2\theta_0) \end{pmatrix}$$

(3) $y=-x$로 주어진 직선 m에 관한 대칭이동 R_m에 대응하는 2×2-행렬 $[R_m]$은 $\tan\left(\frac{3\pi}{4}\right)=-1$이므로 다음과 같다.

$$[R_m] = \begin{pmatrix} \cos\left(\frac{3\pi}{2}\right) & \sin\left(\frac{3\pi}{2}\right) \\ \sin\left(\frac{3\pi}{2}\right) & -\cos\left(\frac{3\pi}{2}\right) \end{pmatrix} = \begin{pmatrix} 0 & -1 \\ -1 & 0 \end{pmatrix}$$

따라서

$$R_m\begin{pmatrix} x \\ y \end{pmatrix} = \begin{pmatrix} 0 & -1 \\ -1 & 0 \end{pmatrix}\begin{pmatrix} x \\ y \end{pmatrix} = \begin{pmatrix} -y \\ -x \end{pmatrix}, \quad \begin{pmatrix} x \\ y \end{pmatrix} \in \mathbb{R}^2$$

이다.

□

일반적으로 다음 정리가 성립한다.

정리 5.2.4

임의의 선형사상

$$T : \mathbb{R}^n \to \mathbb{R}^m$$

과 열벡터 이루어진 $\mathbb{R}^n$의 기저

$$S = \{\mathrm{u}_1, \mathrm{u}_2, \ldots, \mathrm{u}_n\} \subset \mathbb{R}^n$$

에 대하여 $n\times n$-행렬

$$B = (\mathrm{u}_1\ \mathrm{u}_2 \cdots \mathrm{u}_n)_{n\times n}$$

이라 할 때, 다음이 성립한다.

$$T(\mathrm{u}_i) = T \circ T_B(e^i),\ \ 1 \le i \le n$$

또한 $m \times n-$행렬

$$A = \left(T(\mathrm{u}_1)\ T(\mathrm{u}_2) \cdots\ T(\mathrm{u}_n)\right)_{m \times n}$$

일 때, 선형사상 T에 대응하는 $m \times n-$행렬 $[T]$는 다음과 같이 주어진다.

$$[T] = AB^{-1}$$

[증명]

가정에 의해, 다음 등식이 성립한다.

$$\begin{aligned} Ae^i &= T(\mathrm{u}_i) = T \circ T_B(e^i) = T_{[T]}(Be^i) = [T](Be^i) \\ &= [T]Be^i,\ \ 1 \le i \le n \end{aligned}$$

따라서 $A = [T]B$가 성립한다. 즉 $[T] = AB^{-1}$이다.

□

예제 5.2.5

(1) 두 열벡터

$$\mathrm{u}_1 = (1, 3)^T,\ \mathrm{u}_2 = (-3, 1)^T \in \mathbb{R}^2$$

에 대하여, 선형사상 $T: \mathbb{R}^2 \to \mathbb{R}^2$가 다음 등식을 만족한다.

$$T(\mathrm{u}_1) = \mathrm{u}_1,\ \ T(\mathrm{u}_2) = -\mathrm{u}_2$$

두 $2 \times 2-$행렬

$$A = \left(T(\mathrm{u}_1)\ T(\mathrm{u}_2)\right) = \begin{pmatrix} 1 & 3 \\ 3 & -1 \end{pmatrix},\ \ B = (\mathrm{u}_1\ \mathrm{u}_2) = \begin{pmatrix} 1 & -3 \\ 3 & 1 \end{pmatrix}$$

일 때, 선형사상 T에 대응하는 행렬 $[T]$가 다음과 같이 주어진다.

$$[T] = AB^{-1} = \begin{pmatrix} 1 & 3 \\ 3 & -1 \end{pmatrix} \frac{1}{10} \begin{pmatrix} 1 & 3 \\ -3 & 1 \end{pmatrix} = \begin{pmatrix} -\frac{4}{5} & \frac{3}{5} \\ \frac{3}{5} & \frac{4}{5} \end{pmatrix}$$

(2) 두 열벡터

$$\mathrm{u}_1 = (1, 3)^T,\ \mathrm{u}_2 = (-3, 1)^T \in \mathbb{R}^2$$

에 대하여, $y=3x$으로 주어진 직선을 l이라 할 때, l에 관한 대칭이동 R_l은 다음 등식을 만족한다.

$$R_l(\mathbf{u}_1)=\mathbf{u}_1,\ \ R_l(\mathbf{u}_2)=-\mathbf{u}_2$$

따라서 위의 (1)에 의해 R_l에 대응하는 2×2-행렬 $[R_l]$은 다음과 같이 주어진다.

$$[R_l]=\begin{pmatrix} -\frac{4}{5} & \frac{3}{5} \\ \frac{3}{5} & \frac{4}{5} \end{pmatrix}$$

또는, $\tan\theta_0=3$이므로 $\cos\theta_0=\frac{1}{\sqrt{10}}$이고 $\sin\theta_0=\frac{3}{\sqrt{10}}$이다. 따라서

$$\cos(2\theta_0)=\cos^2\theta_0-\sin^2\theta_0=\frac{1}{10}-\frac{9}{10}=-\frac{4}{5},\ \ \sin(2\theta_0)=2\cos\theta_0\sin\theta_0=\frac{3}{5}$$

이다. [예제 5.2.3]의 (2)에 의해

$$[R_l]=\begin{pmatrix}\cos(2\theta_0) & \sin(2\theta_0) \\ \sin(2\theta_0) & -\cos(2\theta_0)\end{pmatrix}=\begin{pmatrix} -\frac{4}{5} & \frac{3}{5} \\ \frac{3}{5} & \frac{4}{5} \end{pmatrix}$$

임을 알 수 있다.

다음 정의가 성립한다.

정의 5.2.6

임의의 두 벡터공간 V_1과 V_2에 대하여,

$$S_1=\{\mathbf{u}_1, \mathbf{u}_2, \ldots, \mathbf{u}_n\}\text{과 } S_2=\{\mathbf{v}_1, \mathbf{v}_2, \ldots, \mathbf{v}_m\}$$

이 각각 V_1과 V_2의 기저라 하자. 이때, 다음이 성립한다.

(1) V_1과 V_2 사이에서 정의된 선형사상 $T: V_1 \to V_2$에 대응하는 행렬을 정의역 V_1에서 정의된 기저 S_1과 공역 V_2에서 정의된 기저 S_2에 관해 나타낼 수 있고, 이 행렬을 $[T]_{S_2, S_1}$으로 나타낸다. 또한 $V_1=V_2$이고 $S=S_1=S_2$일 때, $[T]_{S_2, S_1}$을 간단히 $[T]_S$로 나타낸다.

(2) 임의의 벡터 $\mathbf{x} \in V_1$과 $\mathbf{y} \in V_2$에 대하여 $\mathbf{x}$와 $\mathbf{y}$를 기저 S_1과 S_2에 관해 다음과 같이 표현하자.

$$\mathbf{x} = a_1\mathbf{u}_1 + a_2\mathbf{u}_2 + \cdots + a_n\mathbf{u}_n, \quad \mathbf{y} = b_1\mathbf{v}_1 + b_2\mathbf{v}_2 + \cdots + b_m\mathbf{v}_m$$

단, 여기서 $a_i, b_j \in \mathbb{R}(1 \le i \le n, 1 \le j \le m)$이다. 이때, $[\mathbf{x}]_{S_1}$과 $[\mathbf{y}]_{S_2}$를 다음과 같이 성분을 이용하여 나타낸다.

$$[\mathbf{x}]_{S_1} = (a_1, a_2, \ldots, a_n), \quad [\mathbf{y}]_{S_2} = (b_1, b_2, \ldots, b_m)$$

다음 정리가 성립한다.

정리 5.2.7

두 벡터공간 V_1과 V_2 사이에서 정의된 임의의 선형사상 $T: V_1 \to V_2$에 대하여, $T(\mathbf{x}) = \mathbf{y}$는

$$[T]_{S_2, S_1}[\mathbf{x}]_{S_1} = [\mathbf{y}]_{S_2}$$

와 서로 동치이다. 단, 여기서 S_1과 S_2는 각각 V_1과 V_2의 기저를 나타낸다.

[증명]

증명을 위해, [정의 5.2.6]의 기호를 그대로 이용한다. 그러면

$$T(\mathbf{u}_i) = \sum_{j=1}^{m} c_{ji}\mathbf{v}_j, \quad c_{ji} \in \mathbb{R}, \quad 1 \le i \le n$$

으로 나타낼 때, 다음 등식이 성립한다.

$$[T]_{S_2, S_1} = (c_{ji})_{m \times n},$$

$$T(\mathbf{x}) = T(\sum_{i=1}^{n} a_i\mathbf{u}_i) = \sum_{i=1}^{n} a_i T(\mathbf{u}_i) = \sum_{i=1}^{n} a_i \sum_{j=1}^{m} c_{ji}\mathbf{v}_j = \sum_{j=1}^{m}\left(\sum_{i=1}^{n} c_{ji}a_i\right)\mathbf{v}_j = \sum_{j=1}^{m} b_j\mathbf{v}_j = \mathbf{y}$$

즉,

$$b_j = \sum_{i=1}^{n} c_{ji}a_i, \quad 1 \le j \le m$$

이고, 따라서

$$[\mathbf{y}]_{S_2} = \begin{pmatrix} b_1 \\ b_2 \\ \vdots \\ b_m \end{pmatrix} = \begin{pmatrix} c_{11} & c_{12} & \cdots & c_{1n} \\ c_{21} & c_{22} & \cdots & c_{1n} \\ \vdots & \vdots & \vdots & \vdots \\ c_{m1} & c_{m2} & \cdots & c_{mn} \end{pmatrix} \begin{pmatrix} a_1 \\ a_2 \\ \vdots \\ a_n \end{pmatrix} = [T]_{S_2, S_1}[\mathbf{x}]_{S_1}$$

이 성립한다.

□

다음 따름정리가 성립한다.

따름정리 5.2.8

다음이 성립한다.

(1) 임의의 벡터공간 V와 항등사상 $Id: V \to V$에 대하여 $Id(\mathbf{x}) = \mathbf{x}$는

$$[Id]_{S_1', S_1}[\mathbf{x}]_{S_1} = [\mathbf{x}]_{S_1'}$$

과 서로 동치이다. 단, 여기서 S_1과 S_1'은 각각 V의 두 기저를 나타낸다. 이때, $[Id]_{S_1', S_1}$을 **기저변환행렬**(change-of-basis matrix 또는 transition matrix)이라 한다.

(2) 임의의 두 벡터공간 V_1과 V_2 사이에서 정의된 선형사상 $T: V_1 \to V_2$에 대하여, 다음 등식이 성립한다([그림 5.2.3] 참고).

$$[T]_{S_2', S_1'} = [Id]_{S_2', S_2}[T]_{S_2, S_1}[Id]_{S_1', S_1}^{-1}$$

단, 여기서 S_1과 S_1'은 각각 V_1의 두 기저를 나타내고 S_2과 S_2'는 각각 V_2의 두 기저를 나타낸다.

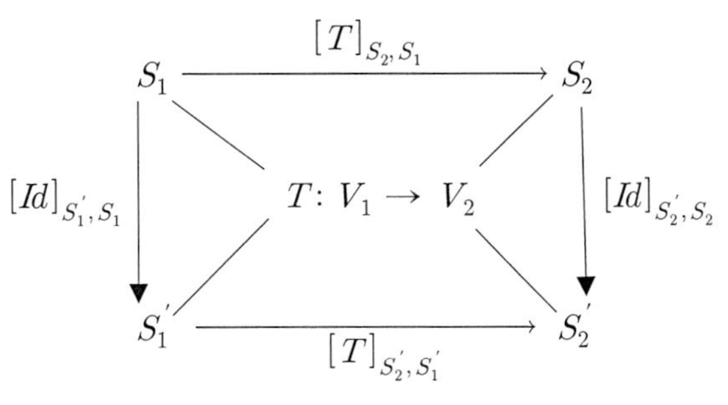

[그림 5.2.3]

[증명]

(1)의 증명은 [정리 5.2.7]에 의해 자명하므로 (2)만 증명하면 충분하다. 실제로 $\dim V_2 = m$일 때, 다음이 성립한다.

$$\begin{aligned}[\mathbf{y}]_{S_2'} &= [T]_{S_2', S_1'}[\mathbf{x}]_{S_1'} = [T]_{S_2', S_1'}[Id]_{S_1', S_1}[\mathbf{x}]_{S_1} = [T]_{S_2', S_1'}[Id]_{S_1', S_1}[T]^{-1}_{S_2, S_1}[\mathbf{y}]_{S_2} \\ &= [T]_{S_2', S_1'}[Id]_{S_1', S_1}[T]^{-1}_{S_2, S_1}[Id]^{-1}_{S_2', S_2}[\mathbf{y}]_{S_2'}\end{aligned}$$

따라서

$$[T]_{S_2', S_1'}[Id]_{S_1', S_1}[T]^{-1}_{S_2, S_1}[Id]^{-1}_{S_2', S_2} = I_m \quad \Leftrightarrow \quad [T]_{S_2', S_1'} = [Id]_{S_2', S_2}[T]_{S_2, S_1}[Id]^{-1}_{S_1', S_1}$$

이다.

□

다음 보조정리는 종종 유용하게 사용된다.

보조정리 5.2.9

n차원 유클리드 공간 $\mathbb{R}^n$의 두 기저

$$S_1 = \{\mathbf{u}_1, \mathbf{u}_2, \ldots, \mathbf{u}_n\}, \; S_2 = \{\mathbf{v}_1, \mathbf{v}_2, \ldots, \mathbf{v}_n\}$$

에 대하여, 기저변환행렬 $[Id]_{S_2, S_1}$이 다음과 같이 주어진다.

$$[Id]_{S_2, S_1} = (\mathbf{v}_1 \; \mathbf{v}_2 \; \cdots \; \mathbf{v}_n)^{-1}(\mathbf{u}_1 \; \mathbf{u}_2 \; \cdots \; \mathbf{u}_n)$$

단, 여기서 $\mathbf{u}_i (1 \le i \le n)$와 $\mathbf{v}_j (1 \le j \le n)$는 모두 $\mathbb{R}^n$상에서 정의된 열벡터를 나타낸다.

[증명]

[정리 5.2.7]의 증명과 같이, 다음 등식이 성립한다.

$$\mathbf{u}_i = Id(\mathbf{u}_i) = \sum_{j=1}^{n} c_{ji}\mathbf{v}_j, \; c_{ji} \in \mathbb{R}, \; 1 \le i \le n$$

따라서

$$(\mathrm{u}_1\ \mathrm{u}_2\ \cdots\ \mathrm{u}_n) = (\mathrm{v}_1\ \mathrm{v}_2\ \cdots\ \mathrm{v}_n)\begin{pmatrix} c_{11} & c_{12} & \cdots & c_{1n} \\ c_{21} & c_{22} & \cdots & c_{2n} \\ \vdots & \vdots & \ddots & \vdots \\ c_{n1} & c_{n2} & \cdots & c_{nn} \end{pmatrix} = (\mathrm{v}_1\ \mathrm{v}_2\ \cdots\ \mathrm{v}_n)\,[Id]_{S_2, S_1}$$

이다. 한편 S_2가 $\mathbb{R}^n$의 기저이므로

$$(\mathrm{v}_1\ \mathrm{v}_2\ \cdots\ \mathrm{v}_n)$$

이 가역행렬이다. 그러므로

$$[Id]_{S_2, S_1} = (\mathrm{v}_1\ \mathrm{v}_2\ \cdots\ \mathrm{v}_n)^{-1}(\mathrm{u}_1\ \mathrm{u}_2\ \cdots \mathrm{u}_n)$$

이 성립한다.

□

예제 5.2.10

(1) 선형사상

$$T: \mathbb{R}^2 \to \mathbb{R}^2, \quad T(x, y) = (x + 5y, 5x + y)$$

와 두 기저

$$S_1 = \{(1, 0), (0, 1)\}, \quad S_2 = \left\{\left(\frac{1}{\sqrt{2}}, -\frac{1}{\sqrt{2}}\right), \left(\frac{1}{\sqrt{2}}, \frac{1}{\sqrt{2}}\right)\right\}$$

에 대하여, $[T]_{S_2}$를 구해보자. 이를 위해, 먼저 [보조정리 5.2.9]에 의해

$$[T]_{S_1} = \begin{pmatrix} 1 & 5 \\ 5 & 1 \end{pmatrix}, \qquad [Id]_{S_1, S_2} = \begin{pmatrix} \frac{1}{\sqrt{2}} & \frac{1}{\sqrt{2}} \\ -\frac{1}{\sqrt{2}} & \frac{1}{\sqrt{2}} \end{pmatrix}$$

임을 알자. 따라서

$$\begin{aligned} [T]_{S_2} &= [Id]_{S_2, S_1}[T]_{S_1}[Id]_{S_1, S_2} = \begin{pmatrix} \frac{1}{\sqrt{2}} & \frac{1}{\sqrt{2}} \\ -\frac{1}{\sqrt{2}} & \frac{1}{\sqrt{2}} \end{pmatrix}^{-1} \begin{pmatrix} 1 & 5 \\ 5 & 1 \end{pmatrix} \begin{pmatrix} \frac{1}{\sqrt{2}} & \frac{1}{\sqrt{2}} \\ -\frac{1}{\sqrt{2}} & \frac{1}{\sqrt{2}} \end{pmatrix} \\ &= \begin{pmatrix} \frac{1}{\sqrt{2}} & -\frac{1}{\sqrt{2}} \\ \frac{1}{\sqrt{2}} & \frac{1}{\sqrt{2}} \end{pmatrix} \begin{pmatrix} 1 & 5 \\ 5 & 1 \end{pmatrix} \begin{pmatrix} \frac{1}{\sqrt{2}} & \frac{1}{\sqrt{2}} \\ -\frac{1}{\sqrt{2}} & \frac{1}{\sqrt{2}} \end{pmatrix} \\ &= \begin{pmatrix} -4 & 0 \\ 0 & 6 \end{pmatrix} \end{aligned}$$

이다.

(2) 선형사상

$$T: \mathbb{R}^3 \to \mathbb{R}^2, \quad T(x, y, z) = (2x + y - 2z, x - 2y + z)$$

와 두 기저

$$S_1 = \{(1,0,0), (1,2,0), (1,2,3)\}, \quad S_2 = \{(1,1), (1,2)\}$$

에 대하여, $[T]_{S_2, S_1}$를 구해보자. 이를 위해

$$S_1' = \{(1,0,0), (0,1,0), (0,0,1)\}, \quad S_2' = \{(1,0), (0,1)\}$$

라 할 때, $[T]_{S_2', S_1'} = \begin{pmatrix} 2 & 1 & -2 \\ 1 & -2 & 1 \end{pmatrix}$이다. 또한,

$$[Id]_{S_1', S_1} = \begin{pmatrix} 1 & 1 & 1 \\ 0 & 2 & 2 \\ 0 & 0 & 3 \end{pmatrix}, \quad [Id]_{S_2', S_2} = \begin{pmatrix} 1 & 1 \\ 1 & 2 \end{pmatrix}$$

이므로

$$[T]_{S_2, S_1} = [Id]_{S_2, S_2'}[T]_{S_2', S_1'}[Id]_{S_1, S_1'}^{-1} = \begin{pmatrix} 1 & 1 \\ 1 & 2 \end{pmatrix}^{-1} \begin{pmatrix} 2 & 1 & -2 \\ 1 & -2 & 1 \end{pmatrix} \begin{pmatrix} 1 & 1 & 1 \\ 0 & 2 & 2 \\ 0 & 0 & 3 \end{pmatrix} = \begin{pmatrix} 3 & 11 & -4 \\ -1 & -7 & 2 \end{pmatrix}$$

이다.

□

다음 정의가 성립한다.

보조정리 5.2.11

임의의 가역인 $m \times m-$행렬 A에 대하여, 두 선형사상 T_A와 $T_{A^{-1}}$가 다음 등식을 만족한다.

$$T_A \circ T_{A^{-1}} = T_{A^{-1}} \circ T_A = Id_{\mathbb{R}^m}$$

따라서 $T_{A^{-1}}$가 T_A의 역함수이다. 이때, $T_{A^{-1}}$를 T_A의 **역변환**(inverse transformation)이라 한다.

[증명]

임의의 $\mathrm{u} \in \mathbb{R}^m$에 대하여, 다음 등식이 성립한다.

$$T_A \circ T_{A^{-1}}(\mathrm{u}) = T_A(A^{-1}\mathrm{u}) = A(A^{-1}\mathrm{u}) = (AA^{-1})\mathrm{u} = I_m\mathrm{u} = \mathrm{u} = Id_{\mathbb{R}^m}(\mathrm{u}),$$

$$T_{A^{-1}} \circ T_A(\mathrm{u}) = T_{A^{-1}}(A\mathrm{u}) = A^{-1}(A\mathrm{u}) = (A^{-1}A)\mathrm{u} = I_m\mathrm{u} = \mathrm{u} = Id_{\mathbb{R}^m}(\mathrm{u})$$

□

예제 5.2.12

(1) x-축에 관한 대칭이동 R_x가 다음 등식을 만족한다.

$$R_x \circ R_x(\mathrm{u}) = \begin{pmatrix} 1 & 0 \\ 0 & -1 \end{pmatrix}\begin{pmatrix} 1 & 0 \\ 0 & -1 \end{pmatrix}\mathrm{u} = I_2(\mathrm{u}) = \mathrm{u}, \quad \mathrm{u} \in \mathbb{R}^2$$

따라서 $R_x^{-1} = R_x$이다.

(2) 회전축이 원점이고 θ만큼 회전하는 회전이동 R_θ에 대하여, $R_\theta^{-1} = R_{-\theta}$이다. 실제로, 다음 등식이 성립한다.

$$[R_\theta \circ R_{-\theta}] = [R_\theta][R_{-\theta}] = \begin{pmatrix} \cos\theta & -\sin\theta \\ \sin\theta & \cos\theta \end{pmatrix}\begin{pmatrix} \cos\theta & \sin\theta \\ -\sin\theta & \cos\theta \end{pmatrix} = I_2,$$

$$[R_{-\theta} \circ R_\theta] = [R_{-\theta}][R_\theta] = \begin{pmatrix} \cos\theta & \sin\theta \\ -\sin\theta & \cos\theta \end{pmatrix}\begin{pmatrix} \cos\theta & -\sin\theta \\ \sin\theta & \cos\theta \end{pmatrix} = I_2$$

□

연습문제 5.2

1. $y = \tan\theta_0 x (0 \le \theta_0 < \pi)$로 주어진 직선을 l이라 할 때, 임의의 벡터 $\mathbf{x} \in \mathbb{R}^2$의 l로의 정사영 $\mathrm{Proj}_l \mathbf{x}$에 대응하는 2×2-행렬 A가 다음과 같이 주어짐을 보여라.

$$A = \begin{pmatrix} \frac{1}{2}(1+\cos(2\theta_0)) & \frac{1}{2}\sin(2\theta_0) \\ \frac{1}{2}\sin(2\theta_0) & \frac{1}{2}(1-\cos(2\theta_0)) \end{pmatrix}$$

2. 다음 물음에 답하라.

(1) $y = mx$로 주어진 직선을 l이라 할 때, l에 관한 정사영 P_l과 대칭이동 R_l에 대응하는 2×2-행렬이 다음과 같이 주어짐을 보여라.

$$[P_l] = \frac{1}{1+m^2}\begin{pmatrix} 1 & m \\ m & m^2 \end{pmatrix}, \quad [R_l] = \frac{1}{1+m^2}\begin{pmatrix} 1-m^2 & 2m \\ 2m & m^2-1 \end{pmatrix}$$

(2) $2y = 3x$으로 주어진 직선을 l이라 할 때, l에 관한 대칭이동 R_l에 대응하는 2×2-행렬 $[R_l]$을 구하라.

(3) $2y = 3x$으로 주어진 직선을 l이라 할 때, l에 관한 정사영 P_l에 대응하는 2×2-행렬 $[P_l]$을 구하라.

3. 원점을 통과하는 직선 l에 관한 대칭이동 R_l에 대응하는 2×2-행렬

$$[R_l] = \begin{pmatrix} \frac{1}{\sqrt{2}} & \frac{1}{\sqrt{2}} \\ \frac{1}{\sqrt{2}} & -\frac{1}{\sqrt{2}} \end{pmatrix}$$

일 때, 직선 l을 찾아라.

4. 2×2−행렬 $A=\begin{pmatrix}1 & 2\\ 0 & 3\end{pmatrix}$에 대하여, 선형사상

$$T: M(2,\mathbb{R}) \to M(2,\mathbb{R}),\quad T(B)=AB-BA,\quad B\in M(2,\mathbb{R})$$

에 대응하는 4×4−행렬 $[T]$를 기저

$$S=\left\{\begin{pmatrix}1 & 0\\ 0 & 0\end{pmatrix}, \begin{pmatrix}0 & 1\\ 0 & 0\end{pmatrix}, \begin{pmatrix}0 & 0\\ 1 & 0\end{pmatrix}, \begin{pmatrix}0 & 0\\ 0 & 1\end{pmatrix}\right\}$$

에 대하여 구하라.

5. 단위벡터 $\mathrm{u}=\left(\frac{1}{\sqrt{2}}, -\frac{1}{\sqrt{2}}\right)$에 대하여, 다음과 같이 정의된 선형사상 $T:\mathbb{R}^2\to\mathbb{R}^2$를 고려하자.

$$T(\mathrm{v})=\mathrm{v}-2(\mathrm{v}\cdot\mathrm{u})\mathrm{u},\quad \mathrm{v}\in\mathbb{R}^2$$

이때, 기저

$$S=\{(1,0),(1,1)\}$$

에 대하여 T에 대응하는 2×2−행렬 $[T]_S$를 구하라.

6. 선형사상 $T:\mathbb{R}^3\to\mathbb{R}^3$와 두 기저

$$S_1=\{(1,0,0),(1,1,1),(1,1,0)\},\quad S_2=\{(0,1,1),(1,1,0),(1,0,1)\}$$

에 대하여,

$$[T]_{S_2}=\begin{pmatrix}1 & -\frac{1}{2} & \frac{1}{2}\\ -1 & \frac{1}{2} & \frac{3}{2}\\ 0 & \frac{1}{2} & \frac{1}{2}\end{pmatrix}$$

이라 하자. 이때, $[T]_{S_1}$을 구하라.

7. 선형사상

$$T:\mathcal{P}_3 \to \mathcal{P}_3, \quad T(ax^2+bx+c) = 2ax^2+bx$$

와 $\mathcal{P}_3$의 두 기저 $S_1 = \{1, x, x^2\}$과 $S_2 = \{1, 1+x, 1+x+x^2\}$에 대하여, 다음 물음에 답하라.

(1) T에 대응하는 3×3-행렬 $[T]_{S_1}$를 구하라.

(2) T에 대응하는 3×3-행렬 $[T]_{S_2}$를 구하라.

(3) $[Id]_{S_1, S_2}$와 $[Id]_{S_2, S_1}$을 구하라.

(4) 다음 등식이 성립하는지 판별하라.

$$[T]_{S_2} = [Id]_{S_2, S_1}[T]_{S_1}[Id]_{S_1, S_2}$$

(5) T에 대응하는 3×3-행렬 $[T]_{S_2, S_1}$을 구하라.

8. 선형사상

$$T:\mathcal{P}_3 \to \mathcal{P}_3, \quad T(ax^2+bx+c) = (2c-a)x^2+5bx+(2a-c)$$

와 $\mathcal{P}_3$의 두 기저 $S_1 = \{1, x, x^2\}$과 $S_2 = \{1, 1+x, 1+x+x^2\}$에 대하여, 위의 [문제 7]의 (1)-(5)에 답하라.

9. 선형사상

$$T:\mathcal{P}_2 \to \mathbb{R}^2, \quad T(ax+b) = \left(\int_0^1 (ax+b)\,dx,\ a+b\right)$$

와 $\mathcal{P}_2$의 두 기저 $S_1 = \{1, x\}$과 $S_2 = \{e_1, e_2\}$에 대하여, T에 대응하는 2×2-행렬 $[T]_{S_2, S_1}$을 구하라.

10. 선형사상

$$T:\mathcal{P}_3 \to \mathcal{P}_2, \quad T(ax^2+bx+c) = 2ax+a+2b+c$$

와 $\mathcal{P}_3$의 두 기저 $S_1 = \{1, x, x^2\}$과 $S_2 = \{1, 1+x\}$에 대하여, T에 대응하는 $2\times 3-$행렬 $[T]_{S_2, S_1}$을 구하라.

11. 선형사상 $T:\mathbb{R}^2 \to \mathbb{R}^2$가 다음과 같이 세 가지 선형변환 (i), (ii), (iii)의 합성

$$T = S \circ P_x \circ R_l$$

로 주어져 있다고 가정하자. 이때, T에 대응하는 $2\times 2-$행렬 $[T]$를 구하라.

(i) 직선 $y=-x$에 관한 대칭이동 R_l

(ii) $x-$축에 관한 정사영 P_x

(iii) $S:\mathbb{R}^2 \to \mathbb{R}^2$, $S(x_1, x_2) = \left(x_1, \dfrac{1}{2}x_2\right)$

5.3 선형사상의 핵공간과 상공간

이 절에서는 주어진 선형사상으로부터 얻을 수 있는 대표적인 벡터공간인 핵공간(kernel space)과 상공간(image space)을 정의하고 몇 가지 성질을 알아본다.

다음 보조정리가 성립한다.

보조정리 5.3.1

임의의 선형사상

$$T: \mathbb{R}^n \to \mathbb{R}^m$$

에 대하여, 다음이 성립한다.

(1) $\mathbb{R}^n$의 부분집합

$$\mathrm{Ker}(T) = \{\mathbf{u} \in \mathbb{R}^n \mid T(\mathbf{u}) = 0\}$$

는 $\mathbb{R}^n$의 벡터부분공간이다. 이때, $\mathrm{Ker}(T)$를 선형사상 T의 **핵공간**(kernel space)이라 부른다.

(2) $\mathbb{R}^m$의 부분집합

$$\mathrm{Im}(T) = \{T(\mathbf{u}) \in \mathbb{R}^m \mid \mathbf{u} \in \mathbb{R}^n\}$$

은 $\mathbb{R}^m$의 벡터부분공간이다. 이때, $\mathrm{Im}(T)$를 선형사상 T의 **상공간**(image space)이라 부른다.

[증명]

(1) 임의의 $r_1, r_2 \in \mathbb{R}$과 $\mathbf{u}_1, \mathbf{u}_2 \in \mathrm{Ker}(T)$에 대하여, 다음이 성립한다.

$$T(r_1\mathbf{u}_1 + r_2\mathbf{u}_2) = r_1 T(\mathbf{u}_1) + r_2 T(\mathbf{u}_2) = r_1 0 + r_2 0 = 0$$

따라서 $r_1\mathbf{u}_1 + r_2\mathbf{u}_2 \in \mathrm{Ker}(T)$이다. 즉 $\mathrm{Ker}(T)$가 $\mathbb{R}^n$의 벡터부분공간이다.

(2) 임의의 $r_1, r_2 \in \mathbb{R}$과 $\mathbf{v}_1, \mathbf{v}_2 \in \mathrm{Im}(T)$에 대하여, 다음 등식을 만족하는 $\mathbf{u}_1, \mathbf{u}_2 \in \mathbb{R}^n$이

존재한다.

$$T(\mathbf{u}_1) = \mathbf{v}_1, \quad T(\mathbf{u}_2) = \mathbf{v}_2$$

이때, $r_1\mathbf{u}_1 + r_2\mathbf{u}_2 \in \mathbb{R}^n$이고

$$T(r_1\mathbf{u}_1 + r_2\mathbf{u}_2) = r_1 T(\mathbf{u}_1) + r_2 T(\mathbf{u}_2) = r_1\mathbf{v}_1 + r_2\mathbf{v}_2$$

이므로 $r_1\mathbf{v}_1 + r_2\mathbf{v}_2 \in \mathrm{Im}(T)$이다. 따라서 $\mathrm{Im}(T)$가 $\mathbb{R}^m$의 벡터부분공간이다.

□

다음 보조정리가 성립한다.

보조정리 5.3.2

임의의 선형사상

$$T: \mathbb{R}^n \to \mathbb{R}^m$$

에 대하여, T에 대응하는 $m \times n$-행렬

$$[T] = (A^1\ A^2 \cdots A^n)_{m\times n} = A$$

라 하자. 이때, 다음이 성립한다.

(1) $\mathrm{Ker}(T) = \mathrm{Nul}(A)$

(2) $\mathrm{Im}(T) = \mathrm{Col}(A)$

[증명]

(1) 임의의 $\mathbf{u} \in \mathrm{Ker}(T)$에 대하여,

$$0 = T(\mathbf{u}) = A\mathbf{u}$$

이므로

$$\mathbf{u} \in \mathrm{Nul}(A) = \{\mathbf{u} \in \mathbb{R}^n \mid A\mathbf{u} = 0\}$$

이다. 즉 $\mathrm{Ker}(T) \subset \mathrm{Nul}(A)$이다. 비슷한 방법으로 다음도 성립함을 보일 수 있다.

$$\mathrm{Nul}(A) \subset \mathrm{Ker}(T)$$

따라서 $\mathrm{Ker}(T) = \mathrm{Nul}(A)$이다.

(2) 임의의 $\mathrm{u} = (u_1, u_2, \ldots, u_n)^T \in \mathbb{R}^n$에 대하여, 다음 등식이 성립한다.

$$T(\mathrm{u}) = A\mathrm{u} = A(u_1e^1 + u_2e^2 + \cdots + u_ne^n) = u_1Ae^1 + u_2Ae^2 + \cdots + u_nAe^n$$
$$= u_1A^1 + u_2A^2 + \cdots + u_nA^n \in \mathrm{Col}(A)$$

따라서 $\mathrm{Im}(T) \subset \mathrm{Col}(A)$이다. 반대로, 만약 $\mathrm{v} \in \mathrm{Col}(A)$라면

$$\mathrm{v} = u_1A^1 + u_2A^2 + \cdots + u_nA^n$$

을 만족하는 $\mathrm{u} = (u_1, u_2, \ldots, u_n)^T \in \mathbb{R}^n$이 존재한다. 따라서

$$\mathrm{v} = u_1A^1 + u_2A^2 + \cdots u_nA^n = u_1Ae^1 + u_2Ae^2 + \cdots + u_nAe^n$$
$$= A(u_1e^1 + u_2e^2 + \cdots + u_ne^n) = T(\mathrm{u}) \in \mathrm{Im}(T)$$

이다. 즉 $\mathrm{Im}(T) \supset \mathrm{Col}(A)$이다. 결론적으로 $\mathrm{Im}(T) = \mathrm{Col}(A)$가 성립한다.

□

예제 5.3.3

(1) 선형사상

$$T: \mathbb{R}^2 \to \mathbb{R}^2, \quad T(x,y) = (2x - y, 0), \quad (x,y) \in \mathbb{R}^2$$

에 대하여, 핵공간 $\mathrm{Ker}(T)$와 상공간 $\mathrm{Im}(T)$를 구해보자. 실제로, 다음이 성립한다.

$$\begin{aligned}
\mathrm{Ker}(T) &= \{\mathrm{u} \in \mathbb{R}^2 \mid T(\mathrm{u}) = 0\} \\
&= \{\mathrm{u} = (x, y) \in \mathbb{R}^2 \mid T(x,y) = (2x - y, 0) = 0\} \\
&= \{(x, y) \in \mathbb{R}^2 \mid 2x - y = 0\} \\
&= \{(x, 2x) \in \mathbb{R}^2 \mid x \in \mathbb{R}\} = \{x(1, 2) \in \mathbb{R}^2 \mid x \in \mathbb{R}\} \\
&= \mathrm{span}\{(1, 2)\},
\end{aligned}$$

$$\begin{aligned}
\mathrm{Im}(T) &= \{T(\mathrm{u}) \in \mathbb{R}^2 \mid \mathrm{u} = (x, y) \in \mathbb{R}^2\} \\
&= \{T(x,y) = (2x - y, 0) \in \mathbb{R}^2 \mid (x, y) \in \mathbb{R}^2\} \\
&= \{(t, 0) \in \mathbb{R}^2 \mid t = 2x - y,\ x,\ y \in \mathbb{R}\} = \{t(1, 0) \in \mathbb{R}^2 \mid t \in \mathbb{R}\} \\
&= \mathrm{span}\{(1, 0)\}
\end{aligned}$$

또는, $[T] = \begin{pmatrix} 2 & -1 \\ 0 & 0 \end{pmatrix}$이므로 다음이 성립한다.

$$\mathrm{Ker}(T) = \mathrm{Nul}(A) = \{(x, y) \in \mathbb{R}^2 \mid 2x - y = 0\} = \mathrm{span}\left\{\begin{pmatrix} 1 \\ 2 \end{pmatrix}\right\},$$

$$\mathrm{Im}(T) = \mathrm{Col}(A) = \mathrm{span}\left\{\begin{pmatrix} 2 \\ 0 \end{pmatrix}, \begin{pmatrix} -1 \\ 0 \end{pmatrix}\right\} = \mathrm{span}\left\{\begin{pmatrix} 1 \\ 0 \end{pmatrix}\right\}$$

(2) 선형사상

$$T:\mathbb{R}^3 \to \mathbb{R}^4,\ \ T(x,y,z)=(x+y, y+z, x-z, x+2y+z),\ \ (x,y,z)\in\mathbb{R}^3$$

에 대하여, 핵공간 $\mathrm{Ker}(T)$와 상공간 $\mathrm{Im}(T)$를 구해보자. 실제로,

$$[T]=\begin{pmatrix} 1 & 1 & 0 \\ 0 & 1 & 1 \\ 1 & 0 & -1 \\ 1 & 2 & 1 \end{pmatrix}_{4\times 3}$$

이고 첨가행렬 $([T]\,|\,0)$의 기약사다리꼴행렬은 다음과 같다.

$$([T]\,|\,\mathrm{b})=\left(\begin{array}{ccc|c} 1 & 1 & 0 & 0 \\ 0 & 1 & 1 & 0 \\ 1 & 0 & -1 & 0 \\ 1 & 2 & 1 & 0 \end{array}\right) \xrightarrow[OR(4,1;-1)]{OR(3,1;-1)} \left(\begin{array}{ccc|c} 1 & 1 & 0 & 0 \\ 0 & 1 & 1 & 0 \\ 0 & -1 & -1 & 0 \\ 0 & 1 & 1 & 0 \end{array}\right) \xrightarrow[OR(4,2;-1)]{OR(3,2;1)} \left(\begin{array}{ccc|c} 1 & 1 & 0 & 0 \\ 0 & 1 & 1 & 0 \\ 0 & 0 & 0 & 0 \\ 0 & 0 & 0 & 0 \end{array}\right)$$
$$\xrightarrow{OR(1,2;-1)} \left(\begin{array}{ccc|c} 1 & 0 & -1 & 0 \\ 0 & 1 & 1 & 0 \\ 0 & 0 & 0 & 0 \\ 0 & 0 & 0 & 0 \end{array}\right)$$

따라서

$$\begin{aligned}\mathrm{Ker}(T) &= \mathrm{Nul}([T]) = \{(x,y,z)^T\in\mathbb{R}^3 \mid x-z=0, y=-z, z=z\} \\ &= \{(z,-z,z)^T\in\mathbb{R}^3 \mid z\in\mathbb{R}\} \\ &= \mathrm{span}\{(1,-1,1)^T\}\end{aligned}$$

이다. 또한, $[T]$의 기약사다리꼴행렬의 첫 번째와 두 번째열이 추축열이므로

$$\mathrm{Im}(T)=\mathrm{Col}([T]) = \mathrm{span}\{(1,0,1,1)^T, (1,1,0,2)^T\}$$

이다. 하지만 $\mathrm{Im}(T)=\mathrm{Col}([T])$가 $[T]$의 기약사다리꼴행렬의 첫 번째와 두 번째의 추축열에 의해 생성되지는 않는다. 즉

$$\mathrm{Im}(T)=\mathrm{Col}([T]) \neq \mathrm{span}\{(1,0,0,0)^T, (0,1,0,0)^T\}$$

이다.

□

정의 5.3.4

임의의 선형사상

$$T:\mathbb{R}^n \to \mathbb{R}^m$$

에 대하여, T에 대응하는 $m\times n$-행렬

$$[T] = (A^1\, A^2 \cdots A^n)_{m \times n} = A$$

라 하자. 이때, 다음이 성립한다.

(1) $\text{null}(T) = \dim \text{Ker}(T) = \dim \text{Nul}(A)$로 정의하고, $\text{null}(T)$를 T**의 퇴화차수**(nullity)라 한다.

(2) $\text{rank}(T) = \dim \text{Im}(T) = \dim \text{Col}(A)$로 정의하고, $\text{rank}(T)$를 T**의 계수**(rank)라 한다.

다음 정리가 성립한다.

정리 5.3.5 계수정리, rank theorem

임의의 선형사상

$$T: \mathbb{R}^n \to \mathbb{R}^m$$

에 대하여, 다음 등식이 성립한다.

$$n = \text{rank}(T) + \text{null}(T)$$

[증명]

[정의 5.3.4]에서 $\dim \text{Nul}(A)$는 A의 기약사다리꼴행렬의 자유변수의 개수와 같고, $\dim \text{Col}(A)$는 A의 기약사다리꼴행렬의 추축열의 개수와 같다. 한편, A의 기약사다리꼴행렬의 자유변수의 개수와 추축열의 개수의 합은 A의 모든 열의 개수인 n과 같다. 따라서 정리의 등식이 성립한다.

□

정리 5.3.6

임의의 선형사상

$$T: \mathbb{R}^n \to \mathbb{R}^n$$

에 대하여, 다음 세 명제는 서로 동치이다.

(1) T가 일대일 함수이다.

(2) $\text{rank}(T)=n$

(3) $\text{Im}(T)=\mathbb{R}^n$

[증명]

다음과 같은 동치관계에 의해, 정리가 성립한다.

$$T\text{가 일대일 함수} \iff \text{Ker}(T)=\{0\} \xleftrightarrow{\text{정리 } 5.3.5} \text{rank}(T)=n$$

$$\iff \text{Col}([T])=\mathbb{R}^n$$

□

예제 5.3.7

선형사상

$$T:\mathbb{R}^3\to\mathbb{R}^3,\ \ T(x,y,z)=(x-y,y-z,x+z),\ \ (x,y,z)\in\mathbb{R}^3$$

에 대하여, 핵공간 $\text{Ker}(T)$를 구해보자. 실제로,

$$[T]=\begin{pmatrix}1&-1&0\\0&1&-1\\1&0&1\end{pmatrix}_{3\times3}$$

이고 행렬 $[T]$의 기약사다리꼴행렬은 다음과 같다.

$$[T]=\begin{pmatrix}1&-1&0\\0&1&-1\\1&0&1\end{pmatrix}\xrightarrow{OR(3,1;-1)}\begin{pmatrix}1&-1&0\\0&1&-1\\0&1&1\end{pmatrix}\xrightarrow{OR(3,2;-1)}\begin{pmatrix}1&-1&0\\0&1&-1\\0&0&2\end{pmatrix}$$

$$\xrightarrow{OQ(3;\frac{1}{2})}\begin{pmatrix}1&-1&0\\0&1&-1\\0&0&1\end{pmatrix}\xrightarrow{OR(2,3;1)}\begin{pmatrix}1&-1&0\\0&1&0\\0&0&1\end{pmatrix}\xrightarrow{OR(1,2;1)}\begin{pmatrix}1&0&0\\0&1&0\\0&0&1\end{pmatrix}$$

따라서 $\text{rank}(T)=3$이다. [정리 5.3.6]에 의해,

$$\text{Ker}(T)=\{0\}$$

이다.

□

연습문제 5.3

1. 다음과 같이 주어진 선형사상 T의 핵공간 $\mathrm{Ker}(T)$와 상공간 $\mathrm{Im}(T)$를 구하라.

(1) $T(x, y, z) = (x-z, y-z, x-y)$

(2) $T(x, y, z) = (x-z, y-z, x-y, x-y+z)$

(3) $T(x, y, z) = (x+2y-z, x+y-z)$

2. 선형사상 T에 대응하는 행렬 $[T]$가 다음과 같이 주어져 있을 때, T의 핵공간 $\mathrm{Ker}(T)$와 상공간 $\mathrm{Im}(T)$를 구하라. 또한 $\mathrm{Ker}(T)$와 $\mathrm{Im}(T)$의 기저와 차원을 구하라.

(1) $[T] = \begin{pmatrix} 1 & 1 \\ 3 & 3 \end{pmatrix}$

(2) $[T] = \begin{pmatrix} 1 & 0 & 2 \\ 2 & 1 & -1 \\ 3 & 0 & 6 \end{pmatrix}$

(3) $[T] = \begin{pmatrix} 3 & 2 & 7 \\ -1 & -2 & 3 \\ 1 & 2 & -3 \end{pmatrix}$

(4) $[T] = \begin{pmatrix} 2 & 1 & -1 \\ 2 & -9 & 5 \\ 3 & 4 & -3 \\ 1 & -7 & 4 \end{pmatrix}$

3. 다음과 같이 주어진 선형사상 T가 단사인지 또는 전사인지 판별하라.

(1) $$T(x, y, z) = (2x-y, x+2z, y-z)$$

(2) $$T(x_1, x_2, x_3, x_4) = (-x_1+3x_2+2x_3, 2x_1-4x_3, x_1+3x_2+6x_3)$$

4. $2\times 2-$행렬 $A = \begin{pmatrix} 1 & 2 \\ 0 & 3 \end{pmatrix}$에 대하여, 선형사상

$$T: M(2, \mathbb{R}) \to M(2, \mathbb{R}), \quad T(B) = AB - BA, \quad B \in M(2, \mathbb{R})$$

의 핵공간 $\mathrm{Ker}(T)$와 상공간 $\mathrm{Im}(T)$를 구하라. 또한 $\mathrm{Ker}(T)$와 $\mathrm{Im}(T)$의 기저와 차원을 구하라.

5. 벡터 $\mathrm{u} = (1, 0, -1)$과 사상

$$T : \mathbb{R}^3 \to \mathbb{R}^3, \quad T(\mathrm{v}) = \mathrm{u} \times \mathrm{v} - 2(\mathrm{u} \cdot \mathrm{v})\mathrm{u}$$

에 대하여, 다음 물음에 답하라.

(1) T가 선형사상임을 보여라.

(2) T의 핵공간 $\mathrm{Ker}(T)$와 상공간 $\mathrm{Im}(T)$를 구하라. 또한 $\mathrm{Ker}(T)$와 $\mathrm{Im}(T)$의 기저와 차원을 구하라.

(3) 3차원 유클리드 공간 $\mathbb{R}^3$의 두 기저

$$S_1 = \{(1, 0, 0), (1, 1, 0), (0, 0, 1)\}, \quad S_2 = \{(1, 0, 1), (0, -1, 0), (1, 0, -1)\}$$

에 대하여, 다음 각각을 구하라.

$$[T]_{S_1}, \quad [T]_{S_2}, \quad [Id]_{S_1, S_2}, \quad [T]_{S_2, S_1}$$

6. $m \times n$-행렬 A에 대하여, 다음 물음에 답하라.

(1) $\mathrm{Nul}(A) = \mathrm{Nul}(A^T A)$임을 보여라.

(2) 다음 등식이 성립함을 보여라.

$$\mathrm{rank}(A) + \mathrm{null}(A) = n = \mathrm{rank}(A^T A) + \mathrm{null}(A^T A)$$

단, 여기서 $\mathrm{rank}(A)$와 $\mathrm{null}(A)$는 각각 A에 대응하는 선형사상

$$T_A : \mathbb{R}^n \to \mathbb{R}^m, \quad T_A(\mathrm{u}) = A\mathrm{u}, \quad \mathrm{u} \in \mathbb{R}^n$$

의 계수(rank)와 퇴화차수(nullity)를 의미한다.

(3) $\mathrm{rank}(A) = \mathrm{rank}(A^T A)$임을 보여라.

제 6 장

행렬의 대각화

6.1 고윳값과 고유벡터

이 절에서는 임의의 선형사상과 그에 대응하는 행렬에 대한 고윳값, 고유벡터, 그리고 고유공간의 정의를 알아보고 그와 관련된 여러 가지 성질을 정리한다.

다음 정의가 성립한다.

정의 6.1.1

임의의 선형사상

$$T: \mathbb{R}^n \to \mathbb{R}^n$$

과 그에 대응하는 $n \times n$-행렬 $[T]$를 A로 나타내자. 다음 등식을 만족하는 실수 λ와 영이 아닌 벡터 $\mathbf{x}$가 존재할 때, λ를 A(또는 T)의 **고윳값**(eigenvalue 또는 characteristic value)이라 하고 $\mathbf{x}$를 A(또는 T)의 λ에 대응하는 **고유벡터**(eigenvector 또는 characteristic vector)라 한다.

$$A\mathbf{x} = \lambda\mathbf{x}$$

[정의 6.1.1]에 의해, A의 고유벡터 $\mathbf{x}$와 $A\mathbf{x}$는 λ가 양수이면 서로 같은 방향으로 평행하고 λ가 음수이면 서로 다른 방향으로 평행하다. 또한 $|\lambda| \geq 1$인 경우에는 $A\mathbf{x}$는 $\mathbf{x}$와 비교할 때 **팽창적**(expanding)이고, $0 \leq |\lambda| < 1$인 경우에는 $\mathbf{x}$와 비교할 때 $A\mathbf{x}$가 **수축적**(contracting 또는 shrinking)이다([그림 6.1.1], [그림 6.1.2] 참고).

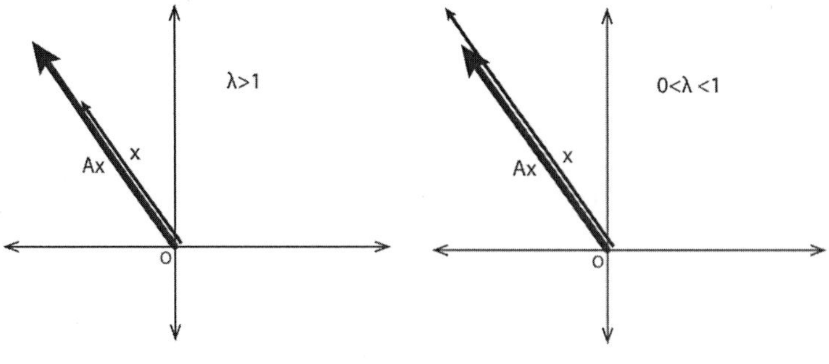

[그림 6.1.1]

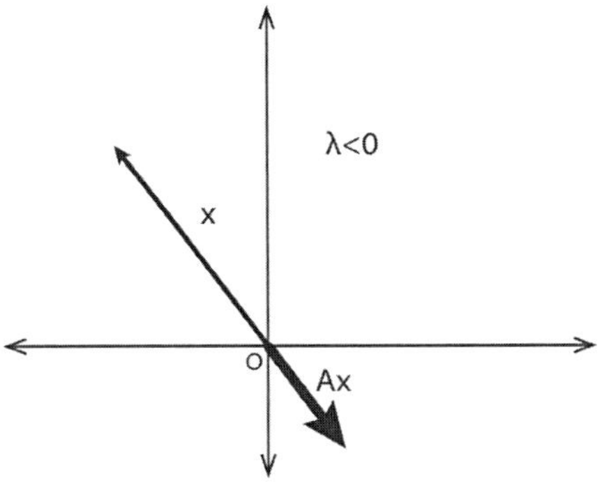

[그림 6.1.2]

고윳값과 고유벡터에 관해 다음 보조정리가 성립한다.

보조정리 6.1.2

임의의 $n\times n$-행렬 A에 대하여, 다음 명제는 서로 동치이다.

(1) λ가 A의 고윳값이다.

(2) 다음 등식을 만족하는 실수 λ와 영이 아닌 벡터 $\mathbf{x}\in\mathbb{R}^n$이 존재한다.

$$(\lambda I_n - A)\mathbf{x} = 0$$

(3) $p_A(x)=\det(xI_n - A)$라 할 때, λ가 $p_A(x)=0$의 해(solution, 또는 root)이다. 이때, $p_A(x)$를 A의 **특성다항식**(characteristic polynomial) 또는 **고유다항식**(eigenpolynomial)이라 한다. 또 $p_A(x)=0$를 A의 **특성방정식**(characteristic equation) 또는 **고유방정식**(eigenequation)이라 한다.

[증명]

(1) ⇔ (2) λ가 A의 고윳값일 때, 다음 등식을 만족하는 영이 아닌 벡터 $\mathbf{x}$가 존재한다.

$$A\mathbf{x}=\lambda\mathbf{x}$$

따라서 $(\lambda I_n - A)\mathbf{x}=0$가 성립한다. 비슷한 방법으로, 반대 방향도 성립함을 어렵지 않게 보일 수 있다.

(2) $\Leftrightarrow$ (3) 먼저, 다음 등식을 만족하는 실수 λ와 영이 아닌 벡터 $\mathbf{x}$가 존재한다고 가정하자.

$$(\lambda I_n - A)\mathbf{x} = 0$$

그러면 $0 \neq \mathbf{x} \in \mathrm{Nul}(\lambda I_n - A)$이고, 따라서 $n \times n$-행렬

$$\lambda I_n - A$$

가 비가역적(non-invertible)이다. 즉 $p_A(\lambda) = \det(\lambda I_n - A) = 0$이다. 이것은 λ가 $p_A(x) = 0$의 해임을 의미한다. 비슷한 방법으로, 반대 방향도 성립함을 쉽게 보일 수 있다.

□

특성다항식에 관해 다음 보조정리가 성립한다.

보조정리 6.1.3

임의의 $n \times n$-행렬 A에 대하여, 다음이 성립한다.

(1) A의 특성다항식 $p_A(x)$는 최고차의 계수가 1인 실수 계수를 갖는 n차 다항식 (monic polynomial of degree n with real coefficients)이다.

(2) 위의 (1)에 의해, $p_A(x) = 0$는 중복도(multiplicity)를 고려하여 많아야 n개의 고윳값을 갖는다.

[증명]

(1) 차수 n에 관한 수학적 귀납법에 의해 증명한다.

(i) $n = 1$인 경우;

$A = (a_{11})$일 때,

$$p_A(x) = \det(xI_1 - A) = \det(x - a_{11}) = x - a_{11}$$

이다. 따라서 $p_A(x)$는 최고차의 계수가 1인 실수 계수를 갖는 1차 다항식이다.

(ii) 임의의 $n \geq 1$에 대하여 정리가 성립한다고 가정하자. 이때,

$$A = \begin{pmatrix} a_{11} & a_{12} & a_{13} & \cdots & a_{1(n+1)} \\ a_{21} & a_{22} & a_{23} & \cdots & a_{2(n+1)} \\ \vdots & \vdots & \vdots & \ddots & \vdots \\ a_{n1} & a_{n2} & a_{n3} & \cdots & a_{n(n+1)} \\ a_{(n+1)1} & a_{(n+1)2} & a_{(n+1)3} & \cdots & a_{(n+1)(n+1)} \end{pmatrix}_{(n+1)\times(n+1)}$$

이라 하자. 그러면 다음 등식이 성립한다.

$$\begin{aligned} p_A(x) &= \det(xI_{n+1} - A) \\ &= \det\begin{pmatrix} x-a_{11} & -a_{12} & -a_{13} & \cdots & -a_{1(n+1)} \\ -a_{21} & x-a_{22} & -a_{23} & \cdots & -a_{2(n+1)} \\ \vdots & \vdots & \vdots & \ddots & \vdots \\ -a_{n1} & -a_{n2} & -a_{n3} & \cdots & -a_{n(n+1)} \\ -a_{(n+1)1} & -a_{(n+1)2} & -a_{(n+1)3} & \cdots & x-a_{(n+1)(n+1)} \end{pmatrix}_{(n+1)\times(n+1)} \\ &= (x-a_{11})(-1)^{1+1}\det((xI_{n+1}-A)_{11}) + (-a_{21})(-1)^{2+1}\det((xI_{n+1}-A)_{21}) + \cdots \\ &\quad + (-a_{(n+1)1})(-1)^{(n+1)+1}\det((xI_{n+1}-A)_{(n+1)1}) \\ &= (x-a_{11})\det((xI_{n+1}-A)_{11}) - (-a_{21})\det((xI_{n+1}-A)_{21}) + \cdots \\ &\quad + (-a_{(n+1)1})(-1)^{(n+1)+1}\det((xI_{n+1}-A)_{(n+1)1}) \end{aligned}$$

여기서, $p_A(x)$를 얻기 위해 첫 번째 열에 관한 여인수전개를 이용했다. 한편,

$$\det((xI_{n+1}-A)_{11})$$

는 귀납법의 가정에 의해 최고차의 계수가 1인 n차의 다항식이고

$$\det((xI_{n+1}-A)_{21}),\ \det((xI_{n+1}-A)_{31}),\ \ldots, \det((xI_{n+1}-A)_{(n+1)1})$$

은 모두 $(n-1)$차의 다항식이다. 따라서 $p_A(x)$는 최고차의 계수가 1인 $(n+1)$차의 다항식이다.

위의 (ⅰ)과 (ⅱ) 및 수학적 귀납법에 의해, 임의의 $n \geq 1$에 대하여 정리가 성립한다.

(2) 위의 (1)에 의해, $p_A(x)$는 실수 계수를 갖는 n차의 다항식이므로 대수학의 기본정리(fundamental theorem of algebra)에 의해 $p_A(x) = 0$는 중복도를 고려하여 많아야 n개의 실수해를 갖는다. 따라서 A는 중복도를 고려하여 많아야 n개의 고윳값을 갖는다.

□

예제 6.1.4

(1) 2×2-행렬

$$A = \begin{pmatrix} 0 & 1 \\ -1 & 0 \end{pmatrix}$$

에 대하여, A의 특성방정식은 다음과 같다.

$$p_A(x) = \det\begin{pmatrix} x & -1 \\ 1 & x \end{pmatrix} = x^2 + 1 = 0$$

따라서 $p_A(x) = 0$의 실수해는 존재하지 않는다. 즉 실수 계수의 범위에서 A의 고윳값은 존재하지 않는다. 물론, 특성방정식의 계수의 범위를 복소수로 확장하면 A는 두 개의 고윳값 $\pm\sqrt{-1}$을 갖는다.

(2) 2×2-행렬

$$A = \begin{pmatrix} a & b \\ c & d \end{pmatrix}, \quad a, b, c, d \in \mathbb{R}$$

에 대하여, A의 특성방정식은 다음과 같다.

$$p_A(x) = \det\begin{pmatrix} x-a & -b \\ -c & x-d \end{pmatrix} = (x-a)(x-d) - bc = x^2 - (a+d)x + ad - bc = 0$$

특히

$$\mathrm{tr}(A) = a + d, \ \det(A) = ad - bc$$

라 할 때,

$$p_A(x) = x^2 - \mathrm{tr}(A)x + \det(A) = 0$$

이다. 따라서 $\mathrm{tr}(A)^2 - 4\det(A) \geq 0$일 때, $p_A(x) = 0$의 실수해는 다음과 같다.

$$x = \frac{\mathrm{tr}(A) \pm \sqrt{\mathrm{tr}(A)^2 - 4\det(A)}}{2}$$

즉 실수 계수의 범위에서 A는 중복도를 고려하여 많아야 두 개의 고윳값을 갖는다.

(3) 3×3-행렬

$$A = \begin{pmatrix} 0 & 1 & 0 \\ 0 & 0 & 1 \\ 4 & -17 & 8 \end{pmatrix}$$

에 대하여, A의 특성방정식은 다음과 같다.

$$p_A(x) = \det\begin{pmatrix} x & -1 & 0 \\ 0 & x & -1 \\ -4 & 17 & x-8 \end{pmatrix} = x^3 - 8x^2 + 17x - 4 = (x-4)(x^2-4x+1) = 0$$

따라서 $p_A(x) = 0$의 실수해는 다음과 같다.

$$x = 4,\ x = 2 \pm \sqrt{3}$$

즉 A의 고윳값 λ는 $\lambda = 4, 2 \pm \sqrt{3}$이다.

(4) 3×3-행렬

$$A = \begin{pmatrix} 1 & 2 & 3 \\ 0 & 4 & 5 \\ 0 & 0 & 6 \end{pmatrix}$$

에 대하여, A의 특성방정식은 다음과 같다.

$$p_A(x) = \det\begin{pmatrix} x-1 & -2 & -3 \\ 0 & x-4 & -5 \\ 0 & 0 & x-6 \end{pmatrix} = (x-1)(x-4)(x-6) = 0$$

따라서 $p_A(x) = 0$의 실수해는 다음과 같다.

$$x = 1,\ 4,\ 6$$

즉 A의 고윳값 λ는 $\lambda = 1,\ 4,\ 6$이다. 특히, A의 고윳값 $1, 4, 6$는 모두 행렬 A의 대각선에 위치한 성분들이다.

□

일반적으로 다음 보조정리가 성립한다. 증명은 그리 어렵지 않으므로 독자에게 맡긴다.

보조정리 6.1.5

임의의 상삼각(upper triangular) 또는 하삼각(lower triangular)인 $n \times n$-행렬

$$A = \begin{pmatrix} a_{11} & a_{12} & \cdots & a_{1(n-1)} & a_{1n} \\ 0 & a_{22} & \cdots & a_{2(n-1)} & a_{2n} \\ \vdots & \vdots & \ddots & \vdots & \vdots \\ 0 & 0 & \cdots & a_{(n-1)(n-1)} & a_{(n-1)n} \\ 0 & 0 & \cdots & 0 & a_{nn} \end{pmatrix}_{n \times n}, \text{ 또는 } A = \begin{pmatrix} a_{11} & a_{12} & \cdots & a_{1(n-1)} & a_{1n} \\ 0 & a_{22} & \cdots & a_{2(n-1)} & a_{2n} \\ \vdots & \vdots & \ddots & \vdots & \vdots \\ 0 & 0 & \cdots & a_{(n-1)(n-1)} & a_{(n-1)n} \\ 0 & 0 & \cdots & 0 & a_{nn} \end{pmatrix}_{n \times n}^T$$

에 대하여, 다음이 성립한다.

(1) A의 특성방정식

$$p_A(x) = (x - a_{11})(x - a_{22}) \cdots (x - a_{(n-1)(n-1)})(x - a_{nn}) = 0$$

이다.

(2) A의 모든 고윳값은 모두 대각선에 위치한 원소인

$$a_{11}, a_{22}, \ldots, a_{nn}$$

이다.

다음 보조정리가 성립한다.

보조정리 6.1.6

임의의 $n \times n$-행렬 A와 A의 고윳값 λ에 대하여

$$S_\lambda = \{\mathrm{x} \in \mathbb{R}^n \mid A\mathbf{x} = \lambda \mathbf{x}\}$$

라 할 때, 다음이 성립한다.

(1) S_λ는 $\mathbb{R}^n$의 벡터부분공간이다. 이때, S_λ를 λ**의 고유공간**(eigenspace)이라 한다.

(2) 다음 등식이 성립한다.

$$S_\lambda = \mathrm{Nul}(\lambda I_n - A)$$

[증명]

(1) 임의의 $r \in \mathbb{R}$와 $\mathbf{x}_1, \mathbf{x}_2 \in S_\lambda$에 대하여, 다음이 성립한다.

$$A(r\mathbf{x}_1 + \mathbf{x}_2) = A(r\mathbf{x}_1) + A\mathbf{x}_2 = rA\mathbf{x}_1 + A\mathbf{x}_2 = r\lambda\mathbf{x}_1 + \lambda\mathbf{x}_2 = \lambda(r\mathbf{x}_1 + \mathbf{x}_2)$$

따라서 $r\mathbf{x}_1 + \mathbf{x}_2 \in S_\lambda$이다. 즉 S_λ는 $\mathbb{R}^n$의 벡터부분공간이다.

(2) S_λ의 정의에 의해, 다음 등식이 성립함을 알 수 있다.

$$S_\lambda = \{\mathbf{x} \in \mathbb{R}^n \mid (\lambda I_n - A)(\mathbf{x}) = 0\}$$

따라서 $S_\lambda = \mathrm{Nul}(\lambda I_m - A)$가 성립한다.

□

예제 6.1.7

$2\times 2-$행렬

$$A = \begin{pmatrix} 1 & 4 \\ 1 & 1 \end{pmatrix}$$

에 대하여, A의 특성방정식은 다음과 같다.

$$p_A(x) = \det\begin{pmatrix} x-1 & -4 \\ -1 & x-1 \end{pmatrix} = x^2 - 2x - 3 = (x+1)(x-3) = 0$$

따라서 $p_A(x) = 0$의 실수해는 $x = -1, 3$이므로 A의 모든 고윳값 $\lambda = -1, 3$이다. 이제 A의 고유공간을 모두 구해보자.

(i) 먼저, 고유공간

$$S_{-1} = \{\mathbf{x} \in \mathbb{R}^2 \mid (-I_2 - A)(\mathbf{x}) = 0\} = \{\mathbf{x} \in \mathbb{R}^2 \mid (I_2 + A)(\mathbf{x}) = 0\} = \mathrm{Nul}(I_2 + A)$$

이므로 S_{-1}을 찾기 위해 $2\times 2-$행렬 $(I_2 + A)$의 사다리꼴행렬 또는 기약사다리꼴행렬을 구한다. 실제로, $(I_2 + A)$의 기약사다리꼴행렬은 다음과 같다.

$$I_2 + A = \begin{pmatrix} 2 & 4 \\ 1 & 2 \end{pmatrix} \xrightarrow{OP(1,2)} \begin{pmatrix} 1 & 2 \\ 2 & 4 \end{pmatrix} \xrightarrow{OR(2,1;-2)} \begin{pmatrix} 1 & 2 \\ 0 & 0 \end{pmatrix}$$

따라서

$$S_{-1} = \mathrm{Nul}(I_2 + A) = \left\{ \begin{pmatrix} -2y \\ y \end{pmatrix} \in \mathbb{R}^2 \;\middle|\; y \in \mathbb{R} \right\} = \mathrm{span}\left\{ \begin{pmatrix} -2 \\ 1 \end{pmatrix} \right\} = \mathrm{span}\left\{ \begin{pmatrix} 2 \\ -1 \end{pmatrix} \right\}$$

이다.

(ii) 비슷한 방법으로, 고유공간 S_3를 찾기 위해 $(3I_2 - A)$의 기약사다리꼴행렬을 이용한다. 실제로,

$$3I_2 - A = \begin{pmatrix} 2 & -4 \\ -1 & 2 \end{pmatrix} \xrightarrow{OP(1,2)} \begin{pmatrix} -1 & 2 \\ 2 & -4 \end{pmatrix} \xrightarrow{OQ(1;-1)} \begin{pmatrix} 1 & -2 \\ 2 & -4 \end{pmatrix} \xrightarrow{OR(2,1;-2)} \begin{pmatrix} 1 & -2 \\ 0 & 0 \end{pmatrix}$$

이므로

$$S_3 = \mathrm{Nul}\,(3I_2 - A) = \left\{ \begin{pmatrix} 2y \\ y \end{pmatrix} \in \mathbb{R}^2 \;\middle|\; y \in \mathbb{R} \right\} = \mathrm{span}\left\{ \begin{pmatrix} 2 \\ 1 \end{pmatrix} \right\}$$

이다.

□

다음 정의가 성립한다.

정의 6.1.8

임의의 $n \times n-$행렬 A와 A의 고윳값 λ에 대하여, 다음이 성립한다.

(1) 다음 조건을 만족하는 자연수 k_λ를 **λ의 산술적 중복도**(arithmetic multiplicity) 또는 **대수적 중복도**(algebraic multiplicity)라 한다.

$$(x-\lambda)^{k_\lambda} \mid p_A(x), \quad (x-\lambda)^{k_\lambda+1} \nmid p_A(x)$$

단, 여기서 $(x-\lambda)^{k_\lambda} \mid p_A(x)$는 $(x-\lambda)^{k_\lambda}$가 $p_A(x)$를 나눈다는 의미이고

$$(x-\lambda)^{k_\lambda+1} \nmid p_A(x)$$

는 $(x-\lambda)^{k_\lambda+1}$이 $p_A(x)$를 나누지 못한다는 의미이다.

(2) λ의 고유공간 S_λ의 차원 $\dim S_\lambda$를 **λ의 기하적 중복도**(geometric multiplicity)라 한다.

고윳값의 산술적 중복도와 기하적 중복도에 대해 다음 정리가 성립한다. 자세한 증명은 생략한다.

정리 6.1.9

임의의 $n \times n-$행렬 A와 A의 고윳값 λ에 대하여 λ의 고유공간을 S_λ라 하고 λ의 산술적 중복도를 k_λ라 할 때, 다음이 성립한다.

(1) $1 \le \dim S_\lambda \le k_\lambda$

(2) $\lambda_1, \lambda_2, \dots, \lambda_l$이 실수 범위에서 A의 모든 고윳값을 나타낼 때, 다음 부등식이 성립한다.

$$l \le \sum_{i=1}^{l} \dim S_{\lambda_i} \le \sum_{i=1}^{l} k_{\lambda_i} \le n$$

예제 6.1.10

(1) 3×3-행렬

$$A = \begin{pmatrix} 0 & 0 & -2 \\ 1 & 2 & 1 \\ 1 & 0 & 3 \end{pmatrix}$$

에 대하여, A의 특성방정식은 다음과 같다.

$$p_A(x) = \det\begin{pmatrix} x & 0 & 2 \\ -1 & x-2 & -1 \\ -1 & 0 & x-3 \end{pmatrix} = (x-1)(x-2)^2 = 0$$

따라서 $p_A(x) = 0$의 실수해는 $x = 1, 2, 2$이므로 A의 모든 고윳값 $\lambda = 1, 2, 2$이다. 이때, 고윳값 1의 산술적 중복도는 1이고 고윳값 2의 산술적 중복도는 2이다. 또한,

$$k_1 + k_2 = 3$$

이다.

이제 A의 고유공간을 모두 구해보자.

(i) 먼저, 고유공간

$$S_1 = \{\mathrm{x} \in \mathbb{R}^2 \mid (I_2 - A)(\mathrm{x}) = 0\} = \mathrm{Nul}(I_2 - A)$$

이므로 S_1을 찾기 위해 3×3-행렬 $(I_3 - A)$의 사다리꼴행렬 또는 기약사다리꼴행렬을 구한다. 실제로, $(I_3 - A)$의 기약사다리꼴행렬은 다음과 같다.

$$I_3 - A = \begin{pmatrix} 1 & 0 & 2 \\ -1 & -1 & -1 \\ -1 & 0 & -2 \end{pmatrix} \xrightarrow[OR(3,1;1)]{OR(2,1;1)} \begin{pmatrix} 1 & 0 & 2 \\ 0 & -1 & 1 \\ 0 & 0 & 0 \end{pmatrix} \xrightarrow{OQ(2;-1)} \begin{pmatrix} 1 & 0 & 2 \\ 0 & 1 & -1 \\ 0 & 0 & 0 \end{pmatrix}$$

따라서

$$S_1 = \mathrm{Nul}(I_3 - A) = \left\{ \begin{pmatrix} -2z \\ z \\ z \end{pmatrix} \in \mathbb{R}^3 \;\middle|\; z \in \mathbb{R} \right\} = \mathrm{span}\left\{ \begin{pmatrix} -2 \\ 1 \\ 1 \end{pmatrix} \right\} = \mathrm{span}\left\{ \begin{pmatrix} 2 \\ -1 \\ -1 \end{pmatrix} \right\}$$

이다.

(ii) 비슷한 방법으로, 고유공간 S_2를 찾기 위해 $(2I_3 - A)$의 기약사다리꼴행렬을 이용한다. 실제로,

$$2I_3 - A = \begin{pmatrix} 2 & 0 & 2 \\ -1 & 0 & -1 \\ -1 & 0 & -1 \end{pmatrix} \xrightarrow{OQ(1;\frac{1}{2})} \begin{pmatrix} 1 & 0 & 1 \\ -1 & 0 & -1 \\ -1 & 0 & -1 \end{pmatrix} \xrightarrow[OR(3,1;1)]{OR(2,1;1)} \begin{pmatrix} 1 & 0 & 1 \\ 0 & 0 & 0 \\ 0 & 0 & 0 \end{pmatrix}$$

이므로

$$S_2 = \mathrm{Nul}\,(2I_3 - A) = \left\{ \begin{pmatrix} -z \\ y \\ z \end{pmatrix} \in \mathbb{R}^2 \;\middle|\; y, z \in \mathbb{R} \right\} = \mathrm{span}\left\{ \begin{pmatrix} -1 \\ 0 \\ 1 \end{pmatrix}, \begin{pmatrix} 0 \\ 1 \\ 0 \end{pmatrix} \right\}$$

이다.

위의 (i)과 (ii)에 의해, $\dim S_1 = 1 = k_1$이고 $\dim S_2 = 2 = k_2$이다.

(2) $3 \times 3-$행렬

$$A = \begin{pmatrix} 1 & 1 & 0 \\ 0 & 1 & 1 \\ 0 & 0 & 4 \end{pmatrix}$$

에 대하여, A의 특성방정식은 다음과 같다.

$$p_A(x) = \det \begin{pmatrix} x-1 & -1 & 0 \\ 0 & x-1 & -1 \\ 0 & 0 & x-4 \end{pmatrix} = (x-1)^2(x-4) = 0$$

따라서 $p_A(x) = 0$의 실수해는 $x = 1, 1, 4$이므로 A의 모든 고윳값 $\lambda = 1, 1, 4$이다. 이때, 고윳값 1의 산술적 중복도는 2이고 고윳값 4의 산술적 중복도는 1이다. 또한,

$$k_1 + k_4 = 2 + 1 = 3$$

이다.

이제 A의 고유공간을 모두 구해보자.

(i) 먼저, 고유공간

$$S_1 = \{ \mathrm{x} \in \mathbb{R}^2 \mid (I_2 - A)(\mathrm{x}) = 0 \} = \mathrm{Nul}(I_2 - A)$$

이므로 S_1을 찾기 위해 $3 \times 3-$행렬 $(I_3 - A)$의 사다리꼴행렬 또는 기약사다리꼴행렬을 구한다. 실제로, $(I_3 - A)$의 기약사다리꼴행렬은 다음과 같다.

$$I_3 - A = \begin{pmatrix} 0 & -1 & 0 \\ 0 & 0 & -1 \\ 0 & 0 & -3 \end{pmatrix} \xrightarrow[OQ(2;-1),\, OQ(3;-\frac{1}{3})]{OQ(1;-1)} \begin{pmatrix} 0\,1\,0 \\ 0\,0\,1 \\ 0\,0\,1 \end{pmatrix} \xrightarrow{OR(3,2;-1)} \begin{pmatrix} 0\,1\,0 \\ 0\,0\,1 \\ 0\,0\,0 \end{pmatrix}$$

따라서

$$S_1 = \mathrm{Nul}(I_3 - A) = \left\{ \begin{pmatrix} x \\ 0 \\ 0 \end{pmatrix} \in \mathbb{R}^3 \;\middle|\; z \in \mathbb{R} \right\} = \mathrm{span}\left\{ \begin{pmatrix} 1 \\ 0 \\ 0 \end{pmatrix} \right\} = \mathrm{span}\left\{ \begin{pmatrix} -1 \\ 0 \\ 0 \end{pmatrix} \right\}$$

이다.

(ii) 비슷한 방법으로, 고유공간 S_4를 찾기 위해 $(4I_3 - A)$의 기약사다리꼴행렬을 이용한다. 실제로,

$$4I_3 - A = \begin{pmatrix} 3 & -1 & 0 \\ 0 & 3 & -1 \\ 0 & 0 & 0 \end{pmatrix} \xrightarrow[OQ(2;\frac{1}{3})]{OQ(1;\frac{1}{3})} \begin{pmatrix} 1 & -\frac{1}{3} & 0 \\ 0 & 1 & -\frac{1}{3} \\ 0 & 0 & 0 \end{pmatrix} \xrightarrow{OR(1,2;\frac{1}{3})} \begin{pmatrix} 1 & 0 & -\frac{1}{9} \\ 0 & 1 & -\frac{1}{3} \\ 0 & 0 & 0 \end{pmatrix}$$

이므로

$$S_4 = \mathrm{Nul}\,(4I_3 - A) = \left\{ \begin{pmatrix} \frac{1}{9}z \\ \frac{1}{3}z \\ z \end{pmatrix} \in \mathbb{R}^2 \;\middle|\; z \in \mathbb{R} \right\} = \mathrm{span}\left\{ \begin{pmatrix} \frac{1}{9} \\ \frac{1}{3} \\ 1 \end{pmatrix} \right\}$$

이다.

위의 (i)과 (ii)에 의해, $\dim S_1 = 1 = k_1$이고 $\dim S_4 = 1 < k_4 = 2$이다.

□

연습문제 6.1

1. 다음과 같이 주어진 정사각형행렬 A의 고윳값과 그에 대응하는 고유벡터 및 대수적 중복도를 계산하라.

(1) $A=\begin{pmatrix}3 & 0\\ 7 & -1\end{pmatrix}$

(2) $A=\begin{pmatrix}10 & 4\\ -9 & -2\end{pmatrix}$

(3) $A=\begin{pmatrix}3 & 4 & -1\\ -1 & -2 & 1\\ 3 & 9 & 0\end{pmatrix}$

(4) $A=\begin{pmatrix}5 & 1 & -7\\ 0 & 1 & 1\\ 1 & 0 & 0\end{pmatrix}$

(5) $A=\begin{pmatrix}1 & 2 & 3\\ 1 & 2 & 3\\ 1 & 2 & 3\end{pmatrix}$

(6) $A=\begin{pmatrix}1 & 2 & -4\\ 1 & 2 & -4\\ 1 & 2 & -4\end{pmatrix}$

2. 다음과 같이 주어진 정사각형행렬 A의 고윳값과 그에 대응하는 고유벡터 및 대수적 중복도를 계산하라. 또한 A^{2024}의 고윳값과 그에 대응하는 고유벡터를 구하라.

(1) $A=\begin{pmatrix}-1 & 1 & -1\\ -2 & 2 & -1\\ -2 & 1 & 0\end{pmatrix}$

(2) $A=\begin{pmatrix}1 & 0 & 0 & 0\\ 3 & \frac{1}{2} & 0 & 0\\ 7 & 3 & 0 & 0\\ 12 & 9 & 5 & 2\end{pmatrix}$

3. 다음과 같이 주어진 정사각형행렬 A에 대하여, 물음에 답하라.

$$A=\begin{pmatrix}1 & 0 & 0\\ 1 & 1 & 0\\ 0 & 0 & 2\end{pmatrix}$$

(1) A의 특성다항식을 찾아라.

(2) A의 고윳값과 그에 대응하는 고유벡터 및 고유공간을 구하라.

(3) A의 고유공간의 기하적 중복도를 찾아라.

4. 단위벡터 $\mathrm{u} = \left(\frac{1}{\sqrt{2}}, -\frac{1}{\sqrt{2}}\right)$에 대하여, 다음과 같이 정의된 선형사상 $T: \mathbb{R}^2 \to \mathbb{R}^2$를 고려하자.

$$T(\mathrm{v}) = \mathrm{v} - 2(\mathrm{v} \cdot \mathrm{u})\mathrm{u}, \quad \mathrm{v} \in \mathbb{R}^2$$

이때, T에 대응하는 2×2-행렬 $[T]$의 특성다항식과 고윳값을 구하라.

5. 벡터 $\mathrm{u} = (1, 0, -1)$와 선형사상

$$T: \mathbb{R}^3 \to \mathbb{R}^3, \quad T(\mathrm{v}) = \mathrm{u} \times \mathrm{v} - 2(\mathrm{u} \cdot \mathrm{v})\mathrm{u}$$

에 대하여, T에 대응하는 3×3-행렬 $[T]$의 특성다항식과 고윳값을 복소수 범위에서 구하라.

6. 임의의 선형사상 $T: \mathbb{R}^n \to \mathbb{R}^n$에 대하여 λ가 $A = [T]$의 고윳값이라 하자. 이때, 임의의 다항식

$$f(x) = a_k x^k + a_{k-1} x^{k-1} + \cdots + a_1 x + a_0 \in \mathbb{R}[x]$$

에 대하여

$$f(\lambda) = a_k \lambda^k + a_{k-1} \lambda^{k-1} + \cdots + a_1 \lambda + a_0$$

가 $n \times n$-행렬

$$f(A) = a_k A^k + a_{k-1} A^{k-1} + \cdots + a_1 A + a_0 I_n$$

의 고윳값이 됨을 보여라.

6.2 특성다항식과 고유공간의 성질

이 절에서는 고윳값과 고유공간에 관한 몇 가지 중요한 성질을 정리한다. 특히 이 절의 내용 중 마지막 부분은 6.3절에서 다룰 행렬의 대각화 문제의 중요한 이론적인 기초를 제공한다.

먼저 다음 보조정리가 성립한다.

보조정리 6.2.1

임의의 $n \times n$-행렬 A에 대하여, 다음 등식이 성립한다.

$$p_A(x) = p_{A^T}(x)$$

즉 A의 특성다항식과 A^T의 특성다항식은 서로 같다. 단, 여기서 A^T는 A의 전치행렬을 나타낸다.

[증명]

보조정리의 증명은 다음 등식에 의해 자명하다.

$$p_A(x) = \det(xI_n - A) = \det((xI_n - A)^T) = \det(xI_n - A^T) = p_{A^T}(x)$$

□

다음 정의가 성립한다.

정의 6.2.2

임의의 두 $n \times n$-행렬 A와 B에 대하여, 다음이 성립한다.

(1) 다음 등식을 만족하는 가역인 $n \times n$-행렬 P가 존재할 때, A와 B가 서로 **닮았다**(similar)라고 말하고 간단히 $A \sim B$로 나타낸다.

$$P^{-1}AP = B$$

(2) 특히 A가 대각행렬 D과 닮았을 때, A가 **대각화가능**(diagonalizable)이라 말한다. 즉

$$A \sim D = \begin{pmatrix} d_1 & 0 & 0 & \cdots & 0 \\ 0 & d_2 & 0 & \cdots & 0 \\ 0 & 0 & d_3 & \cdots & 0 \\ \vdots & \vdots & \vdots & \ddots & \vdots \\ 0 & 0 & 0 & \cdots & d_n \end{pmatrix} = \operatorname{diag}(d_1, d_2, \ldots, d_n)$$

일 때, A가 대각화가능 행렬이다.

다음 보조정리가 성립한다.

보조정리 6.2.3

다음이 성립한다.

(1) 임의의 두 $n \times n$-행렬 A와 B가 서로 닮았을 때, A의 특성다항식과 B의 특성다항식은 서로 같다. 즉

$$p_A(x) = p_B(x)$$

이다.

(2) 특히 A가 대각행렬

$$D = \begin{pmatrix} d_1 & 0 & 0 & \cdots & 0 \\ 0 & d_2 & 0 & \cdots & 0 \\ 0 & 0 & d_3 & \cdots & 0 \\ \vdots & \vdots & \vdots & \ddots & \vdots \\ 0 & 0 & 0 & \cdots & d_n \end{pmatrix} = \operatorname{diag}(d_1, d_2, \ldots, d_n)$$

과 닮았을 때, 다음 등식이 성립한다.

$$p_A(x) = p_D(x) = (x - d_1)(x - d_2) \cdots (x - d_n)$$

[증명]

(2)는 (1)에 의해 자명하므로 (1)만 자세히 증명한다. 실제로, 가정에 의해 다음 등식을 만족하는 가역인 $n \times n$-행렬 P가 존재한다.

$$A = P^{-1}BP$$

따라서

$$\begin{aligned} p_A(x) &= \det(xI_n - A) = \det(xP^{-1}I_nP - P^{-1}BP) = \det(P^{-1}(xI_n - B)P) \\ &= \det(P^{-1})\det(xI_n - B)\det(P) \\ &= \frac{1}{\det(P)}\det(xI_n - B)\det(P) = \det(xI_n - B) \\ &= p_B(x) \end{aligned}$$

이다.

□

다음 정의가 성립한다.

정의 6.2.4

임의의 자연수 n과 실수 $a_0, a_1, \ldots, a_{n-1}$에 대하여, n차 다항식

$$p(x) = x^n + a_{n-1}x^{n-1} + \cdots + a_1x + a_0$$

라 할 때, 다음과 같이 정의된 $n \times n$-행렬을 $p(x)$의 **동반행렬**(companion matrix)이라 한다.

$$\begin{pmatrix} 0 & 0 & \cdots & 0 & -a_0 \\ 1 & 0 & \cdots & 0 & -a_1 \\ 0 & 1 & \cdots & 0 & -a_2 \\ \vdots & \vdots & \cdots & \vdots & \vdots \\ 0 & 0 & \cdots & 1 & -a_{n-1} \end{pmatrix}_{n \times n}$$

최고차의 계수가 1인 임의의 n차 다항식을 특성다항식으로 갖는 $n \times n$-행렬이 항상 존재한다. 사실, 다음 보조정리가 성립한다.

보조정리 6.2.5

임의의 자연수 n과 실수 계수 $a_0, a_1, \ldots, a_{n-1}$을 갖는 임의의 다항식

$$p(x) = x^n + a_{n-1}x^{n-1} + \cdots + a_1x + a_0$$

에 대하여, $p(x)$는 $p(x)$의 동반행렬

$$A = \begin{pmatrix} 0 & 0 & \cdots & 0 & -a_0 \\ 1 & 0 & \cdots & 0 & -a_1 \\ 0 & 1 & \cdots & 0 & -a_2 \\ \vdots & \vdots & \cdots & \vdots & \vdots \\ 0 & 0 & \cdots & 1 & -a_{n-1} \end{pmatrix}_{n \times n}$$

의 특성다항식 $p_A(x)$와 같다. 즉

$$p(x) = p_A(x)$$

이다.

[증명]

증명을 위해, 다음 등식이 성립함을 보이면 충분하다.

$$p(x) = \det(xI_n - A) = p_A(x)$$

실제로 행렬식을 구하기 위해, 두 번째 행에 $x^k (1 \le k \le n-2)$를 곱하여 첫 번째 행에 더하는 기본행연산을 $(xI_n - A)$에 적용한 후 첫 번째 열에 관한 여인수전개를 반복적으로 시행하면 다음 등식이 성립함을 알 수 있다.

$$\det(xI_n - A) = \begin{vmatrix} x & 0 & \cdots & 0 & a_0 \\ -1 & x & \cdots & 0 & a_1 \\ 0 & -1 & \cdots & 0 & a_2 \\ \vdots & \vdots & \ddots & \vdots & \vdots \\ 0 & 0 & \cdots & -1 & x + a_{n-1} \end{vmatrix} \overset{OR(1,2;x)}{=} \begin{vmatrix} 0 & x^2 & \cdots & 0 & a_0 + a_1x \\ -1 & x & \cdots & 0 & a_1 \\ 0 & -1 & \cdots & 0 & a_2 \\ \vdots & \vdots & \ddots & \vdots & \vdots \\ 0 & 0 & \cdots & -1 & x + a_{n-1} \end{vmatrix}$$

$$= \begin{vmatrix} x^2 & 0 & \cdots & 0 & a_0 + a_1x \\ -1 & x & \cdots & 0 & a_2 \\ 0 & -1 & \cdots & 0 & a_3 \\ \vdots & \vdots & \ddots & \vdots & \vdots \\ 0 & 0 & \cdots & -1 & x + a_{n-1} \end{vmatrix}_{(n-1) \times (n-1)} \overset{OR(1,2;x^2)}{=} \begin{vmatrix} 0 & x^3 & \cdots & 0 & a_0 + a_1x + a_2x^2 \\ -1 & x & \cdots & 0 & a_2 \\ 0 & -1 & \cdots & 0 & a_3 \\ \vdots & \vdots & \ddots & \vdots & \vdots \\ 0 & 0 & \cdots & -1 & x + a_{n-1} \end{vmatrix}$$

$$= \cdots$$

$$
\begin{aligned}
&= \begin{vmatrix} x^{n-2} & 0 & a_0+a_1x+a_2x^2+\cdots+a_{n-3}x^{n-3} \\ -1 & x & a_{n-2} \\ 0 & -1 & x+a_{n-1} \end{vmatrix} \\
&\overset{OR(1,2;x^{n-2})}{=} \begin{vmatrix} 0 & x^{n-1} & a_0+a_1x+a_2x^2+\cdots+a_{n-3}x^{n-3}+a_{n-2}x^{n-2} \\ -1 & x & a_{n-2} \\ 0 & -1 & x+a_{n-1} \end{vmatrix} \\
&= \begin{vmatrix} x^{n-1} & a_0+a_1x+a_2x^2+\cdots+a_{n-3}x^{n-3}+a_{n-2}x^{n-2} \\ -1 & x+a_{n-1} \end{vmatrix} \\
&= x^{n-1}(x+a_{n-1})+(a_0+a_1x^1+\cdots+a_{n-2}x^{n-2}) \\
&= p(x)
\end{aligned}
$$

□

임의의 특성다항식에 대해 다음 정리가 성립한다. 자세한 증명은 생략한다([S. Lang, Linear Algebra, Addison Wesley, 1970, p. 200] 참고).

정리 6.2.6 케일리-해밀턴 정리, Cayley-Hamilton Theorem

임의의 $n\times n$-행렬 A에 대하여, A의 특성다항식 $p_A(x)$는 다음 등식을 만족한다.

$$p_A(A)=0$$

예제 6.2.7

(1) 2×2-행렬

$$A=\begin{pmatrix} -2 & 1 \\ -1 & 0 \end{pmatrix}$$

에 대하여, A의 거듭제곱 $A^k\,(k\in\mathbb{N})$를 케일리-해밀턴 정리를 이용하여 구해보자. 이를 위해, 먼저 A의 특성다항식을 구하면 다음과 같다.

$$p_A(x)=\det\begin{pmatrix} x+2 & -1 \\ 1 & x \end{pmatrix}=x(x+2)+1=x^2+2x+1=0$$

[정리 6.2.6]에 의해,

$$p_A(A)=A^2+2A+I_2=0$$

가 성립한다. 따라서

$$A^2 = -2A - I_2$$

이다. 이제, 위의 등식을 이용하여 A^k의 일반항을 다음과 같이 귀납적으로 어렵지 않게 찾을 수 있다.

$$\begin{aligned}
A^3 &= A^2A = (-2A - I_2)A = -2A^2 - A = -2(-2A - I_2) - A = 3A + 2I_2, \\
A^4 &= A^3A = (3A + 2I_2)A = 3A^2 + 2A = 3(-2A - I_2) + 2A = -4A - 3I_2, \\
&\cdots \\
A^k &= k(-1)^{k+1}A + (k-1)(-1)^{k+1}I_2
\end{aligned}$$

(2) 임의의 $n \times n$-행렬 A에 대하여 A의 특성다항식

$$p_A(x) = x^n + a_{n-1}x^{n-1} + \cdots + a_1x + a_0$$

라 할 때, [정리 6.2.6]에 의해 다음 등식이 성립한다.

$$p_A(A) = A^n + a_{n-1}A^{n-1} + \cdots + a_1A + a_0I_n = 0$$

특히 $a_0 \neq 0$일 때,

$$A\left(-\frac{1}{a_0}A^{n-1} - \frac{a_{n-1}}{a_0}A^{n-2} - \cdots - \frac{a_1}{a_0}I_n\right) = I_n$$

이다. 따라서 A가 가역행렬일 때, A의 역행렬 A^{-1}를 다음 등식을 이용하여 구할 수 있다.

$$A^{-1} = -\left(\frac{1}{a_0}A^{n-1} + \frac{a_{n-1}}{a_0}A^{n-2} + \cdots + \frac{a_1}{a_0}I_n\right)$$

(3) 3×3-행렬

$$A = \begin{pmatrix} 2 & 0 & 0 \\ 1 & 3 & 0 \\ -3 & 5 & 3 \end{pmatrix}$$

에 대하여, A의 특성다항식은

$$p_A(x) = x^3 - 8x^2 + 21x - 18$$

이다. 따라서 A의 역행렬 A^{-1}는 다음과 같이 주어진다.

$$A^{-1} = \frac{1}{18}(A^2 - 8A + 21I_3) = \begin{pmatrix} \frac{1}{2} & 0 & 0 \\ -\frac{1}{6} & \frac{1}{3} & 0 \\ \frac{7}{9} & -\frac{5}{9} & \frac{1}{3} \end{pmatrix}$$

□

다음 정의가 성립한다.

정의 6.2.8

임의의 $n \times n-$행렬 A에 대하여, $p(A) = 0$을 만족하는 다항식 $p(x)$ 중에서 최고차의 차수가 최소이고 최고차의 계수가 1인 다항식을 **A의 최소다항식**(minimal polynomial)이라 한다.

임의의 자연수 n과 실수 계수 $a_0, a_1, \dots, a_{n-1}$을 갖는 n차 다항식

$$p(x) = x^n + a_{n-1}x^{n-1} + \cdots + a_1 x + a_0$$

에 대하여, [보조정리 6.2.5]에 의해 $p(x)$의 동반행렬의 특성다항식이 다시 $p(x)$임을 알았다. 이때, $p(x)$가 사실 $p(x)$의 동반행렬의 최소다항식이기도 하다.

또한 최소다항식에 대해 다음 보조정리가 성립한다.

보조정리 6.2.9

다음이 성립한다.

(1) 임의의 두 $n \times n-$행렬 A와 B에 대하여 A와 B가 서로 닮았다고 가정하자. 즉 $A \sim B$라고 가정하자. 이때, A의 최소다항식과 B의 최소다항식은 서로 같다.

(2) 특히 임의의 $n\times n-$행렬 A가 대각행렬 D와 닮았을 때, A의 최소다항식과 D의 최소다항식은 서로 같다.

(3) 임의의 대각행렬

$$D=\operatorname{diag}(\underbrace{d_1, d_1, \ldots, d_1}_{k_1}, \underbrace{d_2, d_2, \ldots, d_2}_{k_2}, \ldots, \underbrace{d_l, d_l, \ldots, d_l}_{k_l}),\quad d_i\neq d_j\,(1\leq i, j\leq l)$$

에 대하여, D의 최소다항식

$$m_D(x)=(x-d_1)(x-d_2)\cdots(x-d_l)$$

이다. 단, 여기서 $k_1+k_2+\cdots+k_l=n$이다. 따라서 임의의 $n\times n-$행렬 A가 대각행렬

$$D=\operatorname{diag}(\underbrace{d_1, d_1, \ldots, d_1}_{k_1}, \underbrace{d_2, d_2, \ldots, d_2}_{k_2}, \ldots, \underbrace{d_l, d_l, \ldots, d_l}_{k_l}),,\quad d_i\neq d_j\,(1\leq i, j\leq l)$$

와 닮았을 때, A의 최소다항식

$$m_A(x)=m_D(x)=(x-d_1)(x-d_2)\cdots(x-d_l)$$

이다.

[증명]

(1) 증명의 편의상, $m_A(x)$와 $m_B(x)$를 각각 A와 B의 최소다항식이라 하자. 그러면, 가정에 의해 다음 등식을 만족하는 가역인 $n\times n-$행렬 P가 존재한다.

$$B=P^{-1}AP$$

한편 다항식과 최소다항식의 성질에 의해

$$m_B(A)=m_B(PBP^{-1})=P\,m_B(B)P^{-1}=P\,0P^{-1}=0$$

이므로 $m_A(x)$가 $m_B(x)$를 나눈다. 비슷한 방법으로 다음 등식도 성립한다.

$$m_A(B)=m_A(P^{-1}AP)=P^{-1}m_A(A)P=P^{-1}0P=0$$

따라서 $m_B(x)$가 $m_A(x)$를 나눈다. 한편 정의에 의해, 모든 최소다항식의 최고차의 계수가 1이므로 $m_A(x)=m_B(x)$가 되어야 한다.

(2) 위의 (1)에 의해 자명하다.

(3) 가정에 의해, D의 특성다항식

$$p_D(x) = (x-d_1)^{k_1}(x-d_2)^{k_2}\cdots(x-d_l)^{k_l}$$

이다. 한편 [정리 6.2.6]에 의해 D의 최소다항식 $m_D(x)$는 $p_D(x)$를 나눈다. 또한

$$\begin{aligned}
&(D-d_1I_n)(D-d_2I_n)\cdots(D-d_lI_n)\\
&= \operatorname{diag}(\underbrace{0,0,\ \ldots,0}_{k_1},\underbrace{d_2-d_1,d_2-d_1,\ \ldots,d_2-d_1}_{k_2},\ldots,\underbrace{d_l-d_1,d_l-d_1,\ \ldots,d_l-d_1}_{k_l})\\
&\ \cdot \operatorname{diag}(\underbrace{d_1-d_2,d_1-d_2,\ \ldots,d_1-d_2}_{k_1},\underbrace{0,0,\ \ldots,0}_{k_2},\ldots,\underbrace{d_l-d_2,d_l-d_2,\ \ldots,d_l-d_2}_{k_l})\\
&\cdots\\
&\ \cdot \operatorname{diag}(\underbrace{d_1-d_l,d_1-d_l,\ \ldots,d_1-d_l}_{k_1},\underbrace{d_2-d_l,d_2-d_l,\ \ldots,d_2-d_l}_{k_2},\ldots,\underbrace{0,0,\ \ldots,0}_{k_l})\\
&=0
\end{aligned}$$

가 성립한다. 따라서

$$q(x) = (x-d_1)(x-d_2)\cdots(x-d_l)$$

일 때, $q(D)=0$이므로 $m_D(x)$가 $q(x)$를 나눈다. 한편 만약 $m_D(x)$가 적당한 인수 $(x-d_i)$를 포함하고 있지 않다고 가정하면 모순이 생긴다. 이를 보이기 위해, 증명의 편의상, 예를 들어, $m_D(x)$가 다음과 같다고 가정하자.

$$m_D(x) = (x-d_2)(x-d_3)\cdots(x-d_n)$$

그러면

$$\begin{aligned}
m_D(D) &= (D-d_2I_n)(D-d_3I_n)\cdots(D-d_lI_n)\\
&= \operatorname{diag}(\underbrace{d_1-d_2,d_1-d_2,\ \ldots,d_1-d_2}_{k_1},\underbrace{0,0,\ \ldots,0}_{k_2},\ldots,\underbrace{d_l-d_2,d_l-d_2,\ \ldots,d_l-d_2}_{k_l})\\
&\ \cdot \operatorname{diag}(\underbrace{d_1-d_3,d_1-d_3,\ \ldots,d_1-d_3}_{k_1},\underbrace{d_2-d_3,d_2-d_3,\ \ldots,d_2-d_3}_{k_2},\\
&\qquad ,\underbrace{0,0,\ \ldots,0}_{k_3},\ \ldots,\underbrace{d_l-d_3,d_l-d_3,\ \ldots,d_l-d_3}_{k_l})\\
&\ \cdots\\
&\ \cdot \operatorname{diag}(\underbrace{d_1-d_l,d_1-d_l,\ \ldots,d_1-d_l}_{k_1},\underbrace{d_2-d_l,d_2-d_l,\ \ldots,d_2-d_l}_{k_2},\ldots,\underbrace{0,0,\ \ldots,0}_{k_l})\\
&= \operatorname{diag}(\underbrace{\prod_{j=2}^{l}(d_1-d_j),\prod_{j=2}^{l}(d_1-d_j),\ \ldots,\prod_{j=2}^{l}(d_1-d_j)}_{k_1},\underbrace{0,0,\ \ldots,0}_{k_2},\ldots,\underbrace{0,0,\ \ldots,0}_{k_l})\\
&\neq 0
\end{aligned}$$

이므로 $m_D(x)$가 최소다항식이라는 사실에 모순이다. 따라서

$$m_D(x) = (x-d_1)(x-d_2)\cdots(x-d_l)$$

이 되어야 한다.

□

n차원 유클리드 공간 $\mathbb{R}^n$상에서 정의된 대칭인 $n\times n-$행렬의 서로 다른 고윳값에 대응하는 고유공간은 항상 서로 직교한다.

좀 더 일반적으로 다음 보조정리가 성립한다.

보조정리 6.2.10

임의의 $n\times n-$행렬 A에 대하여, 다음과 같은 조건 (i)과 (ii)가 성립한다고 가정하자.

(i) λ_1과 λ_2가 A의 서로 다른 고윳값이다.

(ii) $\mathbf{x}_1$과 $\mathbf{x}_2$가 각각 λ_1과 λ_2에 대응하는 고유벡터이다.

이때, 다음이 성립한다.

(1) $S=\{\mathbf{x}_1, \mathbf{x}_2\}$가 $\mathbb{R}^n$상에서 일차독립이다.

(2) $\mathbf{x}_1+\mathbf{x}_2 \neq 0$이다.

(3) 특히 A가 대칭행렬(즉, $A=A^T$)일 때, $\mathbf{x}_1\cdot\mathbf{x}_2=0$이다.

[증명]

(1) S가 일차독립을 보이기 위해, 먼저 다음 등식이 성립한다고 가정하자.

$$r_1\mathbf{x}_1+r_2\mathbf{x}_2=0,\ \ r_1, r_2\in\mathbb{R} \tag{6.2.1}$$

그러면

$$A(r_1\mathbf{x}_1+r_2\mathbf{x}_2)=A(r_1\mathbf{x}_1)+A(r_2\mathbf{x}_2)=r_1A(\mathbf{x}_1)+r_2A(\mathbf{x}_2)=r_1\lambda_1\mathbf{x}_1+r_2\lambda_2\mathbf{x}_2=0 \tag{6.2.2}$$

가 성립한다. 이때, $\lambda_1\cdot$(6.2.1)에서 (6.2.2)를 빼서 다음 등식을 얻을 수 있다.

$$\begin{aligned}\lambda_1(r_1\mathbf{x}_1+r_2\mathbf{x}_2)-(\lambda_1r_1\mathbf{x}_1+\lambda_2r_2\mathbf{x}_2)&=(\lambda_1r_1\mathbf{x}_1+\lambda_1r_2\mathbf{x}_2)-(\lambda_1r_1\mathbf{x}_1+\lambda_2r_2\mathbf{x}_2)\\&=r_2(\lambda_1-\lambda_2)\mathbf{x}_2=0\end{aligned}$$

한편 $\lambda_1 \neq \lambda_2$이므로 $r_2 = 0$이다. 따라서 (6.2.1)로부터 $r_1 = 0$임도 알 수 있다. 이것은 S가 일차독립임을 의미한다.

(2) 만약 $\mathbf{x}_1 + \mathbf{x}_2 = 0$이라면 S가 일차종속임을 의미하므로 모순이다. 따라서 항상

$$\mathbf{x}_1 + \mathbf{x}_2 \neq 0$$

이다.

(3) 가정에 의해 A가 대칭행렬이므로 다음 등식이 성립한다.

$$\begin{aligned}\lambda_1(\mathbf{x}_1 \cdot \mathbf{x}_2) &= (\lambda_1\mathbf{x}_1) \cdot \mathbf{x}_2 = A\mathbf{x}_1 \cdot \mathbf{x}_2 \\ &= \mathbf{x}_1 \cdot A^T\mathbf{x}_2 = \mathbf{x}_1 \cdot A\mathbf{x}_2 = \mathbf{x}_1 \cdot (\lambda_2\mathbf{x}_2) \\ &= \lambda_2(\mathbf{x}_1 \cdot \mathbf{x}_2)\end{aligned}$$

따라서 $(\lambda_1 - \lambda_2)\mathbf{x}_1 \cdot \mathbf{x}_2 = 0$이다. 한편 $\lambda_1 \neq \lambda_2$이므로 $\mathbf{x}_1 \cdot \mathbf{x}_2 = 0$이다.

□

일반적으로 다음이 성립한다.

정리 6.2.11

임의의 $n \times n$-행렬 A에 대하여, 다음과 같은 조건 (i)과 (ii)가 성립한다고 가정하자.

(i) $\lambda_1, \lambda_2, \ldots, \lambda_l$이 A의 서로 다른 고윳값이다.

(ii) $\mathbf{x}_1, \mathbf{x}_2, \ldots, \mathbf{x}_l$이 각각 $\lambda_1, \lambda_2, \ldots, \lambda_l$에 대응하는 고유벡터이다.

이때, 다음이 성립한다.

(1) $S = \{\mathbf{x}_1, \mathbf{x}_2, \ldots, \mathbf{x}_l\}$이 $\mathbb{R}^n$상에서 일차독립이다.

(2) $\mathbf{x}_1 + \mathbf{x}_2 + \cdots + \mathbf{x}_l \neq 0$이다.

(3) 특히 A가 대칭행렬(즉, $A = A^T$)일 때, 다음 등식이 성립한다.

$$\mathbf{x}_i \cdot \mathbf{x}_j = \begin{cases} 0, & i \neq j, \\ \neq 0, & i = j \end{cases}$$

[증명]

(1) 증명을 위해 수학적 귀납법을 이용한다. 사실, [보조정리 6.2.10]에 의해 $l=2$인 경우에 (1)의 결과가 성립한다. 따라서 임의의 $l \geq 2$인 경우에 (1)이 성립한다고 가정하자. 이때, $l+1$인 경우에도 (1)이 성립함을 보이기 위해 다음을 가정하자.

$$r_1\mathbf{x}_1 + r_2\mathbf{x}_2 + \cdots + r_{l+1}\mathbf{x}_{l+1} = 0, \quad r_1, r_2, \ldots, r_{l+1} \in \mathbb{R} \tag{6.2.3}$$

그러면

$$\begin{aligned} A(r_1\mathbf{x}_1 + r_2\mathbf{x}_2 + \cdots + r_{l+1}\mathbf{x}_{l+1}) &= A(r_1\mathbf{x}_1) + A(r_2\mathbf{x}_2) + \cdots + A(r_{l+1}\mathbf{x}_{l+1}) \\ &= r_1A(\mathbf{x}_1) + r_2A(\mathbf{x}_2) + \cdots + r_{l+1}A(\mathbf{x}_{l+1}) \\ &= r_1\lambda_1\mathbf{x}_1 + r_2\lambda_2\mathbf{x}_2 + \cdots + r_{l+1}\lambda_{l+1}\mathbf{x}_{l+1} \\ &= 0 \end{aligned}$$

이다. 즉 다음 등식이 성립한다.

$$r_1\lambda_1\mathbf{x}_1 + r_2\lambda_2\mathbf{x}_2 + \cdots + r_{l+1}\lambda_{l+1}\mathbf{x}_{l+1} = 0 \tag{6.2.4}$$

따라서 $\lambda_1 \cdot$ (6.2.3)에서 (6.2.4)를 빼서 다음 등식을 얻을 수 있다.

$$r_2(\lambda_1 - \lambda_2)\mathbf{x}_2 + r_3(\lambda_1 - \lambda_3)\mathbf{x}_3 + \cdots + r_{l+1}(\lambda_1 - \lambda_{l+1})\mathbf{x}_{l+1} = 0$$

한편 수학적 귀납법의 가정과 $\lambda_1, \lambda_2, \ldots, \lambda_{l+1}$이 서로 다르다는 가정에 의해,

$$r_2 = r_3 = \cdots = r_{l+1} = 0$$

이다. 이것은 (6.2.3)에 의해 $r_1 = 0$임도 의미한다. 따라서

$$\{\mathbf{x}_1, \mathbf{x}_2, \ldots, \mathbf{x}_{l+1}\}$$

이 일차독립이다. 결론적으로, 수학적 귀납법에 의해 임의의 $l \geq 2$에 대하여

$$S = \{\mathbf{x}_1, \mathbf{x}_2, \ldots, \mathbf{x}_l\}$$

이 일차독립이다.

(2) 만약 $\mathbf{x}_1 + \mathbf{x}_2 + \cdots + \mathbf{x}_l = 0$이라면 S가 일차종속임을 의미하므로 모순이다. 따라서 항상

$$\mathbf{x}_1 + \mathbf{x}_2 + \cdots + \mathbf{x}_l \neq 0$$

이다.

(3) 가정에 의해 A가 대칭행렬이므로 다음 등식이 성립한다.

$$\begin{aligned}\lambda_i(\mathbf{x}_i \cdot \mathbf{x}_j) &= (\lambda_i \mathbf{x}_i) \cdot \mathbf{x}_j = A\mathbf{x}_i \cdot \mathbf{x}_j \\ &= \mathbf{x}_i \cdot A^T \mathbf{x}_j = \mathbf{x}_i \cdot A\mathbf{x}_j = \mathbf{x}_i \cdot (\lambda_j \mathbf{x}_j) \\ &= \lambda_j(\mathbf{x}_i \cdot \mathbf{x}_j), \quad i \neq j\end{aligned}$$

따라서 $(\lambda_i - \lambda_j)\mathbf{x}_i \cdot \mathbf{x}_j = 0$이다. 한편 $\lambda_i \neq \lambda_j$이므로 $\mathbf{x}_i \cdot \mathbf{x}_j = 0$이다.

□

마지막으로 다음 정리가 성립함을 보인다.

정리 6.2.12

임의의 $n \times n-$행렬 A에 대하여, 다음과 같은 조건 (i)과 (ii)가 성립한다고 가정하자.

(i) $\lambda_1, \lambda_2, \ldots, \lambda_l$이 A의 서로 다른 고윳값이다.

(ii) 각각의 $i(1 \leq i \leq l)$에 대하여,

$$T_i = \left\{\mathbf{x}_1^i, \mathbf{x}_2^i, \ldots, \mathbf{x}_{k_i}^i\right\}$$

가 고유공간 S_{λ_i}의 기저이다. 따라서 $\mathbf{x}_1^i, \mathbf{x}_2^i, \ldots, \mathbf{x}_{k_i}^i$가 모두 λ_i의 고유벡터이고

$$S_{\lambda_i} = \text{span}\left\{\mathbf{x}_1^i, \mathbf{x}_2^i, \ldots, \mathbf{x}_{k_i}^i\right\}$$

이다.

이때, 다음이 성립한다.

(1) $S = T_1 \cup T_2 \cup \cdots \cup T_l$이 $\mathbb{R}^n$상에서 일차독립이다.

(2) 특히 A가 대칭행렬(즉, $A = A^T$)일 때, 다음이 성립한다.

$$S_{\lambda_i} \perp S_{\lambda_j}, \qquad i \neq j(1 \leq i, j \leq l)$$

[증명]

(2)는 [정리 6.2.10]의 (3)에 의해 자명하게 성립한다. 따라서 (1)만 자세히 증명한다. 실제로, 증명의 편의상

$$\mathbf{w}_i = r_1^i \mathbf{x}_1^i + r_2^i \mathbf{x}_2^i + \cdots + r_{k_i}^i \mathbf{x}_{k_i}^i, \quad 1 \leq i \leq l, \; r_1^i, r_2^i, \ldots, r_{k_i}^i \in \mathbb{R}$$

라 할 때,

$$\mathbf{w}_1 + \mathbf{w}_2 + \cdots + \mathbf{w}_l = 0 \tag{6.2.5}$$

라 하자. 그러면 정의에 의해 각각의 $\mathbf{w}_i$가 S_{λ_i}의 원소이다. 또한 $\mathbf{w}_i \neq 0$일 때, $\mathbf{w}_i$가 λ_i의 고유벡터이다. 다음 두 가지 경우로 나누어 증명을 완료한다.

(i) 모든 $i(1 \le i \le l)$에 대하여 $\mathbf{w}_i = 0$인 경우;

이 경우에는 각각의 T_i가 S_{λ_i}의 기저이므로

$$r_1^i = r_2^i = \cdots = r_{k_i}^i = 0,\ \ 1 \le i \le l$$

이다. 따라서 S가 일차독립이다.

(ii) $\mathbf{w}_i \neq 0$인 $i(1 \le i \le l)$가 존재하는 경우;

이 경우에 $i_1, i_2, \ldots i_t$가 다음 조건을 만족한다고 가정하자.

$$\{i_1, i_2, \ldots, i_t\} = \{i \mid 1 \le i \le l, \mathbf{w}_i \neq 0\}$$

그러면 각각의 $\mathbf{w}_{i_j}(1 \le j \le t)$가 λ_{i_j}의 고유벡터이고 $\lambda_{i_1}, \lambda_{i_2}, \ldots, \lambda_{i_t}$가 서로 다른 고윳값이므로 [정리 6.2.11]의 (2)에 의해

$$\mathbf{w}_1 + \mathbf{w}_2 + \cdots + \mathbf{w}_l = \mathbf{w}_{i_1} + \mathbf{w}_{i_2} + \cdots + \mathbf{w}_{i_t} \neq 0$$

이다. 하지만 이것은 (6.2.5)에 모순이다.

따라서 위의 (i)의 경우만 성립하고 S가 일차독립이다.

□

다음과 같이 따름정리가 성립한다.

따름정리 6.2.13

임의의 $n \times n-$행렬 A에 대하여, 다음과 같은 조건 (i), (ii), (iii)이 성립한다고 가정하자.

(i) $\lambda_1, \lambda_2, \ldots, \lambda_l$이 A의 서로 다른 고윳값이다.

(ii) 각각의 $i(1 \le i \le l)$에 대하여,

$$T_i = \left\{\mathbf{x}_1^i, \mathbf{x}_2^i, \ldots, \mathbf{x}_{k_i}^i\right\}$$

가 고유공간 S_{λ_i}의 기저이다. 따라서 $\mathbf{x}_1^i, \mathbf{x}_2^i, \ldots, \mathbf{x}_{k_i}^i$가 모두 λ_i의 고유벡터이고

$$S_{\lambda_i} = \mathrm{span}\left\{\mathbf{x}_1^i, \mathbf{x}_2^i, \ldots, \mathbf{x}_{k_i}^i\right\}$$

이다.

(iii) $k_1 + k_2 + \cdots + k_l = n$이다.

그러면, $S = T_1 \cup T_2 \cup \cdots \cup T_l$은 $\mathbb{R}^n$의 기저이다.

[증명]

[정리 6.2.12]에 의해, S가 일차독립이다. 한편 가정 (iii)에 의해

$$k_1 + k_2 + \cdots + k_l = n$$

이므로 S가 $\mathbb{R}^n$상의 임의의 벡터를 생성한다. 따라서 S가 $\mathbb{R}^n$의 기저이다.

□

연습문제 6.2

1. 임의의 두 정사각형행렬 $A=(a_{ij})_{m\times m}$과 $B=(b_{ij})_{m\times m}$이 서로 닮았을 때, 다음 등식이 성립함을 보여라.

$$\det(A)=\det(B),\ \ \mathrm{tr}(A)=\mathrm{tr}(B)$$

단, 여기서 $\mathrm{tr}(A)=a_{11}+a_{22}+\cdots+a_{mm}$을 나타내고, A의 **대각합**(trace)이라 한다.

2. 다음과 같이 주어진 두 정사각형행렬 A와 B가 서로 닮았는지 판별하라.

(1)

$$A=\begin{pmatrix}1&1\\4&2\end{pmatrix},\ \ B=\begin{pmatrix}1&3\\0&-2\end{pmatrix}$$

(2)

$$A=\begin{pmatrix}1&2&3\\0&2&4\\0&0&1\end{pmatrix},\ \ B=\begin{pmatrix}1&\frac{1}{3}&7\\6&2&0\\0&0&1\end{pmatrix}$$

(3)

$$A=\begin{pmatrix}5&0&11\\2&0&2\\3&0&3\end{pmatrix},\ \ B=\begin{pmatrix}1&\frac{1}{3}&7\\6&2&0\\0&0&5\end{pmatrix}$$

(4)

$$A=\begin{pmatrix}4&-1&0\\2&4&0\\0&0&1\end{pmatrix},\ \ B=\begin{pmatrix}1&0&0\\0&4&1\\0&2&4\end{pmatrix}$$

3. 두 정사각형행렬 A와 B가 서로 닮았고 A의 고윳값이 $1,2,3,\ldots,2024$라고 가정하자. 이때, B의 고윳값을 모두 구하라.

4. 3차원 유클리드 공간 $\mathbb{R}^3$상에서 원점을 통과하고 방향벡터가 $\mathrm{u}=(1,3,-5)$인 직선을 l이라 할 때, l을 회전축으로 $\frac{\pi}{4}$만큼 회전하는 회전이동을 T라 하자. 이때, $[T]$의 특성다항식, 고윳값, 그리고 최소다항식을 구하라.

5. 3차원 유클리드 공간 $\mathbb{R}^3$상에서 다음과 같이 주어진 평면을 H라 하자.

$$H : x + y + z = 0$$

이때, H에 관한 대칭이동 R_H의 특성다항식, 고윳값, 그리고 최소다항식을 구하라.

6. 벡터 $\mathrm{u} \in \mathbb{R}^3$가 $\|\mathrm{u}\| = \sqrt{3}$를 만족할 때, 선형사상

$$T : \mathbb{R}^3 \to \mathbb{R}^3, \quad T(\mathrm{v}) = \mathrm{u} \times \mathrm{v} - 2(\mathrm{u} \cdot \mathrm{v})\mathrm{u}, \quad \mathrm{v} \in \mathbb{R}^3$$

에 대응하는 3×3-행렬 $[T]$의 특성다항식과 고윳값을 복소수 범위에서 구하라.

7. 2×2-행렬 A가 $A^3 = 0$일 때, 다음 물음에 답하라.

(1) $A^2 + aA + bI_2 = 0$를 만족하는 실수 a와 b가 존재함을 보여라.

(2) $A^2 = 0$임을 보여라.

(힌트: 가정에 의해, $A^3 = -aA^2 - bA = 0$이다. 따라서 $0 = aA^3 = -bA^2$가 성립한다. 만약 $A^2 \neq 0$이면 $b = 0$이다. 또한 $aA^2 = -bA$로부터 $a = 0$이다. 따라서 위의 (1)에 의해 $A^2 = 0$가 되어 모순이다.)

8. 2×2-행렬

$$A = \begin{pmatrix} 1 & 0 \\ 0 & 0 \end{pmatrix}$$

의 고윳값, 고유벡터, 특성다항식, 그리고 최소다항식을 찾아라.

6.3 행렬의 대각화

대각행렬은 정사각형행렬 중에서 가장 간단한 행렬 중의 하나이다. 특히 대각행렬

$$D = \mathrm{diag}(d_1, d_2, \ldots, d_n)$$

의 행렬식 $\det(D)$는 모든 대각선 성분의 곱인 $d_1 d_2 \cdots d_n$으로 주어진다. 또한, 대각행렬의 대각선 성분이 모두 영이 아니면 D의 역행렬이 존재하고

$$D^{-1} = \mathrm{diag}\left(\frac{1}{d_1}, \frac{1}{d_2}, \ldots, \frac{1}{d_n}\right)$$

이다. 뿐만 아니라, 임의의 정수 k에 대하여

$$D^k = \mathrm{diag}(d_1^k, d_2^k, \ldots, d_n^k)$$

로 간단히 계산된다. 이 절에서는 임의의 $n \times n$-행렬이 대각행렬과 닮을 필요충분조건을 찾고 그와 연관된 여러 가지 성질을 알아본다.

다음 정리가 성립한다.

정리 6.3.1

임의의 $n \times n$-행렬 A에 대하여, 다음 두 명제는 서로 동치이다.

(1) A가 대각화가능 행렬이다. 즉 A가 대각행렬

$$D = \mathrm{diag}(d_1, d_2, \ldots, d_n)$$

과 닮았다.

(2) A의 고유벡터로 이루어진 n개의 일차독립인 벡터

$$\mathbf{x}_1, \mathbf{x}_2, \ldots, \mathbf{x}_n$$

이 존재한다. 즉 A의 고유벡터로 이루어진 $\mathbb{R}^n$의 기저

$$B = \{\mathbf{x}_1, \mathbf{x}_2, \ldots, \mathbf{x}_n\}$$

이 존재한다.

[증명]

(1) ⇒ (2) 가정에 의해, 다음 등식을 만족하는 가역인 $n \times n$-행렬 P가 존재한다.

$$P^{-1}AP = D = \mathrm{diag}\,(d_{1,} d_2,\ \ldots, d_n)$$

이때,

$$P = (\mathbf{x}_1\, \mathbf{x}_2 \cdots \mathbf{x}_n)_{n \times n}$$

라 하자. 그러면 P가 가역행렬이므로

$$B = \{\mathbf{x}_1, \mathbf{x}_2,\ \ldots, \mathbf{x}_n\}$$

이 일차독립이다. 따라서 B가 $\mathbb{R}^n$의 기저이다.

또한 각각의 벡터 $\mathbf{x}_i (1 \le i \le n)$가 A의 고유벡터이다. 실제로, $P^{-1}AP = D$이므로

$$AP = PD$$

가 성립한다. 즉 다음 등식이 성립한다.

$$\begin{aligned} AP &= (A\mathbf{x}_1\, A\mathbf{x}_2 \cdots A\mathbf{x}_n) = (d_1\mathbf{x}_1\, d_2\mathbf{x}_2 \cdots d_n\mathbf{x}_n) \\ &= \left(P\begin{pmatrix} d_1 \\ 0 \\ \vdots \\ 0 \end{pmatrix} P\begin{pmatrix} 0 \\ d_2 \\ \vdots \\ 0 \end{pmatrix} \cdots\ P\begin{pmatrix} 0 \\ 0 \\ \vdots \\ d_n \end{pmatrix} \right) \\ &= PD \end{aligned}$$

따라서 각각의 $i (1 \le i \le n)$에 대하여,

$$A\mathbf{x}_i = d_i\mathbf{x}_i$$

가 성립한다. 즉 각각의 $\mathbf{x}_i (1 \le i \le n)$가 A의 고윳값 d_i에 해당하는 고유벡터이다.

(2) ⇒ (1) 가정에 의해, A의 고유벡터로 구성된 $\mathbb{R}^n$의 기저

$$B = \{\mathbf{x}_1, \mathbf{x}_2,\ \ldots, \mathbf{x}_n\}$$

이 존재한다. 정의에 의해, 각각의 $i (1 \le i \le n)$에 대하여 다음 등식을 만족하는 고윳값 d_i가 존재한다.

$$A\mathbf{x}_i = d_i\mathbf{x}_i$$

이때,

$$P = (\mathbf{x}_1\, \mathbf{x}_2 \cdots \mathbf{x}_n)_{n \times n}, \qquad D = \mathrm{diag}\,(d_1, d_2,\ \ldots, d_n)$$

이라 하자. 그러면 P가 가역행렬이고 다음 등식이 성립한다.

$$
\begin{aligned}
AP &= (A\mathbf{x}_1\ A\mathbf{x}_2 \cdots A\mathbf{x}_n) = (d_1\mathbf{x}_1\ d_2\mathbf{x}_2 \cdots d_n\mathbf{x}_n) \\
&= \left(P\begin{pmatrix} d_1 \\ 0 \\ \vdots \\ 0 \end{pmatrix}\ P\begin{pmatrix} 0 \\ d_2 \\ \vdots \\ 0 \end{pmatrix}\ \cdots\ P\begin{pmatrix} 0 \\ 0 \\ \vdots \\ d_n \end{pmatrix} \right) \\
&= PD
\end{aligned}
$$

즉

$$P^{-1}AP = D$$

이고, $A \sim D$이다.

□

[정리 6.3.1]의 증명에 의해, $n \times n-$행렬 A가 실수의 범위에서 대각행렬과 닮았는지 판별하기 위해 다음 정리의 각 단계를 이용한다.

정리 6.3.2

임의의 $n \times n-$행렬 A에 대하여, 실수 범위에서 A의 모든 고윳값

$$\lambda_1, \lambda_2, \ldots, \lambda_l$$

을 계산하자. 이때, 각각의 $i(1 \leq i \leq l)$에 대하여 λ_i의 산술적 중복도를 a_i라 하자.

(1) 모든 고윳값에 해당하는 산술적 중복도의 합

$$a_1 + a_2 + \cdots + a_l$$

이 n보다 작으면 A의 고유벡터로 구성된 $\mathbb{R}^n$의 기저가 존재할 수 없다. 따라서 이 경우에는 A가 실수 범위에서 대각화가능하지 않다.

(2) 따라서 모든 고윳값에 해당하는 산술적 중복도의 합

$$a_1 + a_2 + \cdots + a_l$$

이 n과 같다고 가정하자.

(i) 각각의 고윳값 $\lambda_i(1 \leq i \leq l)$에 대하여 λ_i의 기하적 중복도를 k_i라 할 때, 모든 고윳값의 기하적 중복도의 합

$$k_1 + k_2 + \cdots + k_l$$

이 n보다 작으면 A의 고유벡터로 구성된 $\mathbb{R}^n$의 기저가 존재할 수 없다. 따라서 이 경우에도 A가 실수 범위에서 대각화가능하지 않다.

(ii) 한편

$$k_1 + k_2 + \cdots + k_l = n$$

인 경우에는 A의 고유벡터로 구성된 $\mathbb{R}^n$의 기저

$$B = \{\mathbf{x}_1, \mathbf{x}_2, \ldots, \mathbf{x}_n\}$$

이 존재한다. 좀 더 구체적으로, 각각의 고윳값 $\lambda_i (1 \leq i \leq l)$에 대하여

$$\mathbf{x}_1^i, \mathbf{x}_2^i, \ldots, \mathbf{x}_{k_i}^i$$

가 λ_i의 고유공간 S_{λ_i}의 기저라 할 때, 순서가 주어진 기저로 B가 다음과 같이 주어진다.

$$\begin{aligned} B &= \{\mathbf{x}_1, \mathbf{x}_2, \ldots, \mathbf{x}_n\} \\ &= \{\mathbf{x}_1^1, \mathbf{x}_2^1, \ldots, \mathbf{x}_{k_1}^1, \mathbf{x}_1^2, \mathbf{x}_2^2, \ldots, \mathbf{x}_{k_2}^2, \ldots, \mathbf{x}_1^l, \mathbf{x}_2^l, \ldots, \mathbf{x}_{k_l}^l\} \end{aligned}$$

이때,

$$P = (\mathbf{x}_1\, \mathbf{x}_2 \cdots \mathbf{x}_n)_{n \times n},$$

$$D = \mathrm{diag}(\underbrace{\lambda_1, \lambda_1, \ldots, \lambda_1}_{k_1}, \underbrace{\lambda_2, \lambda_2, \ldots, \lambda_2}_{k_2}, \ldots, \underbrace{\lambda_l, \lambda_l, \ldots, \lambda_l}_{k_l})$$

이라 하자. 그러면 다음 등식이 성립한다.

$$P^{-1}AP = D$$

즉 $A \sim D$이다.

[정리 6.3.2]의 (2)-(ii)에 의해, 다음 따름정리가 성립한다.

따름정리 6.3.3

임의의 $n \times n$-행렬 A에 대하여 n개의 서로 다른 고윳값이 존재할 때, A는 항상 대각화가능하다.

예제 6.3.4

(1) 3×3 −행렬

$$A=\begin{pmatrix}1&1&0\\0&1&1\\0&0&4\end{pmatrix}$$

에 대하여, A의 특성방정식은 다음과 같다.

$$p_A(x)=\det\begin{pmatrix}x-1&-1&0\\0&x-1&-1\\0&0&x-4\end{pmatrix}=(x-1)^2(x-4)=0$$

따라서 $p_A(x)=0$의 실수해가 $x=1,1,4$이므로 A의 모든 고윳값 $\lambda=1,1,4$이다. 이때, 고윳값 1의 산술적 중복도 a_1은 2이고 고윳값 4의 산술적 중복도 a_4는 1이다. 또한,

$$a_1+a_4=2+1=3$$

이다.

이제 A의 고유공간을 모두 구해보자.

(i) 먼저, 고유공간

$$S_1=\mathrm{Nul}(I_3-A)=\left\{\begin{pmatrix}x\\0\\0\end{pmatrix}\in\mathbb{R}^3\ \middle|\ z\in\mathbb{R}\right\}=\mathrm{span}\left\{\begin{pmatrix}1\\0\\0\end{pmatrix}\right\}=\mathrm{span}\left\{\begin{pmatrix}-1\\0\\0\end{pmatrix}\right\}$$

이다.

(ii) 비슷한 방법으로, 고유공간 S_4는 다음과 같다.

$$S_4=\mathrm{Nul}(4I_3-A)=\left\{\begin{pmatrix}\frac{1}{9}z\\\frac{1}{3}z\\z\end{pmatrix}\in\mathbb{R}^2\ \middle|\ z\in\mathbb{R}\right\}=\mathrm{span}\left\{\begin{pmatrix}\frac{1}{9}\\\frac{1}{3}\\1\end{pmatrix}\right\}$$

이다.

위의 (i)과 (ii)에 의해, $k_1=\dim S_1=1=a_1$이고 $k_4=\dim S_4=1<a_4=2$이다. 따라서 [정리 6.3.2]에 의해 A는 대각화가능하지 않다.

(2) $3\times3-$행렬

$$A=\begin{pmatrix}1 & 1 1\\ 0 & 3 3\\ -2 & 1 1\end{pmatrix}$$

에 대하여, A의 특성방정식은 다음과 같다.

$$p_A(x)=\det\begin{pmatrix}x-1 & -1 & -1\\ 0 & x-3 & -3\\ 2 & -1 & x-1\end{pmatrix}=x(x-2)(x-3)=0$$

따라서 $p_A(x)=0$의 실수해가 $x=0,2,3$이므로 A의 모든 고윳값 $\lambda=0,2,3$이다. 이 경우에는 A의 서로 다른 세 개의 고윳값이 존재하므로 [따름정리 6.3.3]에 의해 A가 대각화가능하다.

이제 A의 고유공간을 모두 구해보자.

(i) 먼저, 고유공간

$$S_0=\{\mathrm{x}\in\mathbb{R}^2 \mid (0I_2-A)(\mathrm{x})=0\}=\mathrm{Nul}(A)$$

이므로 S_0를 찾기 위해 $3\times3-$행렬 $(0I_3-A)$의 사다리꼴행렬 또는 기약사다리꼴행렬을 구한다. 실제로, $(0I_3-A)$의 기약사다리꼴행렬은 다음과 같다.

$$0I_3-A=\begin{pmatrix}-1 & -1 & -1\\ 0 & -3 & -3\\ 2 & -1 & -1\end{pmatrix}\xrightarrow[OQ(1;-1)]{OQ(2;-\frac{1}{3})}\begin{pmatrix}1 & 1 & 1\\ 0 & 1 & 1\\ 2 & -1 & -1\end{pmatrix}\xrightarrow{OR(3,1;-2)}\begin{pmatrix}1 & 1 & 1\\ 0 & 1 & 1\\ 0 & -3 & -3\end{pmatrix}$$

$$\xrightarrow{OQ(3;-\frac{1}{3})}\begin{pmatrix}1 & 1 & 1\\ 0 & 1 & 1\\ 0 & 1 & 1\end{pmatrix}\xrightarrow{OR(3,2;-1)}\begin{pmatrix}1 & 1 & 1\\ 0 & 1 & 1\\ 0 & 0 & 0\end{pmatrix}\xrightarrow{OR(1,2;-1)}\begin{pmatrix}1 & 0 & 0\\ 0 & 1 & 1\\ 0 & 0 & 0\end{pmatrix}$$

따라서

$$S_0=\mathrm{Nul}(0I_3-A)=\left\{\begin{pmatrix}0\\ -z\\ z\end{pmatrix}\in\mathbb{R}^3 \;\middle|\; z\in\mathbb{R}\right\}=\mathrm{span}\left\{\begin{pmatrix}0\\ -1\\ 1\end{pmatrix}\right\}=\mathrm{span}\left\{\begin{pmatrix}0\\ 1\\ -1\end{pmatrix}\right\}$$

이다.

(ii) 비슷한 방법으로, 고유공간 S_2와 S_3는 다음과 같다.

$$S_2=\mathrm{Nul}\,(2I_3-A)=\left\{\begin{pmatrix}2z\\ 3z\\ -z\end{pmatrix}\in\mathbb{R}^2 \;\middle|\; y,z\in\mathbb{R}\right\}=\mathrm{span}\left\{\begin{pmatrix}2\\ 3\\ -1\end{pmatrix}\right\}$$

$$S_3 = \text{Nul}(3I_3 - A) = \left\{ \begin{pmatrix} x \\ 2x \\ 0 \end{pmatrix} \in \mathbb{R}^2 \;\middle|\; x \in \mathbb{R} \right\} = \text{span}\left\{ \begin{pmatrix} 1 \\ 2 \\ 0 \end{pmatrix} \right\}$$

이다.

위의 (ⅰ)과 (ⅱ)에 의해,

$$\dim S_0 = \dim S_2 = \dim S_3 = 1$$

이다.

이때,

$$P = \begin{pmatrix} 0 & 2 & 1 \\ 1 & 3 & 2 \\ -1 & -1 & 0 \end{pmatrix}, \quad D = \begin{pmatrix} 0 & 0 & 0 \\ 0 & 2 & 0 \\ 0 & 0 & 3 \end{pmatrix}$$

이라 하자. 그러면 다음 등식이 성립한다.

$$P^{-1}AP = D$$

따라서 $A = PDP^{-1}$이고

$$P^{-1} = \begin{pmatrix} -1 & \frac{1}{2} & -\frac{1}{2} \\ 1 & -\frac{1}{2} & -\frac{1}{2} \\ -1 & 1 & 1 \end{pmatrix}$$

이다. 이를 이용하여, A^{2023}를 다음과 같이 쉽게 계산할 수 있다.

$$\begin{aligned} A^{2023} &= (PDP^{-1})^{2023} = \underbrace{(PDP^{-1})(PDP^{-1})\cdots(PDP^{-1})}_{2023} \\ &= PD(P^{-1}P)D(P^{-1}P)D\cdots D(P^{-1}P)DP^{-1} \\ &= PD^{2023}P^{-1} \\ &= \begin{pmatrix} 2^{2024} - 3^{2023} & -2^{2023} + 3^{2023} & -2^{2023} + 3^{2023} \\ 3 \cdot 2^{2023} - 2 \cdot 3^{2023} & -3 \cdot 2^{2022} + 2 \cdot 3^{2023} & -3 \cdot 2^{2022} + 2 \cdot 3^{2023} \\ -2^{2023} & 2^{2022} & 2^{2022} \end{pmatrix} \end{aligned}$$

□

다음 정의가 성립한다.

정의 6.3.5

임의의 $n \times n$-행렬 A와 대각행렬 D에 대하여 다음 등식을 만족하는 직교행렬 Q가 존재할 때, A가 **직교대각화가능**(orthogonally diagonalizable)이라 한다.

$$Q^T A Q = D$$

Q가 직교행렬일 때, $Q^T Q = QQ^T = I_n$이다. 즉 $Q^T = Q^{-1}$이다. 따라서 A가 Q에 관해 직교대각화가능일 때, 다음 등식이 성립한다.

$$D = Q^T A Q = Q^{-1} A Q$$

또한 $Q^T Q = QQ^T = I_n$을 이용하여 $A = QDQ^T$임을 알 수 있다. 따라서

$$A^T = (QDQ^T)^T = QD^T Q^T = QDQ^T = A$$

이므로 A가 대칭행렬이다. 반대로, 임의의 대칭행렬은 항상 직교대각화가능이다. 자세한 증명은 생략한다([H. Anton and R. C. Busby, Contemporary Linear Algebra, Jonh Wiley & Sons, Inc., 2003, p. 480] 참고).

정리 6.3.6

임의의 $n \times n$-대칭행렬 A에 대하여, 다음 등식을 만족하는 대각행렬 D와 직교행렬 Q가 존재한다.

$$Q^T A Q = D$$

즉 임의의 대칭행렬은 실수의 범위에서 항상 직교대각화가능하다.

[정리 6.3.1]과 [정리 6.3.6]에 의해, 임의의 대칭행렬 A가 직교대각화가능 행렬이므로 A의 고유벡터로 구성된 $\mathbb{R}^n$의 기저가 존재한다.

좀 더 구체적으로, 임의의 대칭행렬에 대하여 다음 정리가 성립한다.

정리 6.3.7

임의의 $n \times n$-대칭행렬 A에 대하여, A의 고유벡터로 이루어진 $\mathbb{R}^n$의 정규직교기저가 존재한다.

[증명]

[정리 6.3.6]에 의해, 다음 등식을 만족하는 대각행렬 D와 직교행렬 Q가 존재한다.

$$D = Q^T A Q \quad \text{즉}, \ D = Q^{-1} A Q$$

이때,

$$Q = (\mathbf{x}_1 \, \mathbf{x}_2 \cdots \mathbf{x}_n)_{n \times n}, \qquad D = \text{diag}(d_1, d_2, \ldots, d_n)$$

이라 하자. 그러면 Q가 가역행렬이므로

$$B = \{\mathbf{x}_1, \mathbf{x}_2, \ldots, \mathbf{x}_n\}$$

이 일차독립이다. 따라서 B가 $\mathbb{R}^n$의 기저이다. 사실, [정리 4.5.7]에 의해 B는 $\mathbb{R}^n$의 정규직교기저이다. 또한 각각의 벡터 $\mathbf{x}_i (1 \le i \le n)$가 A의 고유벡터이다. 실제로, $Q^{-1} A Q = D$이므로

$$A Q = Q D$$

가 성립한다. 즉 다음 등식이 성립한다.

$$\begin{aligned} AQ &= (A\mathbf{x}_1 \, A\mathbf{x}_2 \cdots A\mathbf{x}_n) = (d_1\mathbf{x}_1 \, d_2\mathbf{x}_2 \cdots d_n\mathbf{x}_n) \\ &= \left(Q\begin{pmatrix} d_1 \\ 0 \\ \vdots \\ 0 \end{pmatrix} \ Q\begin{pmatrix} 0 \\ d_2 \\ \vdots \\ 0 \end{pmatrix} \cdots \ Q\begin{pmatrix} 0 \\ 0 \\ \vdots \\ d_n \end{pmatrix} \right) \\ &= QD \end{aligned}$$

따라서 각각의 $i (1 \le i \le n)$에 대하여,

$$A\mathbf{x}_i = d_i \mathbf{x}_i$$

가 성립한다. 즉 각각의 $\mathbf{x}_i (1 \le i \le n)$가 A의 고윳값 d_i에 해당하는 고유벡터이다. 결론적으로 $\mathbb{R}^n$의 정규직교기저 B가 존재한다.

□

[정리 6.3.7]의 증명에 의해, 임의의 $n \times n$-대칭행렬 A의 정규직교기저를 구하기 위

해 각각의 고윳값에 해당하는 고유공간의 정규직교기저를 구한 후, 이를 모두 모으면 $\mathbb{R}^n$의 정규직교기저가 됨을 알 수 있다.

예제 6.3.8

(1) $2\times 2-$행렬

$$A=\begin{pmatrix}-2 & 2\\ 2 & 1\end{pmatrix}$$

에 대하여, [정리 6.3.6]에 의해 A는 대칭행렬이므로 직교대각화가능 행렬이다. 실제로 A를 직교대각화하기 위해, 먼저 A의 특성다항식을 계산하면 다음과 같다.

$$p_A(x)=\det\begin{pmatrix}x+2 & -2\\ -2 & x-1\end{pmatrix}=(x+2)(x-1)-4=x^2+x-6=(x+3)(x-2)=0$$

따라서 A의 고윳값은 각각 -3과 2이다. 이제 각 고윳값의 고유공간을 구하면 다음과 같다.

$$S_{-3}=\text{span}\left\{\begin{pmatrix}-2\\ 1\end{pmatrix}\right\},\quad S_2=\text{span}\left\{\begin{pmatrix}1\\ 2\end{pmatrix}\right\}$$

따라서 S_{-3}의 정규직교기저는

$$\left\{\mathbf{x}_1=\frac{1}{\sqrt{5}}\begin{pmatrix}-2\\ 1\end{pmatrix}\right\}$$

이고, S_2의 정규직교기저는

$$\left\{\mathbf{x}_2=\frac{1}{\sqrt{5}}\begin{pmatrix}1\\ 2\end{pmatrix}\right\}$$

이다. [정리 6.3.7]에 의해,

$$Q=(\mathbf{x}_1\,\mathbf{x}_2)=\begin{pmatrix}-\frac{2}{\sqrt{5}} & \frac{1}{\sqrt{5}}\\ \frac{1}{\sqrt{5}} & \frac{2}{\sqrt{5}}\end{pmatrix}$$

라 놓으면 Q는 직교행렬이 되고 다음 등식을 만족한다.

$$Q^TAQ=\begin{pmatrix}-3 & 0\\ 0 & 2\end{pmatrix}$$

또한, [정리 6.3.7]의 증명에 의해 $B=\{\mathbf{x}_1,\mathbf{x}_2\}$는 $\mathbb{R}^2$의 정규직교기저이다.

(2) 3×3-행렬

$$A=\begin{pmatrix}1&2&1\\2&0&2\\1&2&1\end{pmatrix}$$

에 대하여, A는 대칭행렬이므로 직교대각화가능 행렬이다. A를 직교대각화하기 위해, 먼저 A의 특성다항식을 계산하면 다음과 같다.

$$p_A(x)=\det\begin{pmatrix}x-1&-2&-1\\-2&x&-2\\-1&-2&x-1\end{pmatrix}=x^3-2x^2-8x=x(x-4)(x+2)=0$$

따라서 A의 고윳값은 각각 $-2, 0, 4$이다. 이제 각 고윳값의 고유공간을 구하면 다음과 같다.

$$S_{-2}=\operatorname{span}\left\{\mathbf{x}_1=\frac{1}{\sqrt{6}}\begin{pmatrix}1\\-2\\1\end{pmatrix}\right\},\ \ S_0=\operatorname{span}\left\{\mathbf{x}_2=\frac{1}{\sqrt{2}}\begin{pmatrix}1\\0\\-1\end{pmatrix}\right\},$$
$$S_4=\operatorname{span}\left\{\mathbf{x}_3=\frac{1}{\sqrt{3}}\begin{pmatrix}1\\1\\1\end{pmatrix}\right\}$$

[정리 6.3.7]에 의해,

$$Q=(\mathbf{x}_1\,\mathbf{x}_2\,\mathbf{x}_3)=\begin{pmatrix}\frac{1}{\sqrt{6}}&\frac{1}{\sqrt{2}}&\frac{1}{\sqrt{3}}\\-\frac{2}{\sqrt{6}}&0&\frac{1}{\sqrt{3}}\\\frac{1}{\sqrt{6}}&-\frac{1}{\sqrt{2}}&\frac{1}{\sqrt{3}}\end{pmatrix}$$

라 놓으면 Q는 직교행렬이 되고 다음 등식을 만족한다.

$$Q^TAQ=\begin{pmatrix}-2&0&0\\0&0&0\\0&0&4\end{pmatrix}$$

또한, [정리 6.3.7]에 의해 $B=\{\mathbf{x}_1,\mathbf{x}_2,\mathbf{x}_3\}$는 $\mathbb{R}^3$의 정규직교기저이다.

□

연습문제 6.3

1. 다음과 같이 주어진 행렬 A가 대각화가능 행렬인지 판별하라. 만약 A가 대각화가능 행렬이면 $P^{-1}AP$를 만족하는 가역행렬 P를 찾아라.

(1)
$$A=\begin{pmatrix}-1&-3&-2\\3&4&1\\-2&0&3\end{pmatrix}$$

(2)
$$A=\begin{pmatrix}1&0&0\\0&2&2\\0&2&2\end{pmatrix}$$

(3)
$$A=\begin{pmatrix}5&2&2\\4&3&2\\-16&-8&-7\end{pmatrix}$$

(4)
$$A=\begin{pmatrix}1&2&1\\2&0&2\\1&2&1\end{pmatrix}$$

2. 다음과 같이 주어진 대칭행렬 A를 직교대각화하여라.

(1)
$$A=\begin{pmatrix}4&2&2\\2&4&2\\2&2&4\end{pmatrix}$$

(2)
$$A=\begin{pmatrix}3&-1&-1\\-1&3&-1\\-1&-1&3\end{pmatrix}$$

3. 임의의 자연수 k와 $2\times 2-$행렬

$$A=\begin{pmatrix}-2&3\\3&-2\end{pmatrix}$$

에 대하여, A^k를 계산하라.

4. $3\times 3-$행렬

$$A=\begin{pmatrix} -5 & -3 & -4 \\ 0 & 1 & 0 \\ 6 & 3 & 5 \end{pmatrix}$$

에 대하여, 다음 물음에 답하라.

(1) 케일리-해밀턴 정리를 이용하여 A^4를 I_3, A, A^2, A^3를 이용하여 나타내라.

(2) A의 역행렬 A^{-1}를 I_3, A, A^2를 이용하여 나타내라.

(3) A^{2024}를 계산하라.

5. 임의의 $n\times n-$행렬 A가 대칭행렬이고 동시에 직교행렬일 때, 다음 물음에 답하라.

(1) A의 고윳값 λ와 그에 대응하는 고유벡터 $\mathbf{u}$에 대하여, 다음 등식이 성립함을 보여라.

$$\mathbf{u}\cdot\mathbf{u}=\mathbf{u}\cdot A^TA\mathbf{u}=A\mathbf{u}\cdot A\mathbf{u}=\lambda^2\mathbf{u}\cdot\mathbf{u}$$

(2) A의 고윳값은 항상 1 또는 -1임을 보여라.

6. 임의의 $n\times n-$행렬 A가 대칭행렬일 때, A의 고윳값 $\lambda_1, \lambda_2, \ldots, \lambda_n$과 $\mathbb{R}^n$의 정규직교기저 $S=\{\mathbf{u}_1, \mathbf{u}_2, \ldots, \mathbf{u}_n\}$을 이용하여 A를 다음과 같이 나타낼 수 있음을 보여라.

$$A=\lambda_1\mathbf{u}_1\mathbf{u}_1^T+\lambda_2\mathbf{u}_2\mathbf{u}_2^T+\cdots+\lambda_n\mathbf{u}_n\mathbf{u}_n^T$$

단, 여기서 $\mathbf{u}_i\in\mathbb{R}^n$는 모두 열벡터를 나타낸다.

7. $3\times 3-$행렬

$$A=\begin{pmatrix} 1 & 1 & 0 \\ 0 & 0 & 1 \\ 0 & 1 & 0 \end{pmatrix}$$

에 대하여, A가 대각화가능 행렬이 아님을 보여라.

8. 임의의 실수 a, b, c에 대하여, 다음 물음에 답하라.

(1) $3 \times 3-$행렬

$$A = \begin{pmatrix} 0 & 0 & 0 \\ a & 0 & 0 \\ 0 & b & 0 \end{pmatrix}$$

에 대하여, A가 대각화가능 행렬일 필요충분조건을 찾아라.

(2) $4 \times 4-$행렬

$$A = \begin{pmatrix} 0 & 0 & 0 & 0 \\ a & 0 & 0 & 0 \\ 0 & b & 0 & 0 \\ 0 & 0 & c & 0 \end{pmatrix}$$

에 대하여, A가 대각화가능 행렬일 필요충분조건을 찾아라.

6.4 이차형식과 주축정리

이 절에서는 대칭행렬이 직교대각화가능 행렬이다는 사실과 밀접하게 관련된 이차형식의 개념과 주축정리에 대해 알아본다.

간단히 말해서, 임의의 n차원 유클리드 공간 $\mathbb{R}^n$상에서 정의된 다음과 같은 형태의 다항식을 **이차형식**(quadratic form)이라 한다.

$$a_1x_1^2 + a_2x_2^2 + \cdots + a_nx_n^2 + \sum_{1 \le i \ne j \le n} a_{ij}x_ix_j,$$

$$a_k \in \mathbb{R}\ (1 \le k \le n), \quad a_{ij} \in \mathbb{R}$$

예를 들어, $n = 2$인 경우에 이차형식은

$$a_1x_1^2 + a_2x_2^2 + a_{12}x_1x_2 + a_{21}x_2x_1$$

의 형태이고, $n = 3$인 경우에 이차형식은

$$a_1x_1^2 + a_2x_2^2 + a_3x_3^2 + a_{12}x_1x_2 + a_{21}x_2x_1 + a_{13}x_1x_3 + a_{31}x_3x_1 + a_{23}x_2x_3 + a_{32}x_3x_2$$

의 형태이다. 이때, 이차형식 $a_1x_1^2 + a_2x_2^2 + a_{12}x_1x_2 + a_{21}x_2x_1$을 2×2−대칭행렬

$$A = \begin{pmatrix} a_1 & a_{12} \\ a_{21} & a_2 \end{pmatrix}$$

와 열벡터 $\mathbf{x} = \begin{pmatrix} x_1 \\ x_2 \end{pmatrix}$를 이용하여 다음과 같이 나타낼 수 있다.

$$a_1x_1^2 + a_2x_2^2 + a_{12}x_1x_2 + a_{21}x_2x_1 = (x_1\ x_2)\begin{pmatrix} a_1 & a_{12} \\ a_{21} & a_2 \end{pmatrix}\begin{pmatrix} x_1 \\ x_2 \end{pmatrix} = \mathbf{x}^TA\mathbf{x}$$

비슷하게,

$$A = \begin{pmatrix} a_1 & a_{12} & a_{13} \\ a_{21} & a_2 & a_{23} \\ a_{31} & a_{32} & a_3 \end{pmatrix}\text{이고 } \mathbf{x} = \begin{pmatrix} x_1 \\ x_2 \\ x_3 \end{pmatrix}$$

일 때, 다음 등식이 성립한다.

$$a_1x_1^2 + a_2x_2^2 + a_3x_3^2 + a_{12}x_1x_2 + a_{21}x_2x_1 + a_{13}x_1x_3 + a_{31}x_3x_1 + a_{23}x_2x_3 + a_{32}x_3x_2 = \mathbf{x}^TA\mathbf{x}$$

여기서, 특히, A가 대칭행렬이면

$$\begin{aligned} & a_1x_1^2+a_2x_2^2+a_3x_3^2+a_{12}x_1x_2+a_{21}x_2x_1+a_{13}x_1x_3+a_{31}x_3x_1+a_{23}x_2x_3+a_{32}x_3x_2 \\ &= a_1x_1^2+a_2x_2^2+a_3x_3^2+2a_{12}x_1x_2+2a_{13}x_1x_3+2a_{23}x_2x_3 \\ &= \mathbf{x}^T\begin{pmatrix} a_1 & a_{12} & a_{13} \\ a_{12} & a_2 & a_{23} \\ a_{13} & a_{23} & a_3 \end{pmatrix}\mathbf{x} \\ &= \mathbf{x}^T A\,\mathbf{x} \end{aligned}$$

가 성립한다.

다음 정의가 성립한다.

정의 6.4.1

임의의 $n\times n$-대칭행렬 A와 열벡터 $\mathbf{x}\in\mathbb{R}^n$에 대하여, 다음과 같이 정의된 함수 Q_A를 A**에 관한 이차형식**(quadratic form associated with A)이라 한다.

$$Q_A:\mathbb{R}^n\rightarrow\mathbb{R},\ \ Q_A(\mathbf{x})=\mathbf{x}^T A\,\mathbf{x},\ \ \mathbf{x}\in\mathbb{R}^n$$

[정의 6.4.1]에서 정의된 이차형식 Q_A를 n차원 유클리드 공간 $\mathbb{R}^n$상에서 정의된 기본내적을 이용하여 다음과 같이 나타낼 수 있다.

$$Q_A(\mathbf{x}) = \mathbf{x}^T A\,\mathbf{x} = \mathbf{x}\cdot A\mathbf{x} = A\mathbf{x}\cdot\mathbf{x}$$

또한 $n\times n$-대칭행렬 A가 대각행렬

$$\operatorname{diag}(a_1, a_2, \ldots, a_n)$$

일 때, A에 관한 이차형식 Q_A는 다음과 같이 간단히 나타난다.

$$Q_A(\mathbf{x})=a_1x_1^2+a_2x_2^2+\cdots+a_nx_n^2,\ \ \mathbf{x}=\begin{pmatrix} x_1 \\ x_2 \\ \vdots \\ x_n \end{pmatrix}$$

예제 6.4.2

다음 각각의 경우에 대하여, 주어진 이차형식을 대칭행렬을 이용하여 표현해 보자.

(1) $2x^2+6xy-7y^2=(x\ \ y)\begin{pmatrix}2 & 3\\3 & -7\end{pmatrix}\begin{pmatrix}x\\y\end{pmatrix}$

(2) $x_1^2+9x_2^2-3x_3^2+4x_1x_2-4x_1x_3+8x_2x_3=(x_1\ \ x_2\ \ x_3)\begin{pmatrix}1 & 2 & -2\\2 & -9 & 4\\-2 & 4 & -3\end{pmatrix}\begin{pmatrix}x_1\\x_2\\x_3\end{pmatrix}$

□

다음 보조정리가 성립한다.

보조정리 6.4.3

임의의 $n\times n$-대칭행렬 A에 대하여, 다음이 성립한다.

(1) 임의의 $n\times n$-행렬 P와 열벡터 $\mathbf{y}\in\mathbb{R}^n$에 대하여 $\mathbf{x}=P\mathbf{y}$일 때, 다음 등식이 성립한다.

$$Q_A(\mathbf{x})=\mathbf{y}^T(P^TAP)\mathbf{y}$$

(2) $n\times n$-행렬 P가

$$P^TAP=\mathrm{diag}(\lambda_1,\lambda_2,\ \ldots,\lambda_n)$$

을 만족하는 직교행렬일 때, 다음 등식이 성립한다.

$$\begin{aligned}Q_A(\mathbf{x})&=\mathbf{y}^T(P^TAP)\mathbf{y}=\mathbf{y}^T\mathrm{diag}(\lambda_1,\lambda_2,\ \ldots,\lambda_n)\mathbf{y}\\&=\lambda_1y_1^2+\lambda_2y_2^2+\cdots+\lambda_ny_n^2\end{aligned}$$

단, 여기서 $\mathbf{y}=(y_1,y_2,\ \ldots,y_n)^T$이다.

[증명]

(2)는 자명하므로 (1)만 증명하면 충분하다. 실제로, 다음이 성립한다.

$$Q_A(\mathbf{x})=\mathbf{x}A\mathbf{x}=(P\mathbf{y})^TA(P\mathbf{y})=(\mathbf{y}^TP^T)A(P\mathbf{y})=\mathbf{y}^T(P^TAP)\mathbf{y}$$

□

다음 정리가 성립한다.

정리 6.4.4 **주축 정리, Principal Axis Theorem**

임의의 $n \times n$-대칭행렬 A에 대하여, 다음 세 명제 (1), (2), (3)이 성립하는 직교행렬 P와 대각행렬

$$D = \operatorname{diag}(\lambda_1, \lambda_2, \dots, \lambda_n)$$

이 존재한다.

(1) 각각의 $\lambda_i (1 \le i \le n)$는 대칭행렬 A의 고윳값이다.

(2) $\mathbf{x}_i (1 \le i \le n)$가 고유공간 S_{λ_i}의 정규직교기저를 이룰 때,

$$P = (\mathbf{x}_1\, \mathbf{x}_2 \cdots \mathbf{x}_n), \quad P^T A P = \operatorname{diag}(\lambda_1, \lambda_2, \dots, \lambda_n)$$

(3) $\mathbf{x} = P\mathbf{y}$일 때,

$$\begin{aligned} Q_A(\mathbf{x}) &= \mathbf{y}^T (P^T A P)\mathbf{y} = \mathbf{y}^T \operatorname{diag}(\lambda_1, \lambda_2, \dots, \lambda_n)\mathbf{y} \\ &= \lambda_1 y_1^2 + \lambda_2 y_2^2 + \cdots + \lambda_n y_n^2 \end{aligned}$$

단, 여기서 $\mathbf{y} = (y_1, y_2, \dots, y_n)^T$이다.

[증명]

(1)−(2) [정리 6.3.6]에 의해, 대칭행렬 A는 직교대각화가능 행렬이다. 따라서 다음 조건을 만족하는 직교행렬 P와 대각행렬 D가 존재한다.

$$P^T A P = D, \qquad D = \operatorname{diag}(\lambda_1, \lambda_2, \dots, \lambda_n)$$

한편 [정리 6.3.7]의 증명에 의해, 각각의 $\lambda_i (1 \le i \le n)$는 대칭행렬 A의 고윳값이고 P의 열벡터는 고윳값 λ_i의 고유벡터로 주어진다. 사실, P가 직교행렬이므로 각각의 열벡터는 A의 고유벡터로 이루어진 $\mathbb{R}^n$의 정규직교기저를 이룬다.

(3) (1)과 (2)에 의해 (3)는 자명하게 성립한다.

□

예제 6.4.5

(1) 2×2-행렬

$$A=\begin{pmatrix}-2 & 2\\ 2 & 1\end{pmatrix}$$

에 대하여, [정리 6.3.6]에 의해 A는 대칭행렬이므로 직교대각화가능 행렬이다. 실제로, A의 고윳값은 각각 -3과 2이다. 또한 고유공간 S_{-3}의 정규직교기저는

$$\left\{\mathbf{x}_1=\frac{1}{\sqrt{5}}\begin{pmatrix}-2\\ 1\end{pmatrix}\right\}$$

이고, S_2의 정규직교기저는

$$\left\{\mathbf{x}_2=\frac{1}{\sqrt{5}}\begin{pmatrix}1\\ 2\end{pmatrix}\right\}$$

이다. [정리 6.3.7]에 의해,

$$P=(\mathbf{x}_1\,\mathbf{x}_2)=\begin{pmatrix}-\frac{2}{\sqrt{5}} & \frac{1}{\sqrt{5}}\\ \frac{1}{\sqrt{5}} & \frac{2}{\sqrt{5}}\end{pmatrix}$$

라 놓으면 P는 직교행렬이 되고 다음 등식을 만족한다.

$$P^TAP=\begin{pmatrix}-3 & 0\\ 0 & 2\end{pmatrix}$$

따라서 A의 이차형식

$$Q_A(\mathbf{x})=\mathbf{x}^TA\mathbf{x}=\mathbf{y}^T(P^TAP)\mathbf{y}=\mathbf{y}^T\begin{pmatrix}-3 & 0\\ 0 & 2\end{pmatrix}\mathbf{y}=-3y_1^2+2y_2^2$$

로 주어진다. 단, 여기서 $\mathbf{y}=(y_1,y_2)^T$이고 $\mathbf{x}=P\mathbf{y}$이다.

(2) 2×2-행렬

$$A=\begin{pmatrix}5 & -2\\ -2 & 8\end{pmatrix}$$

에 대하여, A는 대칭행렬이므로 직교대각화가능 행렬이다. 실제로, A의 고윳값은 각각 4와 9이다. 또한 고유공간 S_4의 정규직교기저는

$$\left\{\mathbf{x}_1=\frac{1}{\sqrt{5}}\begin{pmatrix}2\\ 1\end{pmatrix}\right\}$$

이고, S_9의 정규직교기저는

$$\left\{\mathbf{x}_2 = \frac{1}{\sqrt{5}}\begin{pmatrix}-1\\2\end{pmatrix}\right\}$$

이다. [정리 6.3.7]에 의해,

$$P = (\mathbf{x}_1\,\mathbf{x}_2) = \begin{pmatrix}\frac{2}{\sqrt{5}} & -\frac{1}{\sqrt{5}}\\ \frac{1}{\sqrt{5}} & \frac{2}{\sqrt{5}}\end{pmatrix}$$

라 놓으면 P는 직교행렬이 되고 다음 등식을 만족한다.

$$P^TAP = \begin{pmatrix}4 & 0\\0 & 9\end{pmatrix}$$

따라서 A의 이차형식

$$Q_A(\mathbf{x}) = \mathbf{x}^TA\mathbf{x} = \mathbf{y}^T(P^TAP)\mathbf{y} = \mathbf{y}^T\begin{pmatrix}4 & 0\\0 & 9\end{pmatrix}\mathbf{y} = 4y_1^2 + 9y_2^2$$

로 주어진다. 단, 여기서 $\mathbf{y} = (y_1, y_2)^T$이고 $\mathbf{x} = P\mathbf{y}$이다.

(3) 3×3−행렬

$$A = \begin{pmatrix}1 & 2 & 1\\2 & 0 & 2\\1 & 2 & 1\end{pmatrix}$$

에 대하여, A는 대칭행렬이므로 직교대각화가능 행렬이다. 이때, A의 고윳값은 각각 $-2, 0, 4$이다. 이제 각 고윳값에 대응하는 고유공간을 구하면 다음과 같다.

$$S_{-2} = \mathrm{span}\left\{\mathbf{x}_1 = \frac{1}{\sqrt{6}}\begin{pmatrix}1\\-2\\1\end{pmatrix}\right\},\quad S_0 = \mathrm{span}\left\{\mathbf{x}_2 = \frac{1}{\sqrt{2}}\begin{pmatrix}1\\0\\-1\end{pmatrix}\right\},$$

$$S_4 = \mathrm{span}\left\{\mathbf{x}_3 = \frac{1}{\sqrt{3}}\begin{pmatrix}1\\1\\1\end{pmatrix}\right\}$$

[정리 6.3.7]에 의해,

$$P = (\mathbf{x}_1\,\mathbf{x}_2\,\mathbf{x}_3) = \begin{pmatrix}\frac{1}{\sqrt{6}} & \frac{1}{\sqrt{2}} & \frac{1}{\sqrt{3}}\\ -\frac{2}{\sqrt{6}} & 0 & \frac{1}{\sqrt{3}}\\ \frac{1}{\sqrt{6}} & -\frac{1}{\sqrt{2}} & \frac{1}{\sqrt{3}}\end{pmatrix}$$

라 놓으면 P는 직교행렬이 되고 다음 등식을 만족한다.

$$P^TAP = \begin{pmatrix} -2 & 0 & 0 \\ 0 & 0 & 0 \\ 0 & 0 & 4 \end{pmatrix}$$

따라서 A의 이차형식

$$\begin{aligned} Q_A(\mathbf{x}) &= \mathbf{x}^TA\mathbf{x} = \mathbf{y}^T(P^TAP)\mathbf{y} = \mathbf{y}^T\begin{pmatrix} -2 & 0 & 0 \\ 0 & 0 & 0 \\ 0 & 0 & 4 \end{pmatrix}\mathbf{y} \\ &= -2y_1^2 + 0 \cdot y_2^2 + 4y_3^2 = -2y_1^2 + 4y_3^2 \end{aligned}$$

로 주어진다. 단, 여기서 $\mathbf{x} = P\mathbf{y}$이고 $\mathbf{y} = (y_1, y_2, y_3)^T$이다.

□

예제 6.4.6

(1) 이차방정식

$$-2x_1^2 + x_2^2 + 4x_1x_2 = 36$$

에 대하여, 위의 [예제 6.4.5]의 (1)에서 얻은 직교행렬 P를 이용하여 $\mathbf{x} = P\mathbf{y}$이고 $\mathbf{y} = (y_1, y_2)^T$라 놓자. 그러면 다음 방정식이 성립한다.

$$-2x_1^2 + x_2^2 + 4x_1x_2 = -3y_1^2 + 2y_2^2 = 36$$

따라서 위의 이차방정식

$$-2x_1^2 + x_2^2 + 4x_1x_2 = 36$$

를 2차원 유클리드 공간 $\mathbb{R}^2$상에서 새로운 직각좌표계 (y_1, y_2)에 관해 표현하면 다음과 같이 쌍곡선을 나타난다.

$$-3y_1^2 + 2y_2^2 = 36 \quad \Leftrightarrow \quad -\left(\frac{y_1}{2\sqrt{3}}\right)^2 + \left(\frac{y_2}{3\sqrt{2}}\right)^2 = 1$$

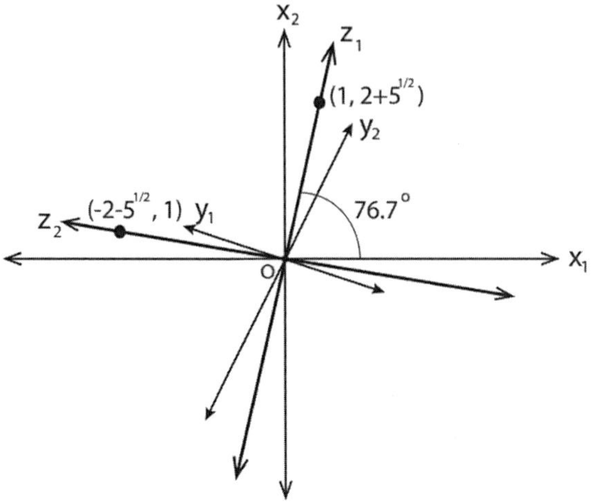

[그림 6.4.1]

사실, 여기서

$$\mathbf{x} = P\mathbf{y} = \begin{pmatrix} -\frac{2}{\sqrt{5}} & \frac{1}{\sqrt{5}} \\ \frac{1}{\sqrt{5}} & \frac{2}{\sqrt{5}} \end{pmatrix} \begin{pmatrix} y_1 \\ y_2 \end{pmatrix} = \begin{pmatrix} -\frac{2}{\sqrt{5}} y_1 + \frac{1}{\sqrt{5}} y_2 \\ \frac{1}{\sqrt{5}} y_1 + \frac{2}{\sqrt{5}} y_2 \end{pmatrix}, \quad \det(P) = -1$$

이다. 한편

$$\begin{pmatrix} \cos\theta & \sin\theta \\ \sin\theta & -\cos\theta \end{pmatrix} = \begin{pmatrix} -\frac{2}{\sqrt{5}} & \frac{1}{\sqrt{5}} \\ \frac{1}{\sqrt{5}} & \frac{2}{\sqrt{5}} \end{pmatrix} = P$$

이므로 P는 직각좌표계 (x_1, x_2)를 갖는 평면 $\mathbb{R}^2$상에서 원점을 통과하는 직선

$$x_2 = \tan\left(\frac{\theta}{2}\right) x_1 = \frac{\sin\theta}{1+\cos\theta} x_1 = \frac{\frac{1}{\sqrt{5}}}{1-\frac{2}{\sqrt{5}}} x_1 = \frac{1}{\sqrt{5}-2} x_1 = (2+\sqrt{5}) x_1$$

에 관한 대칭이동을 나타낸다([그림 6.4.1] 참고). 또한 새로운 직각좌표계 (y_1, y_2)에서 y_1-축은 위치벡터 $\left(-\frac{2}{\sqrt{5}}, \frac{1}{\sqrt{5}}\right)$에 평행하고 y_2-축은 위치벡터 $\left(-\frac{2}{\sqrt{5}}, \frac{1}{\sqrt{5}}\right)$에 수직인 위치벡터 $\left(\frac{1}{\sqrt{5}}, \frac{2}{\sqrt{5}}\right)$에 평행하다.

(2) 이차방정식

$$5x_1^2 + 8x_2^2 - 4x_1x_2 = 36$$

에 대하여, 위의 [예제 6.4.5]의 (2)에서 얻은 직교행렬 P를 이용하여 $\mathbf{x} = P\mathbf{y}$이고 $\mathbf{y} = (y_1, y_2)^T$라 놓자. 그러면 다음 방정식이 성립한다.

$$5x_1^2 + 8x_2^2 - 4x_1x_2 = 4y_1^2 + 9y_2^2 = 36$$

따라서 위의 이차방정식

$$5x_1^2 + 8x_2^2 - 4x_1x_2 = 36$$

를 2차원 유클리드 공간 $\mathbb{R}^2$상에서 새로운 직각좌표계 (y_1, y_2)에 대하여 표현할 때 다음과 같이 타원을 나타난다([그림 6.4.2] 참고).

$$4y_1^2 + 9y_2^2 = 36 \quad \Leftrightarrow \quad \left(\frac{y_1}{3}\right)^2 + \left(\frac{y_2}{2}\right)^2 = 1$$

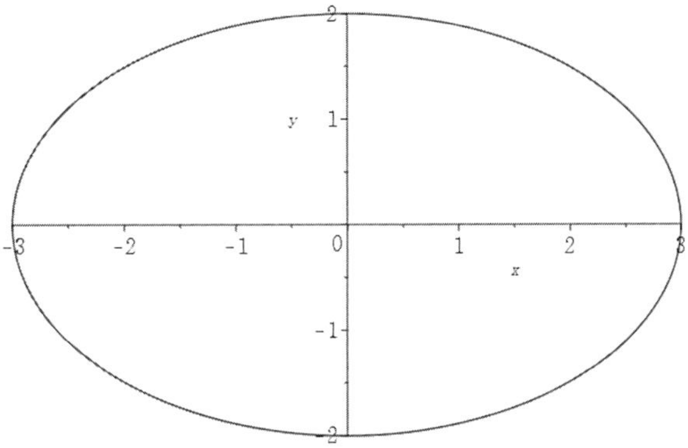

[그림 6.4.2]

사실, 여기서

$$\mathbf{x} = P\mathbf{y} = \begin{pmatrix} \frac{2}{\sqrt{5}} & -\frac{1}{\sqrt{5}} \\ \frac{1}{\sqrt{5}} & \frac{2}{\sqrt{5}} \end{pmatrix}\begin{pmatrix} y_1 \\ y_2 \end{pmatrix} = \begin{pmatrix} \frac{2}{\sqrt{5}}y_1 - \frac{1}{\sqrt{5}}y_2 \\ \frac{1}{\sqrt{5}}y_1 + \frac{2}{\sqrt{5}}y_2 \end{pmatrix}, \quad \det(P) = 1$$

이다. 한편

$$\begin{pmatrix} \cos\theta & -\sin\theta \\ \sin\theta & \cos\theta \end{pmatrix} = \begin{pmatrix} \frac{2}{\sqrt{5}} & -\frac{1}{\sqrt{5}} \\ \frac{1}{\sqrt{5}} & \frac{2}{\sqrt{5}} \end{pmatrix} = P$$

이므로 P는 직각좌표계 (x_1, x_2)를 갖는 평면 $\mathbb{R}^2$상에서 원점을 회전축으로

$$\theta = \tan^{-1}\left(\frac{1}{2}\right) \approx 26.6^\circ$$

만큼 시계 반대방향으로 회전이동을 나타낸다. 따라서 새로운 직각좌표계 (y_1, y_2)에서 y_1-축은 위치벡터 $\left(\frac{2}{\sqrt{5}}, \frac{1}{\sqrt{5}}\right)$에 평행하고 y_2-축은 위치벡터 $\left(\frac{2}{\sqrt{5}}, \frac{1}{\sqrt{5}}\right)$에 수직인 위치벡터 $\left(-\frac{1}{\sqrt{5}}, \frac{2}{\sqrt{5}}\right)$에 평행하다.

(3) 이차방정식

$$x_1^2 + x_3^2 + 4x_1x_2 + 2x_1x_3 = 36$$

에 대하여, 위의 [예제 6.4.5]의 (3)에서 얻은 직교행렬 P를 이용하여 $\mathbf{x} = P\mathbf{y}$이고 $\mathbf{y} = (y_1, y_2, y_3)^T$라 놓자. 그러면 다음 방정식이 성립한다.

$$x_1^2 + x_3^2 + 4x_1x_2 + 2x_1x_3 = -2y_1^2 + 4y_3^2 = 36$$

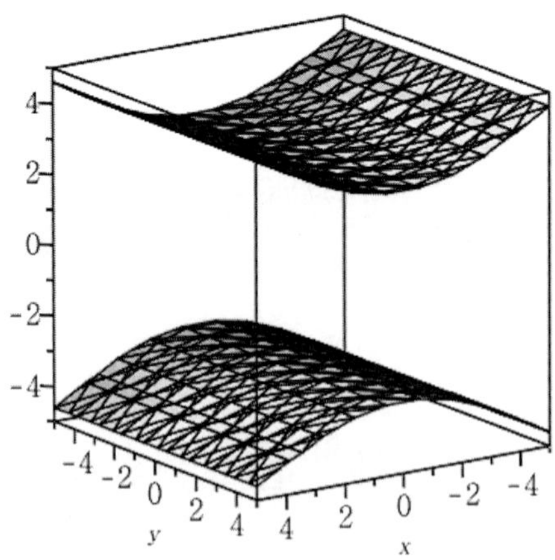

[그림 6.4.3]

따라서 위의 이차방정식

$$x_1^2 + x_3^2 + 4x_1x_2 + 2x_1x_3 = 36$$

는 3차원 유클리드 공간 $\mathbb{R}^3$상에서 새로운 직각좌표계 (y_1, y_2, y_3)에 관해

$$-2y_1^2 + 4y_3^2 = 36 \quad \Leftrightarrow \quad -y_1^2 + 2y_3^2 = 18$$

으로 주어진 밑면이 쌍곡선인 **일반화된 원기둥면**(generalized cylinder)을 나타낸다 ([그림 6.4.3] 참고).

□

다음 정의가 성립한다.

정의 6.4.7

임의의 $n \times n-$대칭행렬 A와 열벡터 $\mathbf{x} \in \mathbb{R}^n$에 대하여, A에 관한 이차형식 $Q_A(\mathbf{x})$를 고려하자. 이때, 다음이 성립한다.

(1) 임의의 $\mathbf{x} \neq 0$에 대하여 $Q_A(\mathbf{x}) > 0$일 때, Q_A(또는 A)가 **양의 정부호**(positive definite)라고 말한다.

(2) 임의의 $\mathbf{x} \neq 0$에 대하여 $Q_A(\mathbf{x}) < 0$일 때, Q_A(또는 A)가 **음의 정부호**(negative definite)라고 말한다.

(3) Q_A가 양수와 음수를 모두 가질 때, Q_A(또는 A)가 **부정형**(indefinite)이라고 말한다.

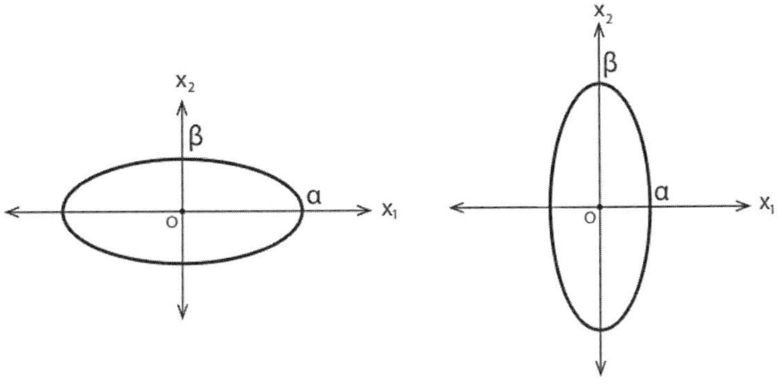

[그림 6.4.4] $\dfrac{x_1^2}{\alpha^2} + \dfrac{x_2^2}{\beta^2} = 1 \, (\alpha \geq \beta > 0$ 또는 $\beta \geq \alpha > 0)$

다음 정리가 성립한다. 그 증명은 정의에 의해 그리 어렵지 않으므로 생략한다.

정리 6.4.8

임의의 $n\times n$-대칭행렬 A에 대하여, 다음이 성립한다.

(1) Q_A(또는 A)가 양의 정부호일 필요충분조건은 A의 모든 고윳값이 양수인 것이다.

(2) Q_A(또는 A)가 음의 정부호일 필요충분조건은 A의 모든 고윳값이 음수인 것이다.

(3) Q_A(또는 A)가 부정형일 필요충분조건은 A의 고윳값 중에 양수인 것과 음수인 것이 최소한 한 개 존재하는 것이다.

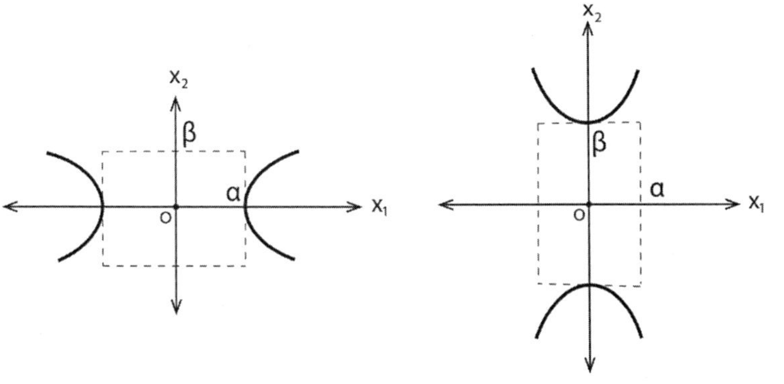

[그림 6.4.5] $\dfrac{x_1^2}{\alpha^2}-\dfrac{x_2^2}{\beta^2}=1(\alpha>0,\beta>0)$, $-\dfrac{x_1^2}{\alpha^2}+\dfrac{x_2^2}{\beta^2}=1(\alpha>0,\beta>0)$

[예제 6.4.5]와 [예제 6.4.6]에 의해, 다음 정리가 성립함을 쉽게 알 수 있다([그림 6.4.4]와 [그림 6.4.5] 참고).

정리 6.4.9

임의의 2×2-대칭행렬 A와 열벡터 $\mathrm{x}\in\mathbb{R}^2$에 대하여, 다음이 성립한다.

(1) A의 고윳값 α과 β가 모두 양수일 때, 이차방정식 $Q_A(\mathrm{x})=1$은 타원을 나타내고, 그 역도 성립한다.

(2) A의 고윳값 α과 β가 모두 음수일 때, 이차방정식 $Q_A(\mathrm{x})=1$은 어떤 그래프도

나타내지 않고, 그 역도 성립한다.

(3) A의 고윳값 α과 β가 부등식 $\alpha\beta < 0$를 만족할 때, 이차방정식 $Q_A(\mathrm{x}) = 1$은 쌍곡선을 나타내고, 그 역도 성립한다.

[정리 6.4.8]과 [정리 6.4.9]에 의해, 다음 따름정리가 성립한다.

따름정리 6.4.10

임의의 2×2-대칭행렬 A에 대하여, 다음이 성립한다.

(1) Q_A(또는 A)가 양의 정부호일 필요충분조건은 이차방정식 $Q_A(\mathrm{x}) = 1$이 타원을 나타내는 것이다.

(2) Q_A(또는 A)가 음의 정부호일 필요충분조건은 이차방정식 $Q_A(\mathrm{x}) = 1$이 어떤 그래프도 나타내지 않는 것이다.

(3) Q_A(또는 A)가 부정형일 필요충분조건은 이차방정식 $Q_A(\mathrm{x}) = 1$이 쌍곡선을 나타내는 것이다.

연습문제 6.4

1. 다음과 같이 주어진 이차형식을 대칭행렬 A를 이용하여 $\mathbf{x}^T A\mathbf{x}$ 형태로 나타내라.

(1) $5x_1^2+9x_2^2$

(2) $7x_1^2-11x_2^2-8x_1x_2$

(3) $7x_1^2+7x_1x_2$

(4) $x_1^2+9x_2^2-3x_3^2+5x_1x_2+9x_1x_3$

2. 다음과 같이 주어진 이차방정식을

$$\lambda_1 y_1^2+\lambda_2 y_2^2+\cdots+\lambda_n y_n^2=c,\quad \lambda_i\in\mathbb{R},\ c\in\mathbb{R},\ 1\le i\le n$$

형태로 변형하여 나타내라.

(1) $2x_1^2-4x_1x_2-x_2^2+7=0$

(2) $11x_1^2+24x_1x_2+4x_2^2+30=0$

(3) $x_1x_2-1=0$

(4) $x_1^2+x_1x_2+x_2^2-\dfrac{1}{3}=0$

3. 다음과 같이 주어진 이차방정식

$$x_1^2+8x_1x_2+7x_2^2+4x_1-2x_2+5=0$$

에 대하여, 물음에 답하라.

(1) 2×2-행렬

$$A=\begin{pmatrix}1 & 4\\ 4 & 7\end{pmatrix}$$

에 대하여, A의 고윳값 λ_1,λ_2, 고유벡터 $\mathbf{u}_1,\mathbf{u}_2$, 그리고 $P^TAP=\mathrm{diag}(\lambda_1,\lambda_2)$를 만족하는 가역행렬 P가 다음과 같이 주어짐을 보여라.

$$\lambda_1=-1,\ \lambda_2=9,\ \mathbf{u}_1=\frac{1}{\sqrt{5}}(-2,1),\ \mathbf{u}_2=\frac{1}{\sqrt{5}}(1,2),\ P=\begin{pmatrix}-\dfrac{2}{\sqrt{5}} & \dfrac{1}{\sqrt{5}}\\ \dfrac{1}{\sqrt{5}} & \dfrac{2}{\sqrt{5}}\end{pmatrix}$$

(2) 이차방정식

$$x_1^2 + 8x_1x_2 + 7x_2^2 + 4x_1 - 2x_2 + 5 = 0$$

를 $\mathrm{x} = P\mathrm{y}$를 이용하여 다음과 같이 변형하여 나타낼 수 있음을 보여라.

$$-y_1^2 + 9y_2^2 - 2\sqrt{5}\,y_1 + 5 = 0 \quad \Leftrightarrow \quad (y_1 + \sqrt{5})^2 - 9y_2^2 = 10$$

(3) $z_1 = y_1 + \sqrt{5}$, $z_2 = y_2$라 할 때, 위 (2)의 이차방정식을 다음과 같이 표현할 수 있음을 보여 주어진 이차방정식이 쌍곡선을 나타냄을 확인하라([그림 6.4.6] 참고).

$$z_1^2 - 9z_2^2 = 10 \quad \Leftrightarrow \quad \left(\frac{z_1}{\sqrt{10}}\right)^2 - \left(\frac{z_2}{\sqrt{10}/3}\right)^2 = 1$$

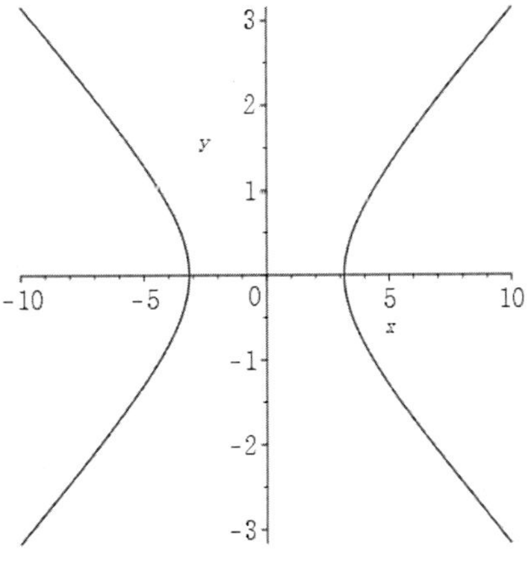

[그림 6.4.6]

선형대수학의 이해 - 해답

〈제1장 벡터와 행렬〉

1.1절

1. (1) $(-2, 0)$　(2) $(5, -9)$

2. (1) -7　(2) 3050　(3) $\mathrm{x} = \left(-\frac{3}{2}, -\frac{2}{3}, \frac{3}{2}, \frac{11}{6}\right)$　(4) $a = 1, b = -2$

3. (1) $t = 1$　(2) $t = 0, -1$　(3) t가 존재하지 않음

1.2절

1. (1) $\sqrt{83}$　(4) $3\sqrt{442}$　(6) -44　(7) $\cos^{-1}\left(\frac{20}{\sqrt{442}}\right)$

2. $k = \pm\frac{5}{7}$

3. (1) $k = -\frac{7}{4}$　(2) $k = 0, -3$

4. ΔABC는 $\measuredangle B = \frac{\pi}{2}$인 직삼각형

5. $\mathrm{u} = 0$일 때, k는 모든 실수; $\mathrm{u} \neq 0$일 때, k는 $k \geq 0$인 모든 실수

6. $\frac{45}{4}$

8. 참인 명제

9. (1) $\mathrm{Proj}_{\mathrm{a}}\mathrm{x} = \left(\frac{6}{5}, 0, \frac{3}{5}\right)$, $\mathrm{b} = \left(-\frac{1}{5}, 1, \frac{2}{5}\right)$

   (3) $\mathrm{Proj}_{\mathrm{a}}\mathrm{x} = \left(\frac{2}{5}, -\frac{2}{5}, \frac{1}{5}, -\frac{1}{5}\right)$, $\mathrm{b} = \left(\frac{8}{5}, \frac{7}{5}, \frac{4}{5}, \frac{6}{5}\right)$

1.3절

1. (1) $(-4, 9, 6)$　(5) $(-28, 78, 72)$

3. $\left(t, -\frac{1}{2}t, \frac{2}{3}t\right)$, $t \in \mathbb{R}$

5. $5\mathrm{u}\times\mathrm{v}$

6. $\theta=\dfrac{\pi}{3}$

7. $d=\dfrac{4}{11}\sqrt{154}$

8. -25

1.4절

1. (1) $a=\dfrac{9}{2}, b=\dfrac{7}{2}, c=\dfrac{33}{5}, d=-\dfrac{1}{5}$ (2) $a=-1, b=-2, c=-2, d=3$

3. (1) $k=-1\pm\sqrt{5}$ (2) $k=0, -3\pm\sqrt{3}$

4. (1) I_m-A (2) $(2A-I_m)^{-1}=2A-I_m$, $(2I_m-A)^{-1}=\dfrac{1}{2}(I_m+A)$

5. (1) a와 b는 $a=b$를 만족하는 모든 실수
   (2) a와 b는 $a=-b$를 만족하는 모든 실수
   (3) $a=b=0$

6. $(a,b,c)=\left(0,\ \mp\dfrac{\sqrt{6}}{3},\ \pm\dfrac{\sqrt{3}}{3}\right)$

7. $k=4$

〈제2장 연립일차방정식과 사다리꼴행렬〉

2.1절

1. $x=-4, y=-1, z=-3$

2. (1) $(A\mid\mathrm{b})=\left(\begin{array}{ccc|c}0&-1&1&-1\\-1&2&1&0\\3&-1&2&5\end{array}\right)$ $(A'\mid\mathrm{b}')=\left(\begin{array}{ccc|c}1&0&1&2\\0&1&1&1\\0&0&0&0\end{array}\right)$ (2) $\left\{\begin{pmatrix}2\\1\\0\end{pmatrix}+t\begin{pmatrix}-1\\-1\\1\end{pmatrix}\ \middle|\ t\in\mathbb{R}\right\}$

3. (1) $(A\mid\mathrm{b})=\left(\begin{array}{ccc|c}1&2&3&1\\2&5&3&0\\1&0&1&1\end{array}\right)$ $(A'\mid\mathrm{b}')=\left(\begin{array}{ccc|c}1&0&0&-31\\0&1&0&10\\0&0&1&4\end{array}\right)$ (2) $\left\{\begin{pmatrix}-31\\10\\4\end{pmatrix}\right\}$

4. $\begin{pmatrix}1&\dfrac{v_2}{v_1}&\dfrac{v_3}{v_1}\\0&0&0\\0&0&0\end{pmatrix}$

5. (1) $2b_1-b_2+2b_3=0$ (2) $\left\{\begin{pmatrix} -\frac{3}{14}b_2+\frac{1}{7}b_1 \\ \frac{1}{14}b_2+\frac{2}{7}b_1 \\ 0 \end{pmatrix}+t\begin{pmatrix} -\frac{13}{7} \\ -\frac{5}{7} \\ 1 \end{pmatrix} \middle| \, t\in\mathbb{R}\right\}$

6. (1) 각각의 a에 대하여, 정확하게 한 개의 해가 존재

(2) $a\neq\pm1$일 때, 유일한 해가 존재; $a=1$일 때, 무한이 많은 해가 존재; $a=-1$일 때, 해가 존재하지 않음

2.2절

1. (1) $\left\{\begin{pmatrix} 0 \\ 0 \\ 0 \end{pmatrix}\right\}$ (2) $\left\{\begin{pmatrix} 0 \\ 0 \\ 0 \end{pmatrix}\right\}$ (3) $\left\{t\begin{pmatrix} -\frac{3}{5} \\ -\frac{1}{5} \\ \frac{2}{5} \\ 1 \end{pmatrix} \middle| \, t\in\mathbb{R}\right\}$

2. (1) $\left\{\begin{pmatrix} 1 \\ -1 \\ \frac{4}{3} \end{pmatrix}\right\}$ (3) $\left\{\begin{pmatrix} -\frac{2}{7} \\ \frac{1}{7} \\ 0 \end{pmatrix}+t\begin{pmatrix} -\frac{4}{7} \\ -\frac{5}{7} \\ 1 \end{pmatrix} \middle| \, t\in\mathbb{R}\right\}$

2.3절

2. (1) $E=\begin{pmatrix} 0 & 0 & 1 \\ 0 & 1 & 0 \\ 1 & 0 & 0 \end{pmatrix}$ (3) $E=\begin{pmatrix} 1 & 0 & 0 \\ 0 & 1 & 0 \\ -3 & 0 & 1 \end{pmatrix}$ (5) $E=\begin{pmatrix} 1 & 0 & 0 \\ 0 & -4 & 0 \\ 0 & 0 & 1 \end{pmatrix}$

3. $E_1=\begin{pmatrix} 0 & 1 \\ 1 & 0 \end{pmatrix}$, $E_2=\begin{pmatrix} 1 & 0 \\ 5 & 1 \end{pmatrix}$, $E_3=\begin{pmatrix} 1 & 0 \\ 0 & \frac{1}{2} \end{pmatrix}$

5. $E_3=P_3(1,2)$, $E_2=R_3(3,1;-2)$, $E_1=R_3(3,1;1)$, $R=\begin{pmatrix} 1 & 3 & 3 & 8 \\ 0 & 1 & 7 & 8 \\ 0 & 0 & 0 & 0 \end{pmatrix}$

6. (1) $P=\begin{pmatrix} 1 & -1 \\ 1 & -2 \end{pmatrix}=\begin{pmatrix} 1 & 1 \\ 0 & 1 \end{pmatrix}\begin{pmatrix} 1 & 0 \\ -2 & 1 \end{pmatrix}\begin{pmatrix} 0 & 1 \\ 1 & 0 \end{pmatrix}$

(2) $P=\begin{pmatrix} 1 & 0 & 0 \\ 2 & 1 & 0 \\ -5 & -3 & 1 \end{pmatrix}=R_3(3,2;-3)R_3(3,1;1)R_3(2,1;2)$

2.4절

1. (1) $A^{-1}=\begin{pmatrix} 9 & -\frac{3}{2} & -5 \\ -5 & 1 & 3 \\ -2 & \frac{1}{2} & 1 \end{pmatrix}$ (2) $A^{-1}=\begin{pmatrix} \frac{1}{a} & 0 & 0 \\ -\frac{1}{a^2} & \frac{1}{a} & 0 \\ \frac{1}{a^3} & -\frac{1}{a^2} & \frac{1}{a} \end{pmatrix}$

(3) $A^{-1}=\begin{pmatrix} \frac{2}{5} & -\frac{1}{10} & -\frac{1}{10} \\ -\frac{1}{10} & \frac{2}{5} & -\frac{1}{10} \\ -\frac{1}{10} & -\frac{1}{10} & \frac{2}{5} \end{pmatrix}$ (4) $A^{-1}=\begin{pmatrix} 0 & \frac{1}{2} & -\frac{1}{2} \\ \frac{1}{2} & -\frac{1}{2} & \frac{1}{2} \\ -\frac{1}{2} & \frac{1}{2} & 0 \end{pmatrix}$

2. (1) $c \neq 0, 1$ (2) $c \neq 0, \pm\sqrt{2}$ (3) $c_1c_2c_3c_4 \neq 0$ (4) $a \neq 0$
3. (1) $x_1 = -9, x_2 = 4, x_3 = 0$ (2) $x_1 = -32, x_2 = 8, x_3 = 3$
4. $4b_1 - 3b_2 + b_3 = 0,\ 2b_1 - b_2 - b_4 = 0$
5. $\text{rank}(A) = 1$

〈제3장 행렬식〉

3.1절

(1) -5 (2) 30 (3) 39 (4) -2

(1) -5 (2) $5(1-t^2)$

3.2절

2. (1) $\det(A) = \pm 7^{\frac{m}{2}}, 0$ (2) $-\dfrac{2\cdot 5^m}{3}$
4. (1) $k \neq 0, 2$ (2) $k \neq 0, 1, -2$
5. $\|\mathbf{u}\times\mathbf{v}\| = 3\sqrt{6}$
7. (1) $\begin{vmatrix} a & b & c & 0 \\ 0 & a & b & c \\ d & e & f & 0 \\ 0 & d & e & f \end{vmatrix} = 0$ (2) $\begin{vmatrix} a & b & c \\ b & c & a \\ c & a & b \end{vmatrix} = 0$

3.3절

1. (1) $\text{adj}(A)=\begin{pmatrix}3 & -3\\ -1 & 2\end{pmatrix}$, $A^{-1}=\begin{pmatrix}1 & -1\\ -\frac{1}{3} & \frac{2}{3}\end{pmatrix}$

   (2) $\text{adj}(A)=\begin{pmatrix}-3 & 5 & 5\\ 3 & -4 & -5\\ -2 & 2 & 3\end{pmatrix}$, $A^{-1}=\begin{pmatrix}3 & -5 & -5\\ -3 & 4 & 5\\ 2 & -2 & -3\end{pmatrix}$

2. (1) $x=2, y=-1$ (2) $x=-\frac{1}{5}, y=0, z=\frac{2}{5}$

   (3) $x=\frac{136}{55}, y=-\frac{141}{55}, z=-\frac{74}{11}$ (4) $x=\cos\theta-2\sin\theta, y=\sin\theta+2\cos\theta, z=3$

4. (1) 성립함 (2) $a_{13}=2, a_{33}=1$

〈제4장 벡터공간과 기저〉

4.1절

1. (4)번만 벡터부분공간
7. $W=\text{span}\{(1,3,-1)\}$
8. $V\cap W=\text{span}\{(0,1,1,2)\}$, $V+W=\text{span}\{(0,1,1,2),(1,-1,0,1),(1,0,1,1)\}$

4.2절

1. (1) $\text{Col}(A)=\text{span}\left\{\begin{pmatrix}1\\8\end{pmatrix},\begin{pmatrix}2\\7\end{pmatrix}\right\}=\mathbb{R}^2$, $\text{Row}(A)=\text{span}\{(1,0,-1,2),(0,1,2,3)\}$

   $\text{Nul}(A)=\text{span}\{(1,-2,1,0),(2,-3,0,1)\}$

   (2) $\text{Col}(A)=\text{span}\left\{\begin{pmatrix}4\\6\\3\end{pmatrix},\begin{pmatrix}5\\5\\4\end{pmatrix}\right\}$, $\text{Row}(A)=\text{span}\left\{\left(1,\frac{5}{4},\frac{9}{4},-\frac{1}{2}\right),(0,1,5,-6)\right\}$

   $\text{Nul}(A)=\text{span}\{(4,-5,1,0),(-7,6,0,1)\}$

3. (1) $6b_1-4b_2+3b_3=0$

   (2) $\text{Row}(A)=\text{span}\{(1,-2,-1,-3),(0,1,1,-1)\}$

   (3) $\text{Nul}(A)=\text{span}\{(-1,-1,1,0),(-1,1,0,1)\}$

4.3절

1. (1) S는 일차종속, $(-3,2,8)=(-3)(1,4,4)+2(0,7,10)$

   (2) S는 일차종속, $(10,13,-5)=5(2,3,1)+(-2)(0,1,5)$

2. (1) $a=0$ (2) $a=-1, \frac{1}{2}$

4.4절

1. (1) $\mathrm{Nul}(A)=\mathrm{span}\left\{\begin{pmatrix}-3\\-2\\1\end{pmatrix}\right\}$, $\dim\mathrm{Nul}(A)=1$

   (2) $\mathrm{Nul}(A)=\mathrm{span}\left\{\begin{pmatrix}-\frac{2}{5}\\-\frac{1}{5}\\1\\0\end{pmatrix},\begin{pmatrix}-\frac{2}{5}\\-\frac{1}{5}\\0\\1\end{pmatrix}\right\}$, $\dim\mathrm{Nul}(A)=2$

2. $V_1\cap V_2=\mathrm{span}\{(1,-1,-7,1)\}$,

   $V_1+V_2=\mathrm{span}\{(1,0,0,1),(0,1,1,-3),(0,0,2,1)\}$

3. $V\cap W=\mathrm{span}\{(0,1,1,2)\}$,

   $V+W=\mathrm{span}\{(0,1,1,2),(1,-1,0,1),(1,0,1,1)\}$

4. $W=\mathrm{span}\left\{\begin{pmatrix}1&1\\0&0\end{pmatrix},\begin{pmatrix}-2&0\\1&0\end{pmatrix},\begin{pmatrix}-3&0\\0&1\end{pmatrix}\right\}$, $\dim W=3$

7. $W=\mathrm{span}\left\{e^{\frac{\sqrt{15}}{3}x}, e^{-\frac{\sqrt{15}}{3}x}\right\}$, $\dim W=2$

8. $\mathrm{u}=(u_1,u_2,\ldots,u_n), u_1\neq 0$일 때,

$$\mathrm{u}^{\perp}=\mathrm{span}\left\{\left(-\frac{u_2}{u_1},1,0,\ldots,0\right),\left(-\frac{u_3}{u_1},0,1,0,\ldots,0\right),\ldots,\left(-\frac{u_n}{u_1},0,0,\ldots,0,1\right)\right\},$$

$$\dim W=n-1$$

9. (1) $a\neq -1,2$ (2) $a=2$ (3) $a=-1$

10. (1) $a=-4,3$ (2) $a=-4,3$일 때, $\dim\mathrm{Nul}(A)=1$

4.5절

1. (1) $U=\left\{\left(\frac{1}{\sqrt{3}},\frac{1}{\sqrt{3}},\frac{1}{\sqrt{3}}\right),\left(-\frac{1}{\sqrt{2}},\frac{1}{\sqrt{2}},0\right),\left(\frac{1}{\sqrt{6}},\frac{1}{\sqrt{6}},-\frac{2}{\sqrt{6}}\right)\right\}$

(2) $U=\left\{\left(\frac{1}{\sqrt{6}}, \frac{2}{\sqrt{6}}, \frac{1}{\sqrt{6}}, 0\right), \left(\frac{1}{\sqrt{66}}, -\frac{4}{\sqrt{66}}, \frac{7}{\sqrt{66}} 0\right), \left(-\frac{\sqrt{33}}{22}, \frac{1}{\sqrt{2}}, \frac{1}{\sqrt{2}}, -\frac{\sqrt{33}}{6}\right), \left(-\frac{\sqrt{3}}{2}, \frac{\sqrt{3}}{6}, \frac{\sqrt{3}}{6}, \frac{\sqrt{3}}{6}\right)\right\}$

5. $W = \text{span}\left\{\mathrm{u}_1 = \frac{1}{\sqrt{2}}(1,1,0), \mathrm{u}_2 = \frac{\sqrt{6}}{6}(-1,1,2)\right\}$일 때,

$$\text{Proj}_W \mathrm{v} = (\mathrm{v} \cdot \mathrm{u}_1)\mathrm{u}_1 + (\mathrm{v} \cdot \mathrm{u}_2)\mathrm{u}_2$$

6. (1) $\text{Proj}_W \mathrm{v} = \frac{1}{\sqrt{3}}(2, -3, 1, 5)$

〈제5장 선형변환〉

5.1절

1. (1)과 (3)만 선형사상
2. (6)만 선형사상 아님
3. (1) $[T]=\begin{pmatrix} 3 & -4 \\ 2 & 1 \\ 4 & 0 \end{pmatrix}$ (2) $[T]=\begin{pmatrix} 1 & 0 & 0 \\ 1 & 0 & 3 \\ 2 & 0 & 1 \end{pmatrix}$
4. (1) $T(1+2x+3x^2) = 1+x+3x^2$ (2) $[T]_S=\begin{pmatrix} 1 & 0 & 0 \\ -1 & 1 & 0 \\ \frac{1}{2} & \frac{1}{2} & \frac{1}{2} \end{pmatrix}$

5.2절

3. $y=(\sqrt{2}-1)x$
4. $[T]=\begin{pmatrix} 0 & 0 & 2 & 0 \\ -2 & -2 & 0 & 2 \\ 0 & 0 & 2 & 0 \\ 0 & 0 & -2 & 0 \end{pmatrix}$
5. $[T]_S=\begin{pmatrix} -1 & 0 \\ 1 & 1 \end{pmatrix}$
7. (1) $[T]_{S_1}=\begin{pmatrix} 0 & 0 & 0 \\ 0 & 1 & 0 \\ 0 & 0 & 2 \end{pmatrix}$ (2) $[T]_{S_2}=\begin{pmatrix} 0 & -1 & -1 \\ 0 & 1 & -1 \\ 0 & 0 & 2 \end{pmatrix}$

   (3) $[Id]_{S_2, S_1}=\begin{pmatrix} 1 & -1 & 0 \\ 0 & 1 & -1 \\ 0 & 0 & 1 \end{pmatrix}$, $[Id]_{S_1, S_2}=\begin{pmatrix} 1 & 1 & 1 \\ 0 & 1 & 1 \\ 0 & 0 & 1 \end{pmatrix}$

(5) $[T]_{S_2,S_1}=\begin{pmatrix}0&-1&0\\0&1&-2\\0&0&2\end{pmatrix}=[Id]_{S_2,S_1}[T]_{S_1}$

9. $[T]_{S_2,S_1}=\begin{pmatrix}1&\frac{1}{2}\\1&1\end{pmatrix}$

11. $[T]=[S]\circ[P_x]\circ[R_l]=\begin{pmatrix}1&0\\0&\frac{1}{2}\end{pmatrix}\begin{pmatrix}1&0\\0&0\end{pmatrix}\begin{pmatrix}0&-1\\-1&0\end{pmatrix}=\begin{pmatrix}0&-1\\0&0\end{pmatrix}$

5.3절

1. (1) $\text{Ker}(A)=\text{span}\{(1,1,1)\}$, $\text{Im}(T)=\text{span}\{(1,0,1),(0,1,-1)\}$

(3) $\text{Ker}(A)=\text{span}\{(1,0,1)\}$, $\text{Im}(T)=\text{span}\{(1,1),(2,1)\}=\mathbb{R}^2$

4. $\text{Ker}(T)=\text{span}\left\{\begin{pmatrix}1&0\\0&1\end{pmatrix},\begin{pmatrix}0&1\\0&1\end{pmatrix}\right\}$, $\dim\text{Ker}(T)=2$,

$\text{Im}(T)=\text{span}\left\{\begin{pmatrix}1&0\\1&-1\end{pmatrix},\begin{pmatrix}0&1\\0&0\end{pmatrix}\right\}$, $\dim\text{Im}(T)=2$

5. (2) $[T]=\begin{pmatrix}-2&1&2\\-1&0&-1\\2&1&-2\end{pmatrix}$, $\det([T])=-4\neq0$,

$\text{Ker}(T)=\{0\}=\text{span}\{\varnothing\}$, $\text{Im}(T)=\mathbb{R}^3=\text{span}\{e_1,e_2,e_3\}$

(3) $[Id]_{S_2,S_1}=\begin{pmatrix}\frac{1}{2}&\frac{1}{2}&\frac{1}{2}\\0&-1&0\\\frac{1}{2}&\frac{1}{2}&-\frac{1}{2}\end{pmatrix}$, $\quad[Id]_{S_1,S_2}=\begin{pmatrix}1&1&1\\0&-1&0\\1&0&-1\end{pmatrix}$

$T(1,0,0)=(-2,-1,2)$, $T(1,1,0)=(-1,-1,3)$, $T(0,0,1)=(2,-1,-2)$

$[T]_{S_1}=\begin{pmatrix}1&-1&0\\0&1&0\\0&0&1\end{pmatrix}\begin{pmatrix}-2&1&2\\-1&0&-1\\2&1&-2\end{pmatrix}\begin{pmatrix}1&1&0\\0&1&0\\0&0&1\end{pmatrix}=\begin{pmatrix}-1&0&3\\-1&-1&-1\\2&3&-2\end{pmatrix}$

$T(1,0,1)=(0,-2,0)$, $T(0,-1,0)=(-1,0,-1)$, $T(1,0,-1)=(-4,0,4)$

$$[T]_{S_2}=\begin{pmatrix}\frac{1}{2}&\frac{1}{2}&\frac{1}{2}\\0&-1&0\\\frac{1}{2}&\frac{1}{2}&-\frac{1}{2}\end{pmatrix}\begin{pmatrix}-1&0&3\\-1&-1&-1\\2&3&-2\end{pmatrix}\begin{pmatrix}1&1&1\\0&-1&0\\1&0&-1\end{pmatrix}=\begin{pmatrix}0&-1&0\\2&0&0\\0&0&-4\end{pmatrix}$$

〈제6장 행렬의 대각화〉

6.1절

1. (3) $\lambda=2,2,-3$, $\mathrm{v}_1=\left(-\frac{1}{3},\frac{1}{3},1\right),\mathrm{v}_2=\left(\frac{1}{2},-\frac{1}{2},1\right)$, $\lambda=2$의 대수적 중복도 2이고 기하적 중복도 1, $\lambda=-3$의 대수적 중복도 1이고 기학적 중복도 1

   (5) $\lambda=0,0,6$, $\mathrm{v}_1=(-2,1,0),\mathrm{v}_2=(-3,0,1),\mathrm{v}_3=(1,1,1)$, $\lambda=0$의 대수적 중복도와 기하적 중복도가 모두 2, $\lambda=6$의 대수적 중복도와 기하적 중복도가 모두 1

3. (1) $p_A(\lambda)=(\lambda-1)^2(\lambda-2)=0$

   (2) $\lambda=1,1,2$, $S_1=\mathrm{span}\{(0,1,0)\}$, $S_2=\mathrm{span}\{(0,0,1)\}$

   (3) $\lambda=1$과 2의 기하적 중복도는 모두 1

5. $p_{[T]}(\lambda)=(\lambda-1)(\lambda+1)=0$, $\lambda=1,-1$

6.2절

2. (1) A와 B의 대각합이 서로 같지 않으므로 A와 B가 서로 닮지 않음

   (2) A와 B의 행렬식이 서로 같지 않으므로 A와 B가 서로 닮지 않음

   (3) A와 B의 고윳값이 서로 같지 않으므로 A와 B가 서로 닮지 않음

   (4) A와 B의 행렬식이 서로 같지 않으므로 A와 B가 서로 닮지 않음

3. $\lambda=1,2,\ldots,2024$

4. $p_{[T]}(\lambda)=(\lambda-1)(\lambda^2-\sqrt{2}\lambda+1)=0$, $\lambda=1,\frac{\sqrt{2}\pm\sqrt{-2}}{2}$, 최소다항식이 특성다항식과 같음

6. $p_{[T]}(\lambda)=(\lambda+4)(\lambda^2+2)=0$, $\lambda=-4,\pm\sqrt{-2}$

8. $\lambda=0,1$, $\mathrm{v}_1=(0,1),\mathrm{v}_2=(1,0)$, $p_A(\lambda)=\lambda(\lambda-1)=0$, 최소다항식이 특성다항식과 같음

6.3절

1. (1) 대각화가능 행렬, P가 복잡하여 생략함

   (2) 대각화가능 행렬, $P=\begin{pmatrix}0&0&1\\1&-1&0\\1&1&0\end{pmatrix}$

(3) 대각화가능 행렬, $P=\begin{pmatrix} -\frac{1}{2} & -\frac{1}{2} & -\frac{1}{4} \\ 0 & 1 & -\frac{1}{4} \\ 1 & 0 & 1 \end{pmatrix}$

3. $\lambda=-5, 1$, $P=\begin{pmatrix} -1 & 1 \\ 1 & 1 \end{pmatrix}$,

$$A^k = P\begin{pmatrix} (-5)^k & 0 \\ 0 & 1 \end{pmatrix}P^{-1} = \begin{pmatrix} -1 & 1 \\ 1 & 1 \end{pmatrix}\begin{pmatrix} (-5)^k & 0 \\ 0 & 1 \end{pmatrix}\begin{pmatrix} -\frac{1}{2} & \frac{1}{2} \\ \frac{1}{2} & \frac{1}{2} \end{pmatrix}$$

$$= \begin{pmatrix} \frac{(-5)^k}{2}+\frac{1}{2} & -\frac{(-5)^k}{2}+\frac{1}{2} \\ -\frac{(-5)^k}{2}+\frac{1}{2} & \frac{(-5)^k}{2}+\frac{1}{2} \end{pmatrix}$$

7. $\lambda=1, 1, -1$이고 $\dim S_1 = 1, \dim S_{-1} = 1$, 기하적 중복도의 합이 3보다 작으므로 A가 대각화 가능하지 않음

8. (1) $a=b=0$ (2) $a=b=c=0$

6.4절

1. (1) $5x_1^2+9x_2^2 = \mathbf{x}^T\begin{pmatrix} 5 & 0 \\ 0 & 9 \end{pmatrix}\mathbf{x}$ (2) $7x_1^2-11x_2^2-8x_1x_2 = \mathbf{x}^T\begin{pmatrix} 7 & -4 \\ -4 & -11 \end{pmatrix}\mathbf{x}$

(3) $7x_1^2+7x_1x_2 = \mathbf{x}^T\begin{pmatrix} 7 & \frac{7}{2} \\ \frac{7}{2} & 0 \end{pmatrix}\mathbf{x}$ (4) $x_1^2+9x_2^2-3x_3^2+5x_1x_2+9x_1x_3 = \mathbf{x}^T\begin{pmatrix} 1 & \frac{5}{2} & \frac{9}{2} \\ \frac{5}{2} & 9 & 0 \\ \frac{9}{2} & 0 & -3 \end{pmatrix}\mathbf{x}$

2. (1) $-7 = 2x_1^2-4x_1x_2-x_2^2 = \mathbf{x}^T\begin{pmatrix} 2 & -2 \\ -2 & -1 \end{pmatrix}\mathbf{x} = \mathbf{y}^T\begin{pmatrix} 3 & 0 \\ 0 & -2 \end{pmatrix}\mathbf{y} = 3y_1^2-2y_2^2$

(3) $1 = x_1x_2 = \mathbf{x}^T\begin{pmatrix} 0 & \frac{1}{2} \\ \frac{1}{2} & 0 \end{pmatrix}\mathbf{x} = \mathbf{y}^T\begin{pmatrix} -\frac{1}{2} & 0 \\ 0 & \frac{1}{2} \end{pmatrix}\mathbf{y} = -\frac{1}{2}y_1^2+\frac{1}{2}y_2^2$

찾아보기

(기타)

김진홍

- 조선대학교 수학교육과 교수
- University of California at Berkeley 수학과 이학박사
- 서울대학교 수학과 이학석사
- 서울대학교 수학교육과 이학사

선형대수학의 이해

초판발행 2024년 7월 25일

지은이 김진홍
펴낸이 오판근
펴낸곳 (주) 교우
주 소 서울시 동대문구 약령시로 8 교우빌딩 2층 (주)교우
전 화 02-925-2861 / **팩 스** 02-925-2860, **편집부** 02-925-2825
홈페이지&북스토어 www.kyowoo.co.kr / **이메일** kyowoo@kyowoo.co.kr

등 록 1994년 3월 24일 제1994-000013호
ISBN 979-11-251-0395-0 (93410)

Published by Kyowoo Co., Ltd. Printed in Korea

(주) 교우는 보다 혁신적이고 참신한 도서를 다양하게 기획하고 있습니다.
책으로 펴내고자 하는 아이디어나 원고는 메일로 보내주세요.
(주) 교우는 전과정을 책임지고 최선을 다하겠습니다.

값 25,000원

교우미디어는 (주) 교우의 Imprint 사입니다.
수학정원·과학정원은 (주) 교우의 새로운 브랜드명입니다.

잘못된 책은 구입하신 서점에서 교환해 드립니다.